竞技机器人设计与制作

基于全国大学生机器人大赛（ROBOTAC）精选案例

王　旭　主编

清华大学出版社
北　京

内容简介

本书是机器人设计制作的通识教材，介绍了机器人竞赛、涵盖技术及竞技机器人一般设计制作过程。选取了ROBOTAC竞赛机器人优秀设计案例，包括四轮直驱机器人、麦克纳姆轮机器人、多足机器人、四足机器人、自动机器人等不同类型实例。本书采用项目式教学方法，对所选案例机器人的设计目标、分解方案、设计要点、创意创新、工业设计等进行详细介绍，使得读者了解机器人设计与制作的关键环节和主要流程。本书可作为初学者学习入门、机器人竞赛参赛者设计制作的参考用书。

图书在版编目(CIP)数据

竞技机器人设计与制作：基于全国大学生机器人大赛(ROBOTAC)精选案例/王旭主编.—北京：清华大学出版社，2021.1(2024.5重印)

ISBN 978-7-302-56930-5

Ⅰ. ①竞…　Ⅱ. ①王…　Ⅲ. ①机器人—运动竞赛—案例—中国　Ⅳ. ①TP242

中国版本图书馆CIP数据核字(2020)第228139号

责任编辑：许　龙
封面设计：傅瑞学
责任校对：赵丽敏
责任印制：沈　露

出版发行：清华大学出版社

网　　址：https://www.tup.com.cn，https://www.wqxuetang.com
地　　址：北京清华大学学研大厦A座　　**邮　　编**：100084
社 总 机：010-83470000　　**邮　　购**：010-62786544
投稿与读者服务：010-62776969，c-service@tup.tsinghua.edu.cn
质量反馈：010-62772015，zhiliang@tup.tsinghua.edu.cn

印 装 者：三河市春园印刷有限公司
经　　销：全国新华书店
开　　本：170mm×230mm　**印　张**：13.75　**插　页**：2　**字　　数**：257千字
版　　次：2021年1月第1版　　**印　　次**：2024年5月第4次印刷
定　　价：45.00元

产品编号：090822-01

本书编写人员名单

主　编

王　旭

参　编（按姓氏笔画排序）

王　江　王云飞　王程民　任晋宇　任靖福　李书阁
李林琛　吴立波　陈冬鹤　彭　鹏　曾云甫

前言

FOREWORD

ROBOTAC（Robot＋Tactic）是中国原创的国家级机器人竞技赛事。赛事融合了体育竞赛的趣味性和科技竞赛的技术性，比赛以机器人设计制作为基础，参赛双方多台机器人各自组成战队，以对抗竞技形式进行比赛。2015年，ROBOTAC赛事被纳入共青团中央主办的“全国大学生机器人大赛”，成为与ROBOCON、ROBOMASTER并列的三大竞技赛事之一；2019年ROBOTAC赛事被纳入中国高等教育学会发布的全国普通高校学科竞赛评估体系。

ROBOTAC机器人竞赛的宗旨在于引导学生进行任务分析、创意提出、方案设计、制作加工、程序编写、装配调试、模拟练习、对抗竞技等机器人开发应用的完整流程，从而激发学生的创造力和想象力，增强学生的实践能力和心理素质，培养团队合作精神。在规则要求下，参赛队可以自由发挥想象，自行设计制作机器人的“攻击武器”和“行走机构”，参赛机器人需要在相互配合和对抗的过程中，根据地形和规则选择不同策略和战术。机器人的对抗形式就像电子竞技，只不过学生们操作的对象不是电脑，而是自己亲手制作的机器人。为了取得胜利，学生不仅需要深入研究机构设计、路径规划、图像传输、全场定位、机器仿生等技术，还需要团队成员不断进行沟通交流、组织分工、反复训练、默契配合——这些工作都是建立在学生兴趣的基础上。通过近几年赛场上的表现，我们发现学生们因为热爱而被激发出来的潜能是令人惊叹的。

本书对机器人竞赛、技术、设计制作过程进行了概述，选取了ROBOTAC竞赛机器人优秀案例，通过对设计目标、分解方案、设计要点、创意创新、工业设计等方面进行详细介绍，为初学者创新实践提供参考。

由于作者水平有限，书中内容难免存在不足和错误之处，恳请读者给予批评指正。

王　旭

2020年9月

目 录

CONTENTS

绪论

竞技机器人技术指南

1. 机器人竞赛
2. 机器人技术
3. 竞赛机器人设计制作

1. 机器人竞赛

机器人技术是机械、电子、自动控制、传感器、通信、计算机、人工智能等多领域的高新技术载体，有关机器人技术的创新教育近年来在国内得到了广泛发展，机器人技术也以其学科交叉、紧跟前沿、激发兴趣等特点，吸引了众多科研、教育工作者的参与。

机器人技术具有三个特点：一是学科交叉性强，所涉及学科课程已自成体系，专业之间的整合缺少机制和动力，传统考核方式难以形成统一标准；二是前沿变化快，形成课程教材的内容往往滞后，难以跟上技术发展的速度；三是实践性强、成本高，优秀工程师的技能养成需要大量的实践训练，传统的课堂式教学不适合，在资源上也难以支撑足够的"贴近真实"的工程实践。因此，对于机器人教育的教学设计，经常引导学生采用基于项目学习(Project-based Learning)、基于问题学习(Problem-based Learning)和基于设计学习(Design-based Learning)等方法。

目前，"项目式"的教学模式成为机器人教育界的普遍共识。项目式教学目标导向明确、不局限于学科，按需学、做中学，更符合人类的认知规律；基于学科交叉项目，需要组成跨专业团队，个人在团队中需要做到精本职、通全局，在具体问题的分析、解决过程中，实现分工协作；针对项目的考核评价就是项目团队达成的结果以及个人在团队中的贡献与责任。可以看出，机器人竞赛正是符合"项目式"教学特点的完美形式：可以紧跟前沿设置问题，具有明确的目标、限定的时间、有限的资源，需要形成跨专业团队通过大量实践操作获得可考核的清晰结果。

大学生机器人大赛是关于机器人创意和制作的比赛，比赛宗旨是培养青年学生对于技术开发、创新实践的兴趣，为机器人产业的发展培养后备人才。它需要学生综合应用本科所学的多门类学科知识，针对一个特定的规则任务进行方案设计、结构设计、硬件制作、程序编写、联合调试等一系列的开发过程。机器人大赛也是大学创新创业教育人才培养的一个独特方式，是传授知识、塑造理想、提升技能、完善品格的良好平台，其特点是以项目为引导，以研究性学习和发现式学习的形式，团队式学习和跨学科学习的方法，解决实际问题。

机器人竞赛项目类型很大程度上和体育竞技项目类似，体能（速度力量、耐力）、技能（表现优美、技能准确）、对抗（隔网、同场、格斗）三种类型在机器人竞赛中通常表现为竞速、任务和对抗。

实际情况中，具体赛项有时会包含多种类型的元素。就像机器人属于交叉学科一样，机器人竞赛也向着类型交叉、技术与娱乐相融的方向发展。基于“有意思才能更有意义”的思想，近年来全国大学生机器人大赛 ROBOTAC 以多人在线战术竞技（MOBA）游戏为基础开发的新型赛事便是结合了任务、速度与对抗的团队竞技机器人赛事。

2. 机器人技术

人们研究机器人的目的是代替、节省或增强人力，对机器人的功能要求有感知、决策、控制、执行，所涉及的技术分别对应传感器与信号处理、智能、运动控制、移动与动作执行等方面，因此机器人一般由感知系统、控制系统、驱动系统、执行机构组成。机器人竞赛便是基于这些技术元素，设计出相应的任务规则，引导参与者创新使用相关技术完成目标的过程。

1）感知

机器人通过传感器感知环境信息，例如通过编码器测量机器人的移动速度、移动距离；通过陀螺仪、加速度计、倾角仪获取机器人的航向、姿态信息；通过超声波、雷达、激光等传感器获取距离信息；通过接触开关、霍尔传感器、红外传感器等判断距离信息；通过 GPS、RFID、Wi-Fi 等技术实现定位。

实际应用中往往需要融合多传感器的数据，从而得到机器人本身运动或机器人所处环境的综合信息。例如竞赛中经常利用陀螺仪＋编码器，实时获取机器人的运动方向和距离信息，在初始位姿已知的情况下，计算出当下时刻的机器人位置及航向。表 1 是机器人竞赛中常用的传感器。

表1　机器人竞赛常用传感器

类　　型	应　　用
编码器	测量电机转动圈数，从而换算为机器人移动距离
陀螺仪	测量机器人姿态偏角，与编码器结合使用，确定机器人位置
雷达	测量机器人与环境物体之间的距离，辅助机器人定位或跟踪特定目标
红外	可用于机器人操作物品定位、移动巡线、边界检测等

随着集成电路技术的发展，视觉系统得到了广泛的应用。机器人的视觉可以获取物体的形状、颜色等目标识别信息，在三维空间中获取目标的距离、运动信息，可以用于检测标志物、避障、导航、目标跟踪。在算法的加持下，可以进一步理解物体的运动、行为等复杂信息。

OpenCV是学习机器视觉最便捷的软件，具有跨平台、开源的特点，拥有丰富的视觉处理算法库，提供Python、Java、MATLAB等语言的接口，可以比较方便地将算法移植到嵌入式系统中。

2）控制

机器人控制系统的作用在于处理传感器的信息，进行相关决策，并通过驱动器控制执行机构作出相应反应。一般需要控制机器人的位置、姿态、速度、加速度、力或力矩。

在机器人竞赛中，常用到位置控制（Position Control）与力控（Force/Torque Control）。在需要机器人按照预先设定的位置轨迹（Position Trajectory）进行运动时采用位置控制，例如机器人在固定位置取放物品。

如需要机器人与外界物理交互，或需要具备快速动态控制（Dynamic Control）调整能力时，则需要引入力矩/力控制输出量，或者将力矩/力作为闭环反馈量引入控制系统，例如四足机器人在不规则场地行走，无法通过位置关系准确建模时，需要控制足端的接触力以保持平衡。力反馈测量方法一般有电流环（Current Loop）、力矩传感器（Force Torque Sensor）等方式。

在竞赛中，PID（比例积分微分）控制应用最为广泛，它适用于扰动较小的场景，基本原理是将控制偏差按比例、积分和微分通过线性组合构成控制量，对被控对象进行闭环控制。

控制系统硬件主要涉及单片机、数字和模拟电路。机器人竞赛中常用的单片机有基于ARM处理器内核的STM32。STM32具有高性能、低功耗、丰富的接口等特点，能够满足机器人竞赛的各类需求，常用的开发环境有Keil。另外基于AVR单片机的开源Arduino系统，适合快速入门，可以实现简单系统的控制功能。控制电路板可以选用符合需求的成品，也可以自行设计制作，一般使用

Altium Designer 设计，制板后焊接。

3）驱动

机器人常用驱动方式有电机、电磁铁、气动和液压等方式。

（1）电机驱动是最常用的一种驱动方式。机器人竞赛中常用无刷直流电机配合减速器使用，通过反馈实现速度和转矩的控制。也有使用步进电机，通过控制脉冲个数来控制角位移量，或通过控制脉冲频率来控制电机转动的速度和加速度。

（2）电磁铁是通电产生电磁的一种装置。它将电能转换为磁场，再由磁场产生的磁力作用于电磁铁中心的铁芯，使铁芯动作，产生驱动力。

（3）气动驱动是将气体压力能转化成机械能。气动系统通过气动装置组成气动回路，然后驱动机械装置。

（4）液压驱动是利用流体来进行能量传递的一种驱动形式。液压驱动力较大，可实现较大负载和频繁换向。但系统较笨重，机械结构和控制算法相对较复杂，并且对系统密封性要求较高，后期保养和维修成本大。由于液体具有一定的可压缩性，液压驱动不适用于对精确性要求较高的系统。

以上四种驱动方式各有优缺点，对比如表 2 所示。

表 2　机器人驱动方式对比

驱动方式	优　　势	不　　足
电机	技术成熟、控制精度高	控制复杂、功率密度比低
电磁铁	响应快、控制简单	精度低、噪声大、体积大
气动	响应速度快	噪声大、精度低、稳定性差、对气密性要求高
液压	功率密度比高、动态响应快速	设计、控制较复杂、精度不高、维护成本高

4）执行

机器人竞赛中，机器人的执行部件有移动机构、传动机构、执行机构。移动机构包括不同形式的底盘、双足、多足等行走机构，以及旋翼、固定翼等飞行机构。传动机构主要传递直线运动和旋转运动，其中，直线运动机构有同步带、丝杠螺母、齿轮齿条、曲柄滑块、拉线、凸轮等方式；旋转运动机构有齿轮、平行四杆、曲柄摇杆、齿条链轮、丝杠、蜗轮蜗杆等方式。执行机构则是机器人接触操作对象的部分，主要有夹持机构、发射机构等。

在机器人竞赛中，需要根据规则针对机器人的任务要求，设计相应的机构。一般使用 SolidWorks 出三维设计图，CAD 出零件图；加工零件主要涉及车、铣、焊、锯、钻、激光雕刻切割、3D 打印等环节，最后通过钳工装配完成机构搭建。

5）分析与仿真

机器人竞赛中，往往通过大量试验、试凑得到相应的设计和控制参数。为了更加深入地研究机器人系统，实现机器人更加精、准、稳的运动控制，需要对机器人系统进行建模分析。

其中，运动学分析是根据机器人的结构位置信息，从几何角度描述机器人位置随时间的变化。运动学主要用于位置控制，即控制机器人沿着事先规划好的轨迹在封闭、确认的空间中运动，不考虑引起机器人运动的力和力矩。通过几何关系确定坐标系变换矩阵，从而建立正向、逆向运动学方程求解分析。将位置运动学方程两边对时间微分，则可以得到表示速度变换关系的雅可比矩阵。

动力学分析的目的在于研究机器人各关节的驱动力（或力矩）与机器人的动态特征（位移、速度、加速度）之间的正向、逆向关系，从而对机器人的运动进行有效控制。最常用的动力学建模方法有拉格朗日（Lagrange）法、牛顿-欧拉（Newton-Euler）法。其中，牛顿方程分析刚体移动，反应力与质量、加速度的关系；欧拉方程分析刚体转动，反映力矩与转动惯量、角速度、角加速度的关系。拉格朗日法基于系统能量的概念，可以用较简单的形式表示复杂系统的动力学方程。拉格朗日函数被定义为系统总动能与总势能之差，则关节驱动力或力矩矢量可表示为拉格朗日函数、广义坐标、广义速度以及时间的函数。

在进行运动学和动力学分析时，可以通过 MATLAB 的 Simulink 对系统进行建模、仿真和综合分析。除了 Simulink，常用的仿真工具还有 ANSYS、ADAMS。ANSYS 主要用于分析机械结构受到外力负载时，应力、位移、温度等的反应状态，进而判断是否符合设计要求，主要用于零件在加工前的设计验证。ADAMS 主要用于虚拟样机分析，可以导入设计模型，通过约束库、力库创建完全参数化的机械系统几何模型，对模型进行运动学和动力学分析，预测模型的运动性能。

3. 竞赛机器人设计制作

竞赛机器人的设计制作是一个完整的项目开发流程，包括目标分析、方案讨论、设计、软硬件制作、调试、改进迭代、模拟训练、临场操作等环节，是一个不断试错迭代、解决问题、追求极致的过程。

1）目标分析

目标分析是备赛流程的第一个重要环节，需要参赛队仔细研读规则，基于规则中对机器人的要求、约束，提出设计制作目标及方案。表3以ROBOTAC四足机器人为例，介绍目标及方案分析。

表3　四足机器人设计目标分析

序号	步骤	目标	拟采取方案	技术方案
1	整体方案	单腿自由度≥2，尺寸≤1000mm×800mm×800mm	3508小电机、碳纤材料	方案一：12自由度串联腿 方案二：并联腿
2	四足行进	直线行走速度为1.5m/s	电机直接驱动	步态控制平衡
			单电机＋连杆	连杆：杆长计算，仿真模拟
			双电机并联驱动	大转矩无刷电机，步态调节
			气缸驱动	大动力气缸，控制恒定气压
		转向	差速	步态调节腿的相位，依靠雷达和摄像头确定位置、朝向
			定角度转向	加腰关节转向，在腰部加一个自由度，转向
			跳跃转向	摆动幅度调节
		平衡	稳定判据	步态调节平衡
				结构平衡：尾巴、短腿贴地
3	越障	快速稳定	跨越	足端轨迹控制
			提升/变形	机构上下伸缩，变形
			跳跃	气缸、电机，动力学分析
			翻滚越障	机构自由度设计上下对称，腿部结构可翻转180°
4	上坡	爬坡	步态控制	增大足端摩擦力，寻找合适材料，例如硅胶、硫化橡胶
		跳跃上坡	电机/气缸	动力学分析，驱动力计算，驱动器选择

2）进度安排

高难度的机器人竞赛，备赛周期长，往往需要6个月以上。参赛队不仅需要根据机械结构、嵌入式硬件、软件算法等方向组成技术团队，还需要在进度控制、财务、物资、宣传等非技术领域进行分工合作。表4是参赛队年度备赛安排计划。

表 4 机器人团队备赛进度安排

序号	计　划	内　容
暑期：入队培训及工作传承		
1	招新	积极宣传，完善招新要求及培训计划
2	培训	技术、安全、设备使用培训，完成培训制作项目；养成良好的工作习惯
3	传承	新老留队队员传承，图纸、程序等资料留档，完成设备交接、盘点
4	岗位	完成机械、电班、调车分组，初步编制岗位分配表（物资管理、财务、宣传等）
9 月：比赛方案讨论及老队员培训		
1	任务流程分析	根据规则，制定规则任务流程及目标方案表，确定比赛关键环节、极限参数，提出可能的方案
2	方案讨论	目标：所提出方案在本届比赛中都可见到
3	关键技术分组	根据关键技术，结合机器人方案，进行分组
4	老队员分享	邀请老队员归队指导、分享，看历届视频等，形式自拟
5	年度资金预算	参考往年预算、本届主题，同教师、队长研讨确定
6	关键道具 & 场地	比赛关键道具、关键场地部件购买制作
10—11 月：关键机构试验及关键技术开发		
1	团队建设	“十一”团建活动
2	文献综述	关键技术文献综述
3	关键机构试验	完成不同机构的试验，机构迭代三次，注意记录分析试验数据，从稳定性和快速性两方面比较确定最佳机构
4	底盘修改迭代	底盘不变形，悬挂刚度合适，底盘在运动过程中无扭转
5	关键技术	雷达、摄像头、陀螺仪、小传感器的开发，传感器上车调试，继续开发关键技术
6	场地搭建	参考【场地图册】，完成整场的铺设
12 月：第一代机器人		
1	第一代机器人	合并各部分图纸，检查干涉，出二维图，发加工件，完成整车加工；开始整车分阶段调试
2	关键技术	关键机构、关键传感器（购买）、关键提速环节推进
3	制定模拟方案	真实还原比赛现场，制定【赛场环境真实模拟方案】
4	校内赛	完成校内赛规则设计、器材盘点
5	团队建设	年底联欢
1 月：年终大联调及半年总结会		
1	分阶段调试	按任务流程分阶段、分模块调试，不追求连贯流程
2	年终联调	目标：能够完成整个比赛的流程，不追求速度
3	总结	深入讨论总结；寒假作业：二代设计、交流、调研

续表

序号	计　划	内　容
2—3 月：二代机器人加工调试及大联调		
1	第二代车	利用 3 周左右的时间重新设计机构，完成整车图及加工件绘制，加工、装配完成；购买新电机
2	大联调	开学后 3 周左右，目标：连续 5 次完成任务
3	团队建设	大联调后团建活动
4	其他竞赛	允许内部组队参加其他科技竞赛
5	变动场地	制定不同场地及道具变动情况，检测机器人适应能力，提升机器人的容错率
6	电池安全培训	进行电池安全培训，详见【电池使用培训】
7	校内赛	校内赛起动、培训、器材购买
4 月：模拟练习及确定方案		
1	确定上场方案	拍车，聚焦一套方案 根据情况，比赛前 2～3 个月确定上场车方案
2	试场地流程、检查表及操作规程表	赛前制定【试场地流程】，并督促队员熟悉流程，严格执行，有条件可校外试场地 赛前制定机器人机构、传感器【检查表】和【操作规程表】，并要求队员严格执行
5—6 月：赛前准备		
1	校内赛	校内赛决赛组织、观摩；预备队选拔＋招新、组织观摩联调
2	裁判培训	比赛规则、争议；看历届比赛录像
3	上场机器人	完成
4	稳定性	(1) 连续 15 次完成任务； (2) 模拟练习：十个字操作提醒
5	备件准备	各组负责人负责清点核对，提前装箱
6	备赛事宜	(1) 请假、缓考、延期住宿 (2) 场地预定、货运(出入证)、食宿预定
7 月：全国赛及总结		
1	备馆训练	不同学校间友谊赛、留联系方式； 提前派人去备馆，查看场地质量，及时沟通更换场地
2	情报获取	各校调试情况、稳定性、极限参数等
3	比赛争议	熟记规则，赛前整理【规则问答汇总】，为比赛期间处理争议提供有力证据
4	观摩比赛	现场、网络直播
5	比赛结束	论坛、技术交流
6	收尾工作	学分统计、奖学金、财务统计报表，财务核对交接
7	总结会	做好老队员反馈的问题的记录工作，由队长总结，转化成可执行的制度
8	培训	老队员负责培训

第1章

四轮直驱机器人

1.1　远程射击机器人*

1.1.1　设计需求

1. 远程射击机器人攻击方案

分析比赛场地图(彩插),远程射击机器人受规则限制为:炮弹发射距离不能超过 10m,因此以堡垒为圆心,10m 为半径画圆。从文后场地图可以看出,要想攻击到对方堡垒,所设计的炮车必须运行到“环形山”或者通过“摆锤区”或者通过“流利条障碍区”。分析往届视频,发现“摆锤区”或“流利条障碍区”历来都是双方对峙的重点区域,炮车想要顺利通过非常困难。而且规则对操作区有了更进一步的限制,因此对准确性要求较高的远程射击机器人在操控上要追求更加灵活与便利。峡谷区环形山是远程射击机器人攻击堡垒的首选攻击位置,因此要求所设计远程射击机器人能够顺利登上峡谷区环形山,并且操控自如。

2. 远程射击机器人设计需求

基于上面的分析,制定以下设计需求:

(1) 满足远程攻击:发射炮弹;

(2) 迅速快捷:速度上要具有优势;

(3) 灵活走位:寻找发射的合适位置;

---

* 本案例由无锡城市职业技术学院提供。

(4) 连续攻击:具有一定的载弹量。

同时尺寸、重量等应符合规则的要求。具体参数如表 1-1 所示。

表 1-1 远程射击机器人设计需求表

项目	需求
尺寸	符合 600mm×600mm×600mm 的规则范围
重量	≤8kg
最大移动速度	110m/min
最大射程	最大射程≤10m
可通过的障碍	翻越 140mm×140mm×140mm 的隔离条、能通过摆锤区、能通过流利条、翻越峡谷区环形山
载弹量	≥12 发

1.1.2 机械结构

所谓远程射击机器人就是设计一对摩擦轮机构将规则中确定的弹性球,也就是"炮弹"发射出去。因此设计的内容包括两个方面:一个是摩擦轮发射机构的设计;另一个是储球机构的设计。

1. 功能需求

发射球的原理是双摩擦轮相对反向旋转,弹性球在两个反方向旋转摩擦轮的作用下,可以获得初速度,如图 1-1 所示。

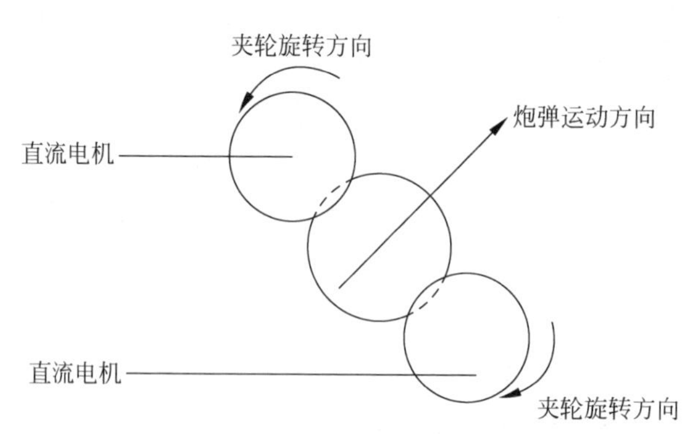

图 1-1 对转双轮发射原理图

从图 1-1 能够看出,传动时驱动两个摩擦轮反方向旋转摩擦,炮弹在发射前有一定的运动能量。这个方案不仅简单还实用,不仅能保证弹性球发射的稳定性,还可以调节炮弹发射的角度和速度。

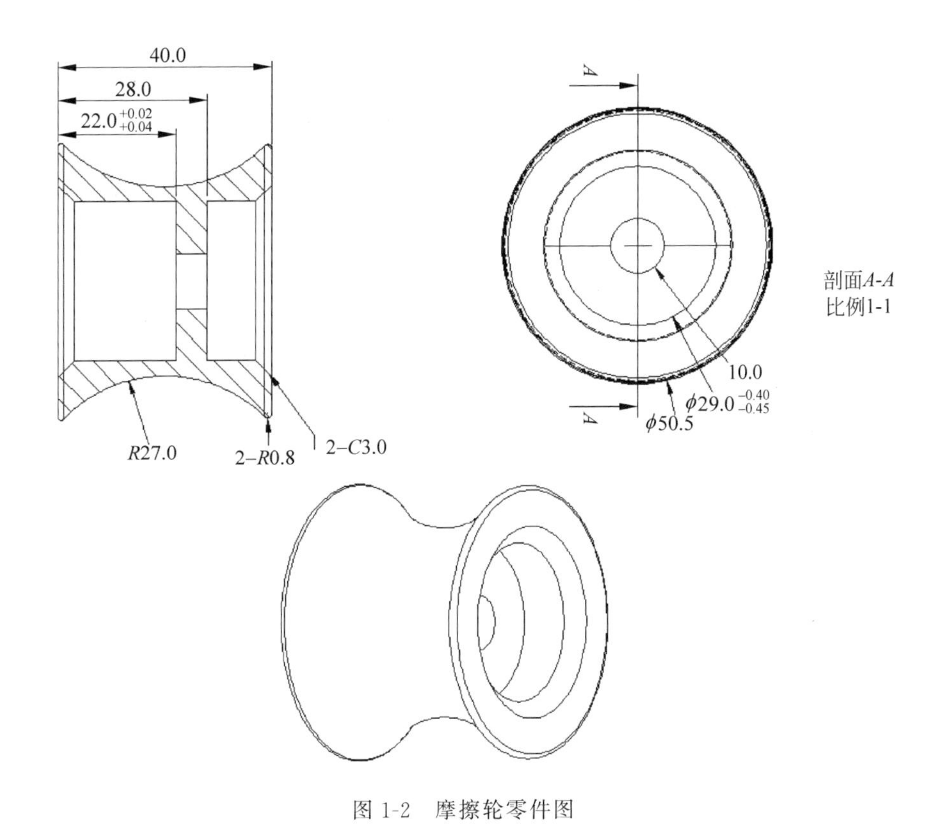

图 1-2　摩擦轮零件图

假设摩擦轮角速度为 ω，半径为 R，就可以计算摩擦轮的线速度：$v=\omega R$。

炮弹的瞬时速度是 v，这也是炮弹的初速度。通过测量摩擦轮的角速度就可以知道炮弹初速度。而摩擦轮的角速度是由固连其上的电机提供的，这就为我们选择摩擦轮电机提供了参考依据。摩擦轮设计如图 1-2 所示。

作为“炮车”，自然也设计了一个“炮管”。炮管的主要作用就是稳定炮弹的运动轨迹和瞄准。因为尺寸的限制，不能设计过长的炮管，通过实验发现炮管长度也并不是越长越好，由于摩擦轮接触弹性球存在一定的不确定性，因此有可能产生一边受力多、一边受力少的情况，即产生了偏心距。而且，炮弹在炮管中会与管壁产生摩擦，这种摩擦会大大降低炮弹的速度，从而导致炮弹发射距离缩短。因此，这里只需要一个较短的炮管，仅仅起到一个瞄准的作用，故设计了 150mm 左右的管道，及内壁 6 道螺旋膛线。值得一提的是，这个炮管因为结构相对比较复杂，所以采用了 3D 打印的方式来实现。炮管固定架如图 1-3 所示。

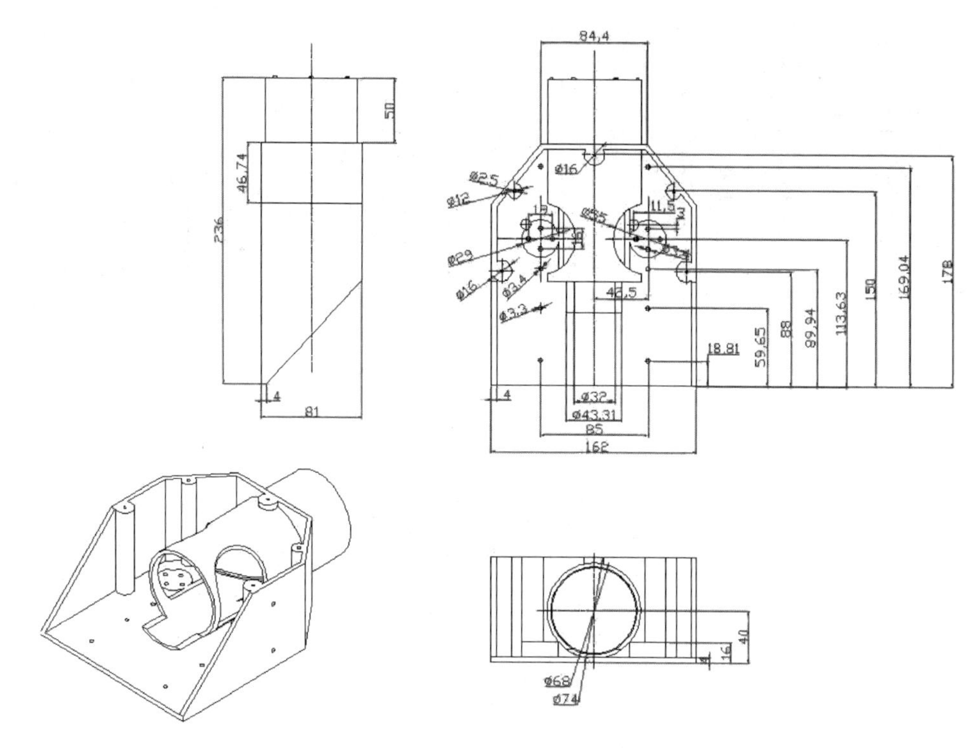

图 1-3　炮管固定架

为了持续发射炮弹，还需设计可以连续提供 12 发炮弹的供球结构(图 1-4)。这里参考了左轮手枪的设计：把 12 发炮弹放在拨球盘中，拨球盘上开有下球口，当拨球盘转到下球口时，炮弹顺着下球口进入落球道中，落球道将炮弹送入下方的发球机构中射击出去；下球盘上的球受重力作用到了落球口自然落入落球道中，通过控制步进电机转动角带动拨球盘转动控制是否进行射击。

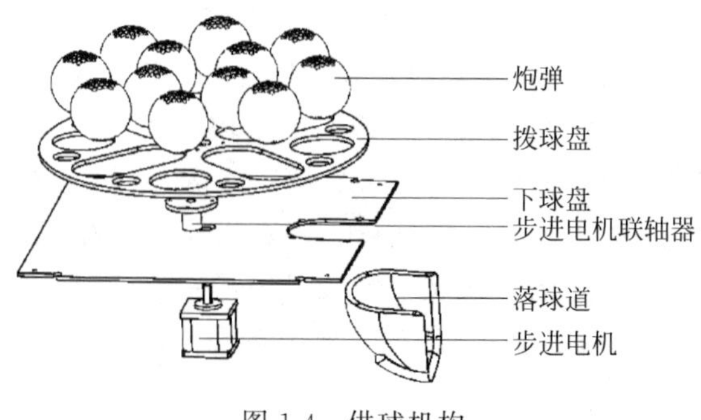

图 1-4　供球机构

登上环形山要求：环形山单阶台阶高100mm，台阶面宽200mm。机器人完整越过环形山需要连续跨越三级，机器人的底盘高于单阶台阶高度，并且轮距大于两阶台阶面总宽度，所以能够攀爬过阶梯。从图1-5、图1-6可以看出，底盘高于单阶台阶高度，所以不易发生车轮打滑情况。

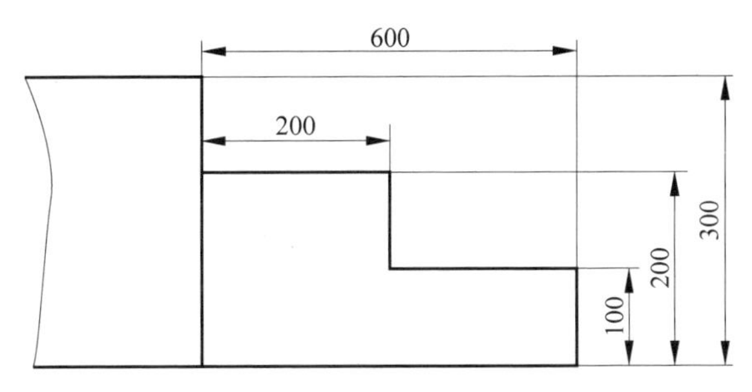

图1-5 环形山阶梯尺寸

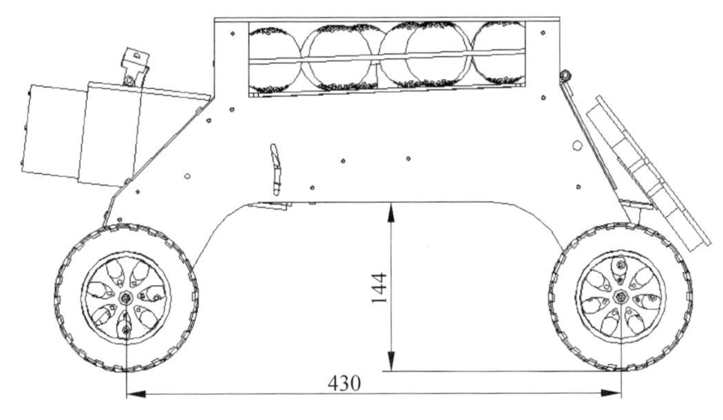

图1-6 轮距和底盘尺寸

2. 设计图

参考以往的比赛机器人，设计了轮式远程射击机器人的外形结构(图1-7)，并进行虚拟装配以检查各部分零部件的匹配情况(图1-8)。所用软件是SoildWorks 2017。发球架整体结构采用箱体的方式，把发球电机和摩擦轮固定在箱体内部并配备156mm长的管道，内壁有6道螺旋膛线以约束球的轨迹，不仅有效提高精准度，减小电机震动，还可以更好地保护电机，杜绝选手操作时的安全隐患。

3. 材料和加工

所设计的发球机构的主要功能是与外界隔绝以及支持发射机内部的电机，属于箱体类零件。所设计的箱体应具有的适应性为：高温、潮湿环境、材料轻巧、防锈、耐用，最好为一体化设计，并且因为大疆2312E电机通体导电，所以要求整个箱体为绝缘材料，综上所述，考虑到零件复杂所以使用3D打印和聚乳酸(PLA)材料完成箱体零件的加工。

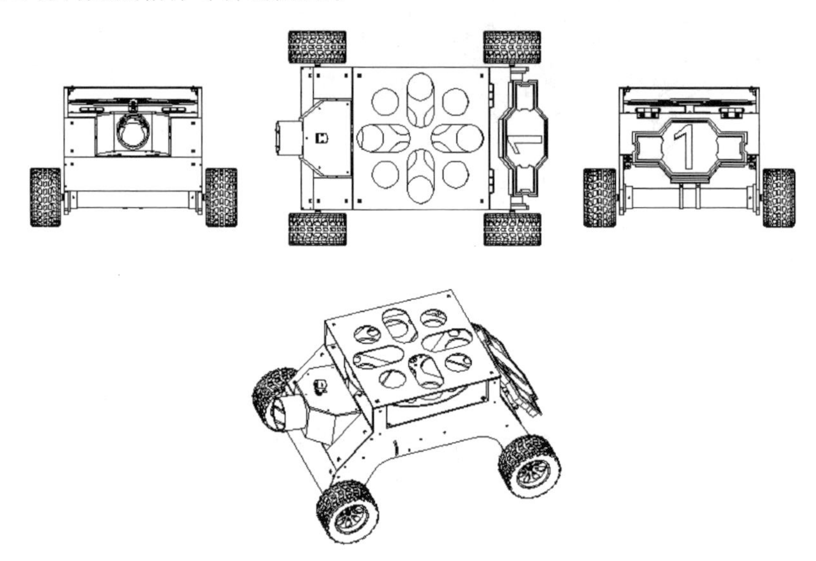

图1-7 轮式远程射击机器人示意图

3D打印机又称三维打印机(3DP)，是一种累积制造技术，即快速成形的一种机器，它以数字模型文件为基础，运用特殊蜡材、粉末状金属或塑料等可黏合材料，通过打印一层层的黏合材料来制造三维的物体。

表1-2 PLA材料属性表

项　目	属　性
材料	PLA材料
打印温度	195～230℃
密度	$(1.25\pm0.05)g/cm^3$
溶体流动性	(5～7g)/10min(190℃,2.16kg)
吸水性	0.5%
拉伸强度	≥60MPa
弯曲模量	≥60MPa
断裂伸长度	≥3.0%
直径	3mm/1.75mm
气泡	100%无气泡

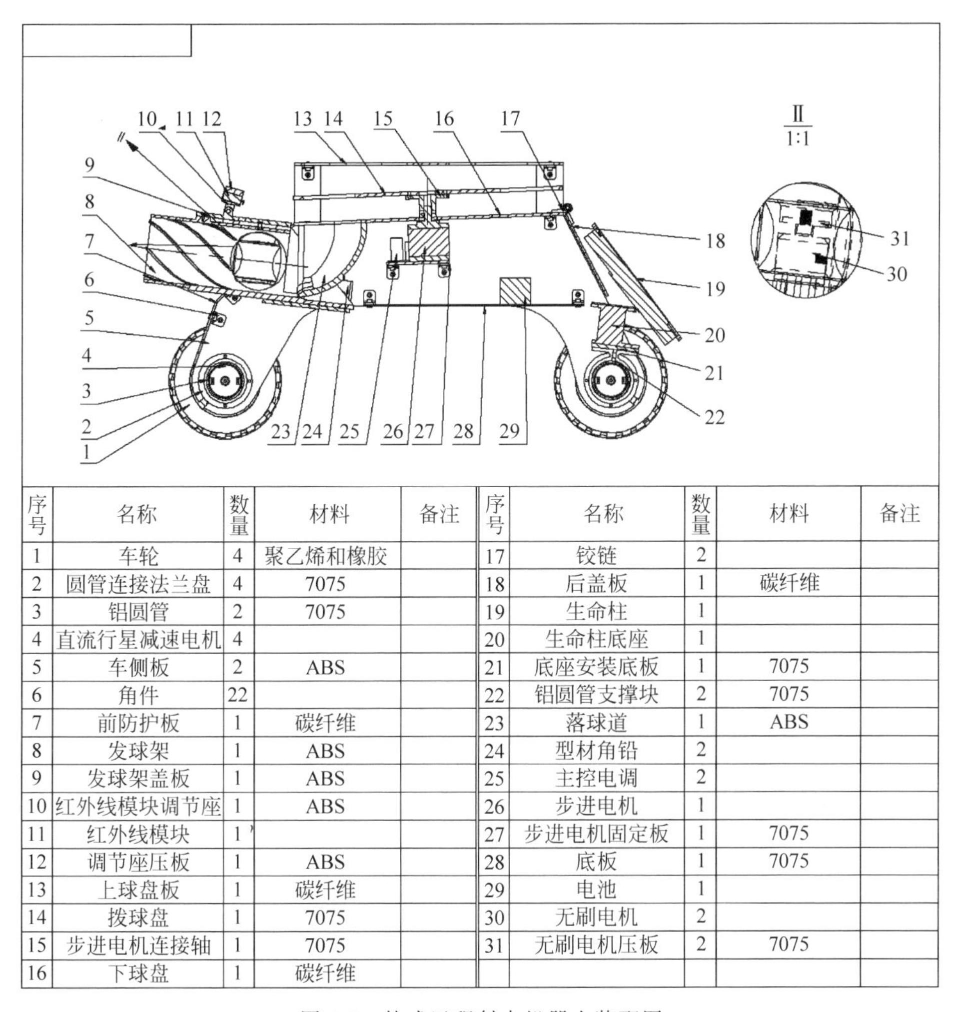

序号	名称	数量	材料	备注	序号	名称	数量	材料	备注
1	车轮	4	聚乙烯和橡胶		17	铰链	2		
2	圆管连接法兰盘	4	7075		18	后盖板	1	碳纤维	
3	铝圆管	2	7075		19	生命柱	1		
4	直流行星减速电机	4			20	生命柱底座	1		
5	车侧板	2	ABS		21	底座安装底板	1	7075	
6	角件	22			22	铝圆管支撑块	2	7075	
7	前防护板	1	碳纤维		23	落球道	1	ABS	
8	发球架	1	ABS		24	型材角铝	2		
9	发球架盖板	1	ABS		25	主控电调	2		
10	红外线模块调节座	1	ABS		26	步进电机	1		
11	红外线模块	1			27	步进电机固定板	1	7075	
12	调节座压板	1	ABS		28	底板	1	7075	
13	上球盘板	1	碳纤维		29	电池	1		
14	拨球盘	1	7075		30	无刷电机	2		
15	步进电机连接轴	1	7075		31	无刷电机压板	2	7075	
16	下球盘	1	碳纤维						

图 1-8 轮式远程射击机器人装配图

PLA是一种新型的生物基可再生生物降解材料，使用可再生的植物资源（如玉米、木薯等）所提取的淀粉原料制成。淀粉原料经由糖化得到葡萄糖，再由葡萄糖及一定的菌种发酵制成高纯度的乳酸，再通过化学聚合方法合成一定分子量的PLA。PLA具有良好的生物可降解性，使用后能被自然界中微生物在特定条件下完全降解，最终生成二氧化碳和水，不污染环境，这对保护环境非常有利，是公认的环境友好材料。

打开三维设计软件，绘制需要加工的零件，单击菜单栏中的文件，单击导出；选择导出STL格式文件，弹出窗口，单击确定，选择需要加工的零件对，单击确定；选择导出文件的位置，打开切片软件Repetier-Host，在上方菜单栏打印机选项中设置好打印机的参数、材料的参数；打开 STL 格式的文件，发现零件在坐标系内显示，调整坐标系，把零件放到合适的位置；单击左侧切片软件选项设置密度、打印速度，单击开始切片 CuraEngine，此时会生成带打印支撑的模型，单击 Save to file 把生成的 gcode 格式文件保存到 SD 卡或者 U 盘中；打开 3D 打印机将坐标归零，选择打印按键，找到保存的文件单击确定，等待温度到达设置的温度时，打印机自动工作，工件打印完成后打印机自动停止工作。工作界面如图 1-9。

从 Repetier-Host 中可以知道打印 60%填充密度的发球架需要 24h 44min 左右，需要材料为 1.75mm 粗的 PLA 125.5m，市面上 500g 一卷的 PLA 打印耗材通常在 162.5m 左右，价格 30～35 元。

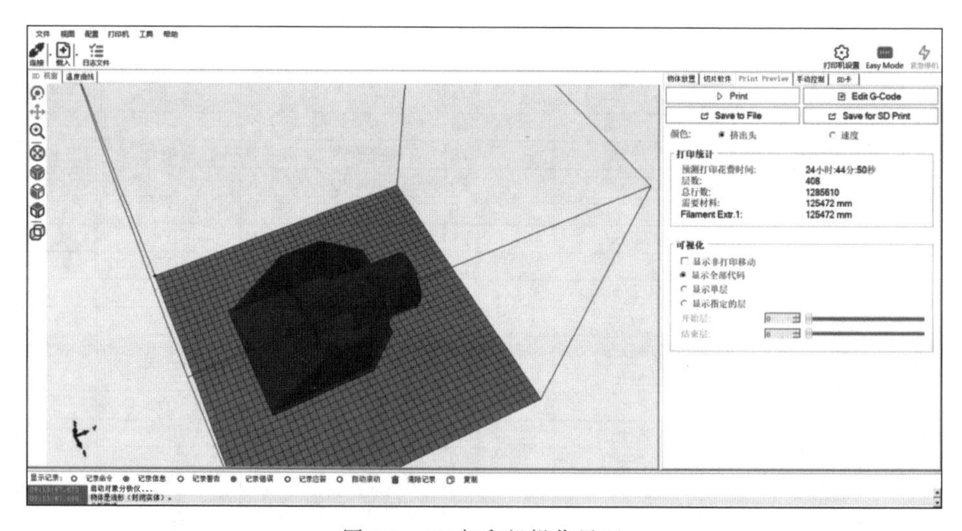

图 1-9　3D 打印机操作界面

1.1.3　控制系统

根据前面的结构设计，所需控制的电机有三种类型：①行走电机；②摩擦轮电机；③步进电机。也就是需要三路输出控制，控制系统要求如图 1-10 所示。这里选用天地飞 7 型遥控器(图 1-11)可以满足控制要求。

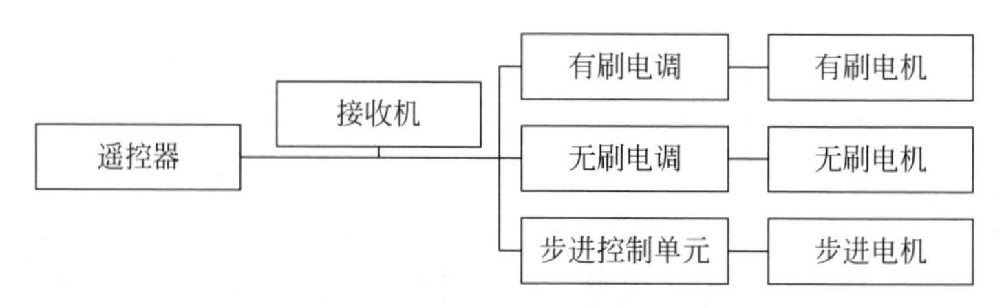

图 1-10　轮式远程射击机器人控制系统

图 1-11　天地飞 7 型(WFT07)遥控器

1. 控制系统框图

控制系统框图如图 1-10 所示。

首先通过遥控器上的说明书将天地飞 7 型遥控器的控制模式设置成三角翼混控模式，将在发射机构同一侧用于行走的两个直流行星减速电机串联接线，注意电机转动方向一致，将电机两极的线接到好盈 QUICRUN-WP-1060-BRUSHED 电调的输出端，另一侧的直流行星减速电机同样接法，电调的输入端接电源，信号线接到天地飞 7 型的接收机上，电调会通过信号线给接收机提供 5.8V 的电源，所以不需要另外给接收机供电；将大疆 2312E 电机的 3 个输入接口接上好盈天行者 12AE 无刷电调的输出端，通过调换 3 个接口的顺序改变电机旋转方向，使两个无刷电机形成对转的效果；把好盈天行者 12AE 无刷电调的输入端接上电源，信号线接上天地飞 7 型的接收机；将步进电机驱动器 TB6600 按接线图接好即可，在接收机供电状态下常按 STATUS 键，待指示灯闪烁，打开天地飞 7 型遥控器开关，选择“菜单”→“高级设置”找到“对码”，单击确定，待接收机上指示灯熄灭，遥控器提示成功，即可实现遥控控制各个电机的工作状态。

2. 控制逻辑示意图

参考航模的控制搭建：遥控、飞控、电调、电机、螺旋桨、电池、机架。机器人控制的搭建相对简单些，对应的螺旋桨改为车轮或者执行机构即可，即搭建系统为遥控、飞控、电调、电机、车轮(执行机构)、电池、机架。

1) 遥控器

遥控的主流型号有天地飞 7、天地飞 9、乐迪 AT9S，遥控一般有 PPM、SBUS、DBUS、PWM 等信号格式。这里选择比较常用的天地飞 7 型作为遥控器(图 1-12)。

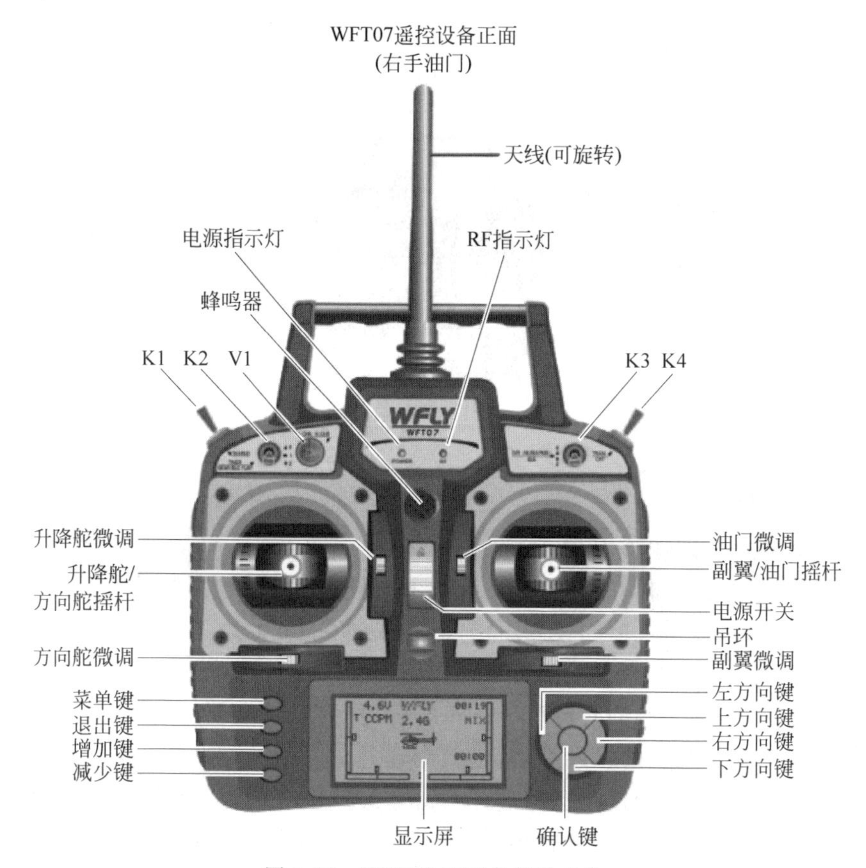

图 1-12 WFT07 正面各部分名称

2）飞控

飞控是整个机器人的控制核心。遥控器的接收机收到信号后传递给飞控，然后飞控进行各种操作运算处理再输出信号给电调。图 1-13 为飞控 APM 接线图。

3）电调

电调，全称为电子调速器，英文为 Electronic Speed Control，简称 ESC。针对电机不同，可分为有刷电调和无刷电调。电调根据控制信号调节电动机的转速。

对于电调的连接，一般情况为：

(1) 电调的输入线与电池连接；

(2) 电调的输出线（有刷两根、无刷三根）与电机连接；

(3) 电调的信号线与接收机连接。

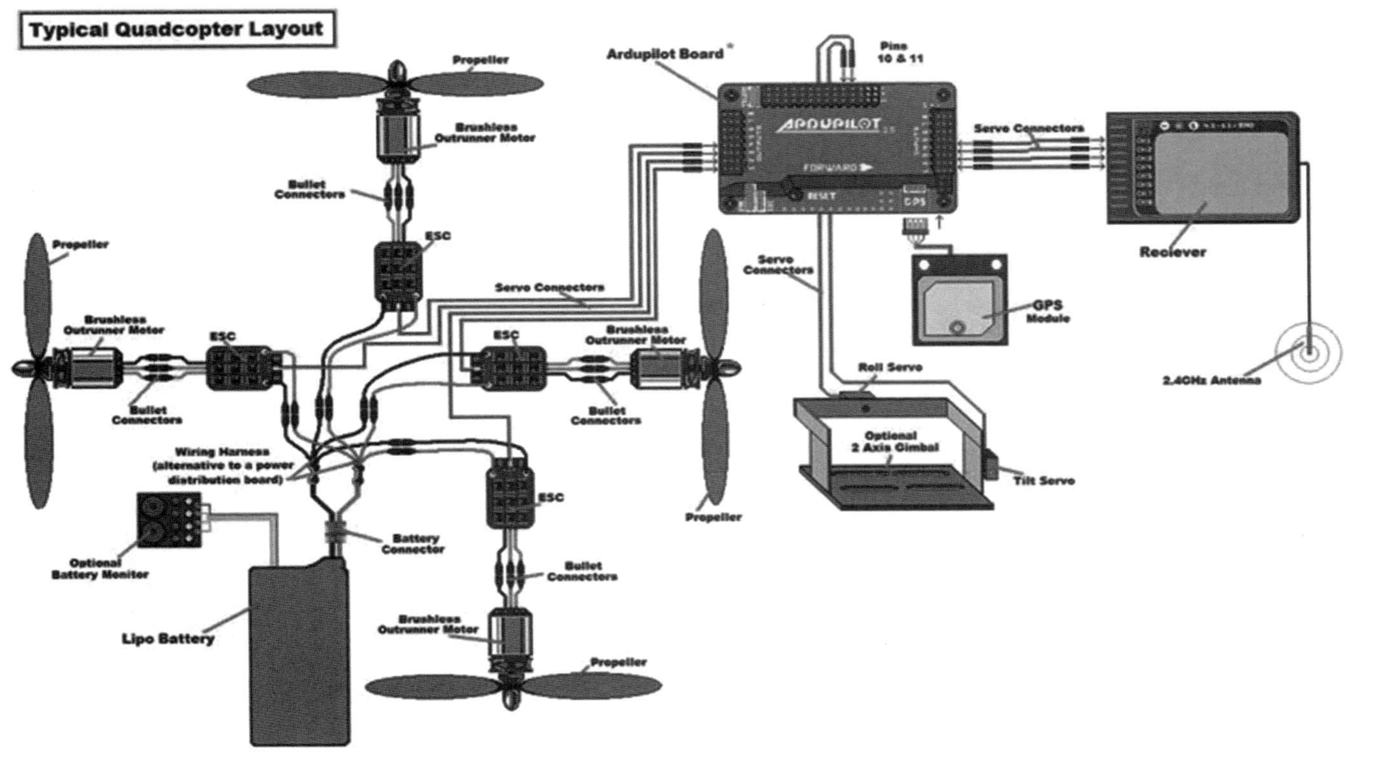

图 1-13　飞控 APM 接线图

另外，电调一般有电源输出功能，即在信号线的正负极之间有 5V 左右的电压输出，通过信号线为接收机供电，接收机再为舵机等控制设备供电。电调的电压输出为 3～4 个舵机供电是没问题的。因此，一般都不需要单独为接收机供电，除非舵机很多或对接收机电源有很高的要求。

4）电机

这里主要采用在摩擦轮上使用的直流无刷电机和在机器人行走上使用的行星齿轮减速电机，详情参看 1.1.4 节的内容。

5）车轮

关于车轮的设计，在 1.1.2 节已经涉及，不再赘述。

6）电池

航模电池使用比较多的是 3S、6S 等，S 前面的数字代表电芯的数量，一块电芯通常充满电为 4.2V，用到 3.7V 后就需要充电了。3S 2200mAh 就是指三块 2200mAh 的电芯串联起来，充满电为 12.6V。根据规则要求不超过 12V，因此选用 3S 的航模电池。

7）机架

机架的作用就是把上述设备固定，制作材料主要为碳纤板、铝合金，或者 3D 打印制作。自己设计好结构布局和重量即可。

1.1.4 关键器件选型

1. 电机选型

摩擦轮选用直流无刷电机，定位尺寸如图 1-14 所示。

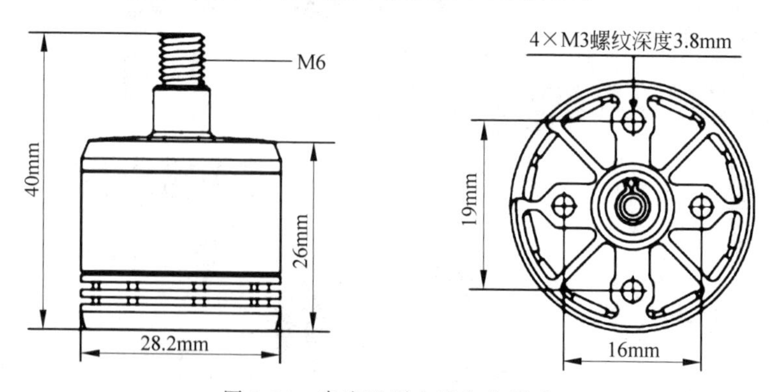

图 1-14 直流无刷电机定位尺寸

发球机使用两个大疆 2312E 型电机分别带动摩擦轮挤压，达到发射弹性球的目的。重量 56g；额定电压：12V；转速：20000r/min。

机器人移动用的电机选择直流行星减速电机，定位尺寸如图 1-15 所示。

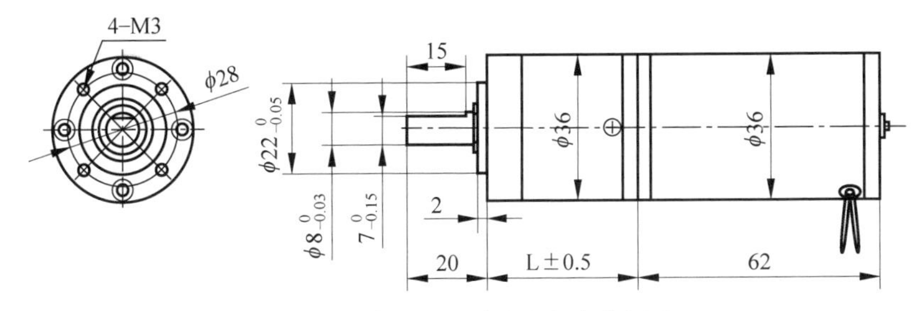

图 1-15 直流行星减速电机定位尺寸

型号：M36GXRL5.2K4D/RS370-1230。

产品特征：电机直径 24mm，出轴直径 4mm，单扁轴，轴长 8mm，扁高 3.5mm，轴长 13mm，中心出轴，电机总长度 56mm。

行星减速电机具有体积小、消耗功率小、转矩大、使用寿命长、噪声低等特点。

额定电压：12V；电机功率：18W；空载转速：857r/min；减速比：1∶5.2。

额定转矩：0.6kg·cm；最大负载：1.5kg·cm。

拨球电机选择步进电机，定位尺寸如图 1-16 所示。

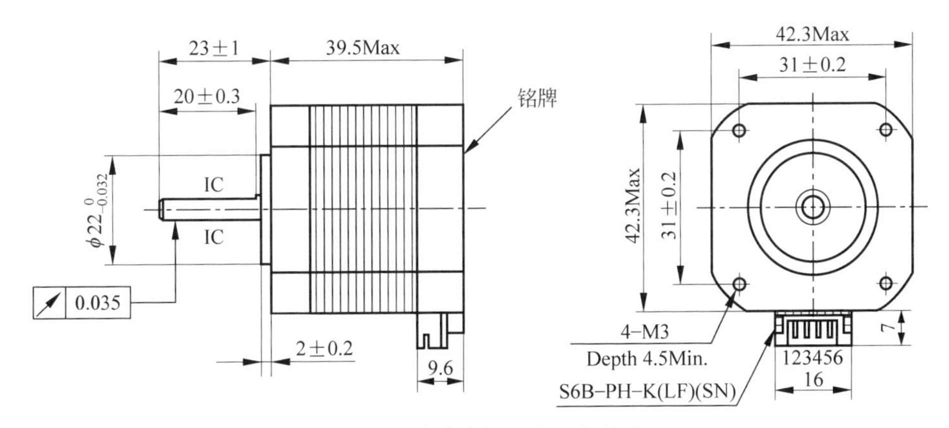

图 1-16 步进电机安装定位尺寸

型号：42BYG34-401A 插线式。

电流：1.5A。

输出力矩：0.28N·m。

出线方式：二相四根引出线。

2. 其他关键器件选型

电调：控制直流无刷电机。

使用好盈天行者 12AE 无刷电调(图 1-17)控制大疆 2312E 直流无刷电机。

输出能力：持续电流 30A，短时电流 40A。

电源输入：2～3 节锂电池，5～9 节镍氢电池。

BEC 输出：5V/2A。

最高转速：2 极电机 210000r/min，6 极电机 70000r/min，12 极电机 35000r/min。

尺寸：68mm×25mm×8mm。

重量：37g。

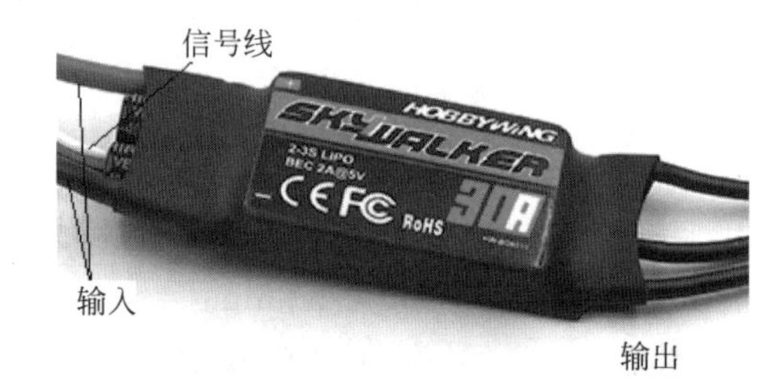

图 1-17 好盈天行者 12AE 无刷电调

电调：控制直流行星减速电机。

使用好盈 QUICRUN-WP-1060-BRUSHED 电调(图 1-18)控制直流行星减速电机。

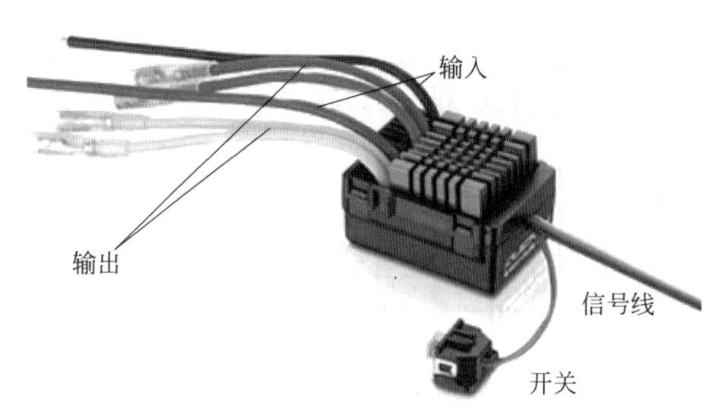

图 1-18 好盈 QUICRUN-WP-1060-BRUSHED 电调

尺寸/重量：3.655mm×32mm×18mm/39g。

输出：5V/2A。

内阻：正转 0.0001Ω，反转 0.002Ω。

峰值电流：60A/360A，30A/180A。

驱动器 TB6600 控制步进电机，接线图如图 1-19 所示。

输入电压：DC 9～42V。

电流：4A。

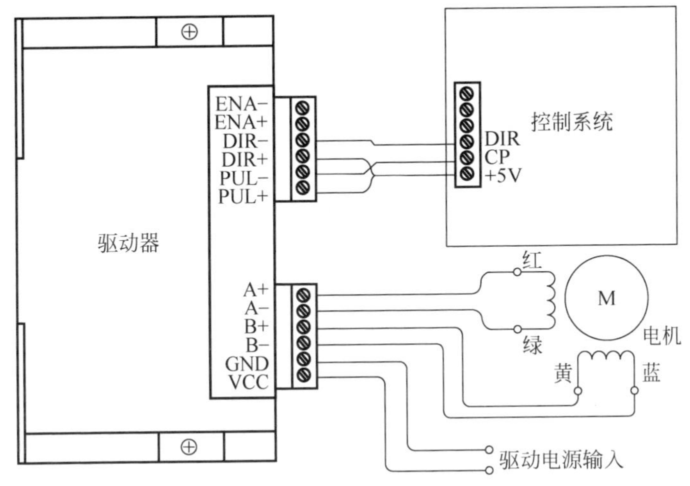

图 1-19 步进电机接线图

细分数：6400 细分。

各种保护：过流、过压、欠压、短路等保护。

脱机：脱机保护功能。

1.1.5 创新点

随着 ROBOTAC 赛事的发展，远程射击机器人越来越少地出现在场上，因为远程射击机器人本身不具备对抗条件，且存在命中率低、场上发挥差等一系列问题，所以被不少队伍放弃；然而事实上在认真研读规则以后，发现远程射击机器人做好了可以更好地占据先期的比赛优势。本节正是围绕着这一系列问题开始寻求突破。想解决远程射击机器人命中率不高、自我生存率低的局面，必须从两个方面着手改进：①提高炮弹发射线性与稳定性；②提高炮车运动的灵活性。

1. 提高炮弹发射线性与稳定性

炮弹在与摩擦轮接触时，由于炮弹上的孔洞使得球在摩擦轮的挤压中受力不均匀，球在出去的瞬间方向就发生偏移。通过枪械方面的知识可以知道，通常枪管越长，射击精度越高、距离越远，所以效仿这种做法，通过加设一段管道形成炮管，同时，管道内壁设计六条螺旋膛线来约束球在初期的偏移量；另外，以往摩擦轮多采用圆柱面与球的圆弧面相接触挤压，在挤压发射的过程中球发射的上下范围角度不受控制，发射出去的球可高可低，毫无规律可循，针对这种情况的解决办法是将摩擦轮加工成贴合球面的圆弧状，这样在发射时球面和摩擦轮接触时能够更好地固定住球的接触面，约束球和摩擦轮分离瞬间的角度。以上方法在实验阶段表现出色，确实能够增加炮弹的命中率。

2. 提高远程射击机器人运动的灵活性

远程射击机器人在以往的比赛中不够灵活的主要原因是结构上一般采用上供弹的形式。由于弹仓结构做得比较大,导致远程射击机器人头重脚轻,从而大大影响了移动速度。解决的方法主要是改变弹仓结构,采用左轮手枪的模式,降低远程射击机器人重心;升高远程射击机器人车架,配置合理的车轮使得炮车可以通过台阶登上环形山,从而占据有利位置直接攻击堡垒。

通过以上两点的改进与创新,可以使远程射击机器人成为比赛中的"利剑"。在比赛的初始阶段就可以"攻城掠寨",迅速得分。在其他车型机器人的配合下可形成多样的进攻套路。

1.1.6 工业设计

1. 外观设计

远程射击机器人外观如图 1-20、图 1-21 所示。

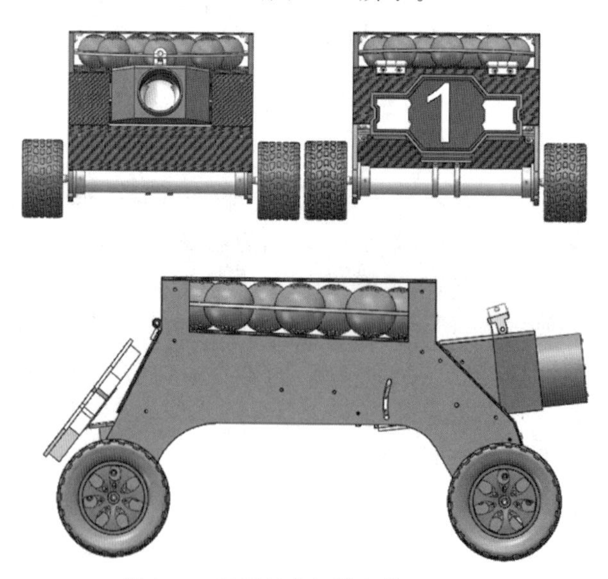

图 1-20 远程射击机器人外观图(1)

2. 人机工程

电池的固定:电池安装在底板上,如图 1-22 所示,用绑带穿过底板上加工的槽将电池固定(图 1-23)。

简化操作:远程射击机器人的后甲板用铰链和下球盘固定,后甲板和侧板尾部有预留的孔,用来固定橡皮筋,可方便更换电池(图 1-24、图 1-25)。

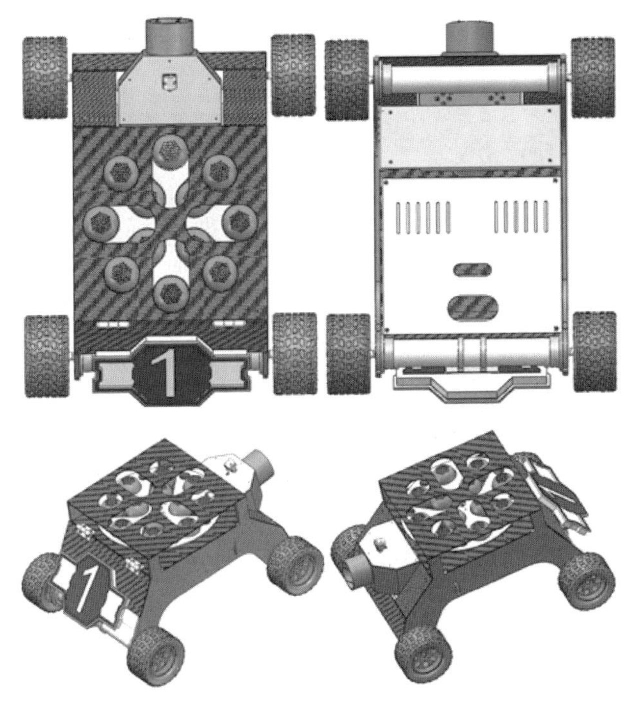

图 1-21　远程射击机器人外观图(2)

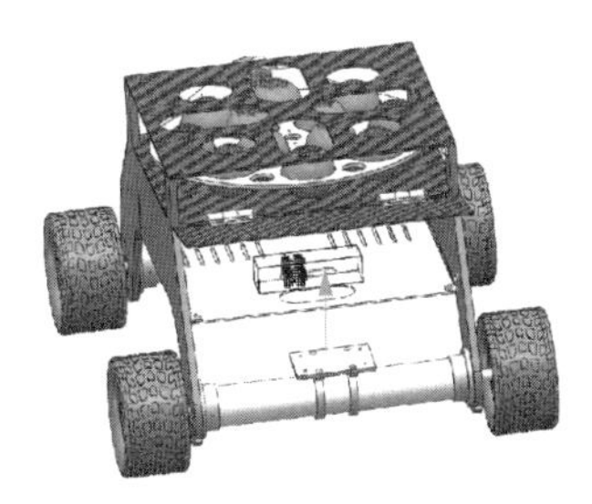

图 1-22　电池安装位置

图 1-23　电池绑带

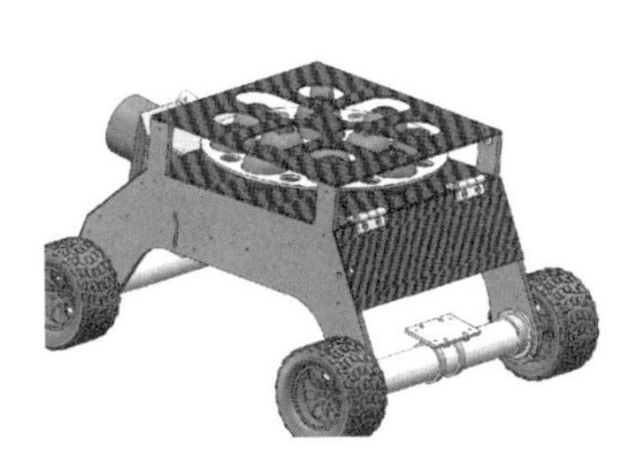

图 1-24　预留孔位置

图 1-25　橡皮筋

1.2 电铲机器人*

1.2.1 设计需求

轮式机器人是ROBOTAC传统的机器人类型,轮式机器人的强弱直接决定了整个队伍的实力。特别是2020年给仿生机器人加上生命柱后,仿生机器人的攻击力就会大大减弱,反而,由于轮式机器人的轮子简单可靠、自带减震功能,2020年轮式机器人可能会取代仿生机器人成为主要攻击车型,所以2020年的轮式机器人主要技术有以下几点:

(1) 有足够的攻击力,能让对方机器人阵亡;

(2) 有足够的越障能力,如登上环形山或无伤穿过流利条,并且能清除高地上的障碍桩;

(3) 有足够的机动性,动如脱兔,是进攻和速胜的基础;

(4) 具备速胜能力,能拿起5G基站并将其放到堡垒上;

(5) 整体结构有足够的抗击打能力,车体结构不但要具有足够的刚性,还能应对复杂地形对生命柱的减震,防止生命柱在行进过程中掉血。

以上列出的5个关键技术点由于设计者的水平限制,很难在一台机器人上全部实现,所以我们把这几个技术点拆分到几台机器人上分别实现,通过机器人的场上配合达到最终效果。因此,我们本着能实现(1)、(2)、(3)和(5)的部分要求设计机器人。

机器人设计需求和参数如表1-3所示。

表1-3 机器人设计需求表

类目	设计需求	技术参数
尺寸	为保证机器人有足够的空间去设计新的机构,并在对抗时有一定的重量级,设计尺寸在最大的范围内即可	比赛前600mm×600mm×600mm,比赛中600mm×600mm×1200mm
重量	重量大的机器人本身就具有了一定的防御能力,不易被掀翻,在对抗中会占有一定优势	10kg左右
最大速度	机器人从通道区到达对方高地的时间要少于2s	4m/s左右

* 本案例由郑州铁路职业技术学院提供。

续表

类　目	设 计 需 求	技 术 参 数
底盘高度	底盘高度主要考虑的是不被炮弹卡住和便于越障，并且要高于生命柱底座的最低要求	100mm 左右
主要框架材料	为使车体有足够的刚性不易形变且给其他结构留出重量	3mm 厚碳纤维板
生命柱角度及底座高度	该轮式机器人的需求要求上部机构的行程可能较大，要给上部机构留出足够的设计空间	45°生命柱，底座离地 120mm
上部机构工作行程	由于要实现攻击和清除障碍，要留出较大的行程	0°～180°
图传设备频段	摄像头在场上受干扰较严重，设计者决定采用频段较高的图传	5.8GHz

1.2.2 机械结构

1. 功能需求

1）整体结构

机器人如果要在不断的对抗中保持完好，其基本框架结构一定要有足够的刚性，设计基本框架采用“刚性矩形”的原理，所有可动结构都连接在刚性矩形框架上，使车体在对抗中不易形变，刚性框架如图 1-26 所示。

2）悬挂方式

车体悬挂结构一直是 ROBOTAC 赛场上的空白，好的车体悬挂方案能起到减震的作用，会大大提高机器人的稳定性和越障能力，2019 年比赛中我们使用车体悬挂结构得到了不错的效果，2020 年的比赛，我们准备继续改进悬挂结构并对其进行升级。设计悬挂结构时我们参考了汽车的悬挂原理，整理归类了几种类型的悬挂方式，各种悬挂的性能对比如表 1-4 所示。

表 1-4　各种悬挂的性能对比

性能指标	非独立悬挂	独立悬挂		
		麦佛逊式	双叉臂式	多连杆式
复杂度	低	低	中	高
减震度	中	中	高	高
耐用性	低	中	中	高
适用性	高	高	高	中

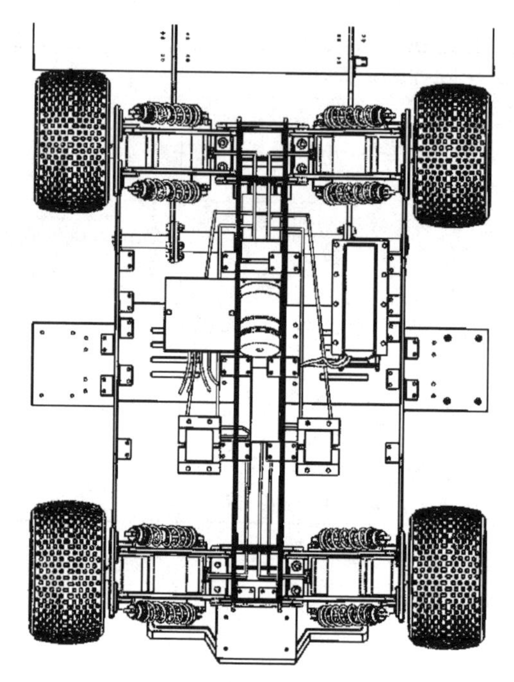

图 1-26 车体“刚性矩形”框架

表 1-4 对比了各种悬挂结构的复杂程度、减震程度、耐用性和对机器人的适用性，悬挂大类型上分成非独立悬挂和独立悬挂。非独立悬挂虽然简单且适用性高，但是其耐用性满足不了 ROBOTAC 高强度的对抗和高速转向要求。独立悬挂相对于非独立悬挂，左右边的轮胎不会相互影响，行驶时会更加稳定。独立悬挂又分为麦佛逊式、双叉臂式和多连杆式。麦佛逊式是最简单的独立悬挂，其适用性也很高，只是减震效果一般；双叉臂式可以说是麦佛逊式的升级版，它具有更好的减震性能，但是结构相对比较复杂；多连杆式的减震性能和耐用性都非常好，但是其结构非常复杂，且对比赛机器人的适用性不高。综上所述，比较适合的减震结构是麦佛逊式和双叉臂式，考虑到去年本队的技术沉淀，双叉臂式悬挂较适合我们，经典双叉臂式悬挂如图 1-27 所示。

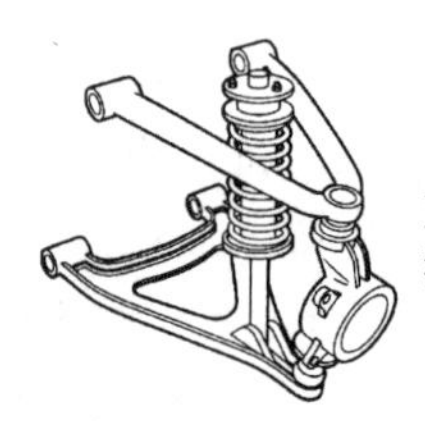

图 1-27 经典双叉臂式悬挂

针对机器人的电机位置，需要对双叉臂式悬挂进行实际校调，我们采用了双避震器的方式进行校调，校调后的效果如图 1-28 所示。

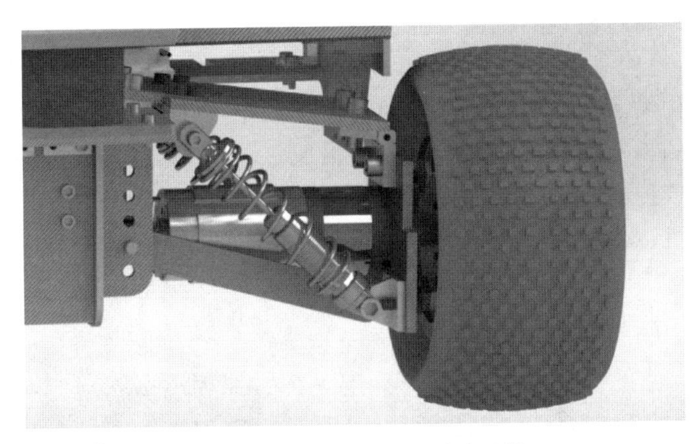

图 1-28 校调后的双叉臂式悬挂

3）攻击和清障机构

ROBOTAC 赛事经过这几年的发展，每一种机构都在不断升级演变，目前，手动机器人的攻击机构大致分为近身攻击和远程攻击两个方向。

近身攻击在最近的几年又演化出了两个方向：攻击方面，有铲子、抓取结构、叉子机构（模仿工业叉车设计）等机构；防御或辅助方面，有机构盾、夹子等机构。

远程攻击目前只有一种发炮机构，大多数采用的是网球发球机的原理，靠两个高速旋转的摩擦轮把中间的球发射出去。而且我们参赛队根据每一年规则的变化也会设计一些辅助机构，帮助机器人完成某种动作。

2019 年第十八届 ROBOTAC 比赛中我们设计的攻击执行机构的对比情况如表 1-5 所示。

表 1-5 抓取机构与铲形机构对比

机　　构	抓 取 机 构	铲 形 机 构
优势	将机器人夹住以限制其运动或使其掉血、辅助上环形山（仿生）	直接将机器人铲翻、控制较精准
在赛场上效果	控制不精准，攻击角度不合适时，会自己卡死，失控	整个车结构紧凑合理，对抗撤退来去自如，非常灵活
复杂性	较复杂	较简单

通过分析近几年的比赛规则发现，最近几年赛场上的小任务比较多，例如，在第十八届（2019 年）比赛中我们队伍采用了辅助上环形山的机构、速胜机构等，这些设计对赛况能够起到关键作用。

以气驱动执行机构的机器人，其执行机构的升降是由气缸活塞的往复运动实现的，执行机构只能停留在铲子活动行程的最大和最小这两个位置上，没有以电驱动的机构灵活。目前气动铲子的灵活性满足不了现在赛场要求，之后可能会有气与电的相互配合才能适应赛场的情况。相比于铲的快速抬升，我们选择了铲子的精度控制，下面介绍的这款电铲机器人的铲子机构由大疆 M3508 直流无刷减速电机、蜗轮蜗杆（带输出轴）、法兰延伸轴、铲臂、铲子组成，铲子的 3D 图如图 1-29 所示。

图 1-29　铲子侧视、俯视图

我们对气铲和电铲进行了比较，如表 1-6 所示。

表 1-6　气铲与电铲比较

类　　别	电　　铲	气　　铲
攻击结构	铲子可以通过铲臂将铲子往外延伸，攻击范围大。通过力臂（铲臂），铲子的抬升力矩长	铲子的旋转轴一般与车体在一起，攻击范围有限。只有一节气缸，输出力矩短
持续作战能力	强	较弱
爆发力	弱	强
稳定性	高	低（气瓶容易漏气）
难易程度	较难	简单

在 2018 年第十七届 ROBOTAC 比赛中，江西机电职业技术学院的仿生铲车在战场上的震慑力很大，战斗力非常强；在 2019 年第十八届 ROBOTAC 比赛中，北京工业职业技术学院的仿生铲车立下了汗马功劳，“全场最佳”这个称号也是实至名归。这两辆仿生铲车在结构上很相似，在这两届中的表现都很耀眼，铲车的铲子能铲得很低，基本上能做到与地面贴合，这样对方的攻击机构就不能轻易地攻击到铲车车身，而它们的铲子能够伸到对方机器人的车身下方，很容易将敌方的机器人掀翻，这是铲子类攻击机构的优势。由铲臂带动铲子抬升的机构，一般把铲子分成上下板，下板与地面的夹角较小，上板与下板夹角较大，这样

的设计有利于铲子伸到对方机器人的车身下方进行攻击。图 1-30 为铲子力臂夹角示意图。

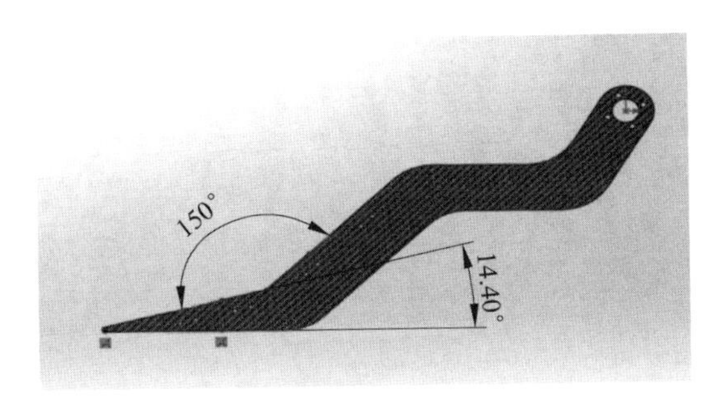

图 1-30　铲子力臂夹角示意图

根据第十九届(2020 年)全国大学生机器人大赛 ROBOTAC 比赛规则 1.0，我们设计的这款手动轮式机器人不会舍弃铲子的对抗性，还要能完成挑起高地上障碍桩上的横杆的任务。所以我们加长了铲子下板的长度，使机器人在前轮不上高地的情况下也能有效地清理障碍，既保证了铲车的战斗力，又能有效地清障上高地并通过打击敌方堡垒得分。

如图 1-31 所示，当铲子向上抬升的时候会将 3030 铝型材(横杆)到上铲板和下铲板夹角的地方，当铲子继续上升，铝型材滑到上铲板上时，竖着的 4040 铝型材会和横杆卡死，为了避免发生这种情况，我们在铲子的上铲板上加了一个梯形垫块，这样横杆就不会滑到上铲板上被卡死，而且还能很轻松地将横杆清理掉。

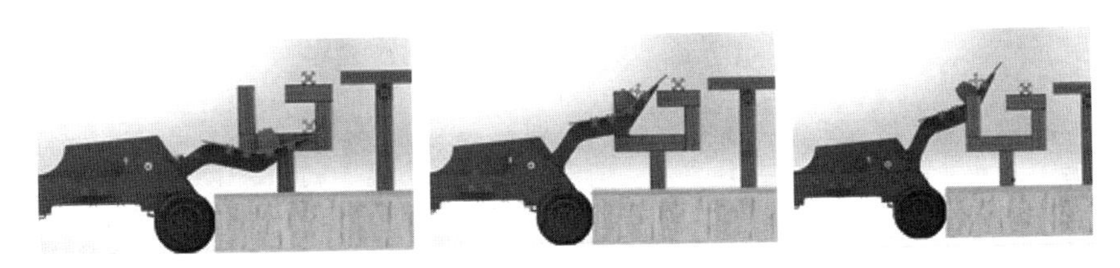

图 1-31　清障关键点展示图

4) 轮毂和联轴器

赛场上经常会出现轮胎掉落的场景，除了十分尴尬滑稽，对比赛的胜负也有较大的影响，大多数轮胎掉落的原因都是联轴器上唯一的螺丝松脱。为了避免发生这种情况，我们重新设计了轮毂和联轴器，如图 1-32 所示。

不同于传统的轮毂采用较大的正 ET 值和较长的联轴器，我们设计的轮毂的 ET=－19.75mm，联轴器也采用了较短的法兰联轴器，如图 1-33 所示。负

图 1-32 轮毂

的 ET 值可以使轮毂固定面与电机轴的横向距离更近，使车体在高强度的移动和对抗中更加稳定；法兰联轴器可以实现用多个螺丝与轮毂连接，分散来自轮毂的力，使螺丝不易松脱，保证轮胎不会脱落。

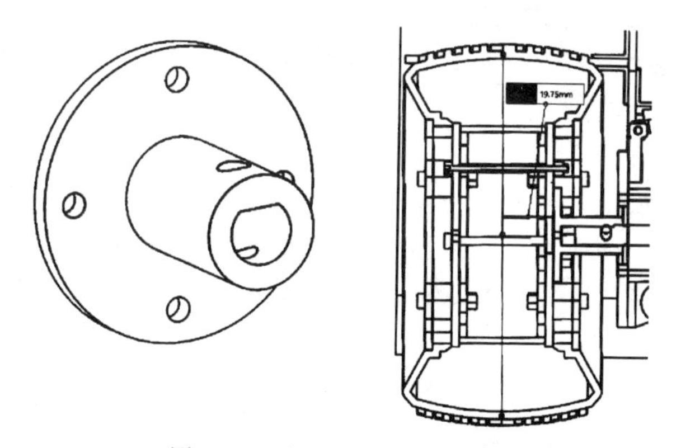

图 1-33 法兰联轴器和 ET 值

2. 设计图

图 1-34 为电铲机器人装配图。图 1-35 为悬挂系统零件图。图中，(1)为避震器，主要起到减震的作用；(2)为定制合页，提供弹簧弹性形变所需的空间；(3)为连接板，用来限制减震的形变范围。

图 1-36 为轮毂零件图。图中，(1)为碳纤外圈，用在最外层，起到加固的作用；(2)为尼龙套圈，用在第二层，能够增加轮毂整体的抗拉和抗压强度，韧性非常好；(3)为碳纤主板，配合碳纤外圈、内圈一起起到加固作用；(4)为碳纤主圈，起到整个轮毂的支撑作用。将(1)、(2)、(3)、(4)、(5)按照一定顺序叠加，用 M3 螺丝和自锁螺母固定，结构简单、结实，有较强的耐磨性，可与各型号法兰刚性连接，拥有较强的通用性。

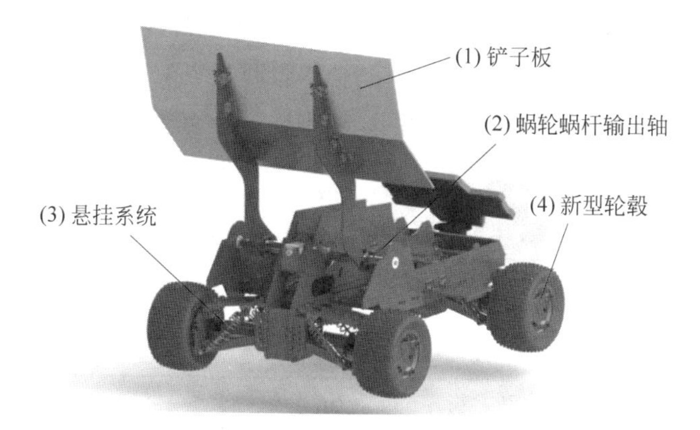

图 1-34 电铲机器人装配图

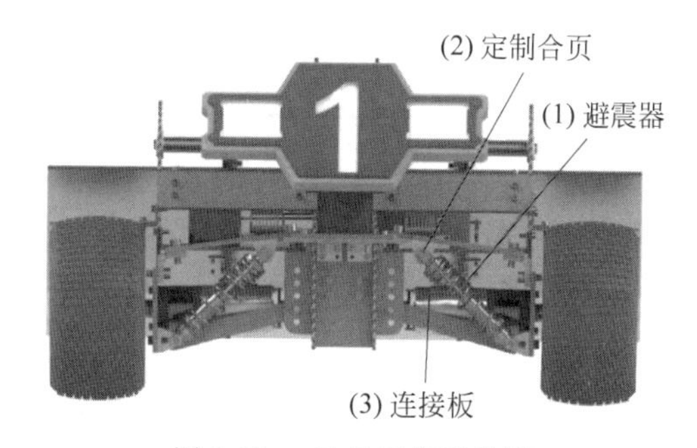

图 1-35 悬挂系统零件图

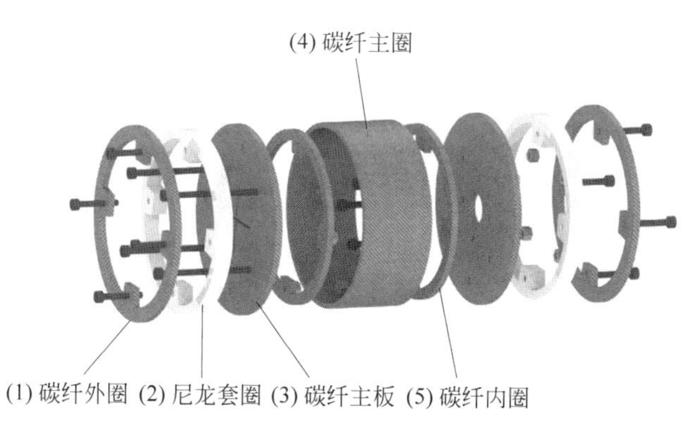

图 1-36 轮毂零件图

3. 材料和加工

每年的比赛都会对机器人的重量作出限制，重量主要决定机器人的攻击性和抗打性。正式参加比赛时，参赛队伍的机器人大多采用玻纤板和碳纤板，还有部分队伍用的是铝合金材料，然而用铝合金板来做车身极易变形，在这种对重量要求很高的赛场上显然不太适合，通过对比，我们选用了碳纤板和玻纤板。

碳纤板具有拉伸强度高、耐腐蚀性强、抗震性好、抗冲击性好和重量轻等优点，且与玻璃纤维相比，杨氏模量是玻璃纤维的 3 倍多，所以非常适用于 ROBOTAC 赛场机器人的制作使用。

玻璃纤维的拉伸强度没有碳纤维高，但其价格要比碳纤维材质便宜，所以适用于前期试验阶段，各种材料各项指标对比如表 1-7 所示。

表 1-7　材料各项指标对比

材料种类	玻纤板	碳纤板	铝合金板
抗拉伸强度	中	高	低
刚度	中	高	低
成本	低	高	高
弹性	中	高	低

综上所述，我们决定在试验阶段采取玻纤板进行试验，比赛阶段采用碳纤板材质，在保证车身结构稳定性的同时，又做了镂空优化。镂空示例如图 1-37 所示，该设计十分适合 ROBOTAC 对抗赛的机器人。

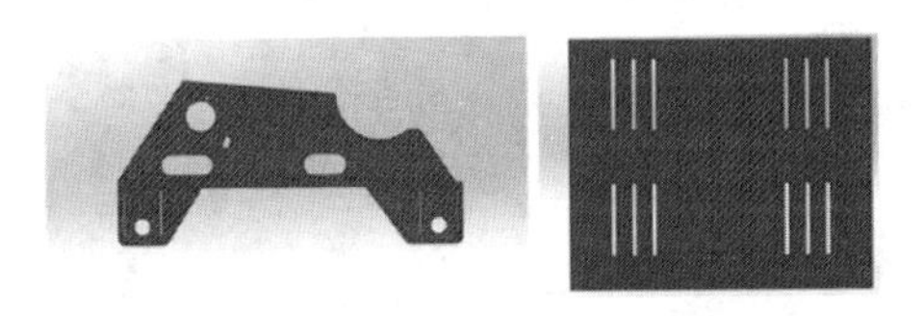

图 1-37　镂空设计示例

1.2.3　控制系统

1. 控制系统框图

机器人的电机驱动使用 STM32F103C8T6 单片机控制，采样电阻、电流数值后传递给单片机，通过单片机控制电容的充放电，控制系统硬件连接框图如图 1-38 所示。

2. 控制逻辑示意图

机器人的控制主要利用电流作为控制参数，通过判定采样电流值与 30A 的大小关系，从而控制电容的充放电。当采样电流值小于 30A 时，有一部分电流给电容充电，当采样电流值大于 30A 时，MOS 管会把总输入电流拉低，使总输入电流低于 30A，剩余电机所需要的电流由电容放电提供，控制逻辑示意图如图 1-39 所示。

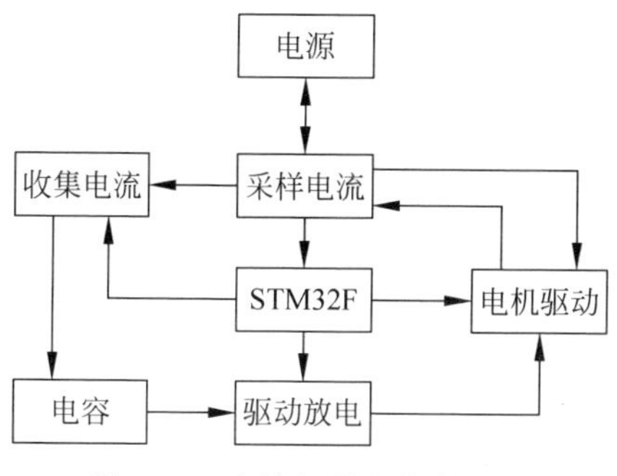

图 1-38 电铲机器人控制系统

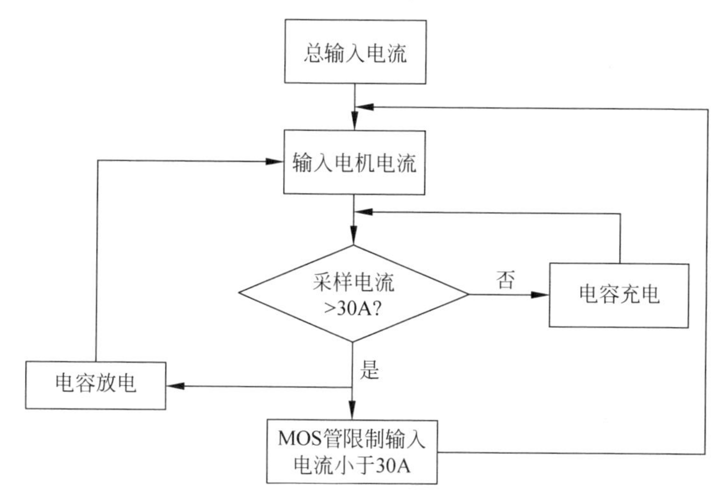

图 1-39 电铲机器人控制逻辑示意图

3. 程序流程图

控制程序主要控制电机的驱动电路和给电容充电的电流，程序开始后，等待遥控器信号输入，驱动电机旋转，接着检测电流值的大小，判断下一步的动作（图 1-40）。

1.2.4 关键器件选型

1. 电机选型

1）各部位电机类型的选择

直流电机按结构及工作原理可分为有刷直流电机和无刷直流电机两大类型。

无刷直流电机通常是数字变频控制，可控性强，从每分钟几转，到每分钟几百转都可以很容易实现，而且使用寿命很长，不需要维护，但是无刷电机启动电

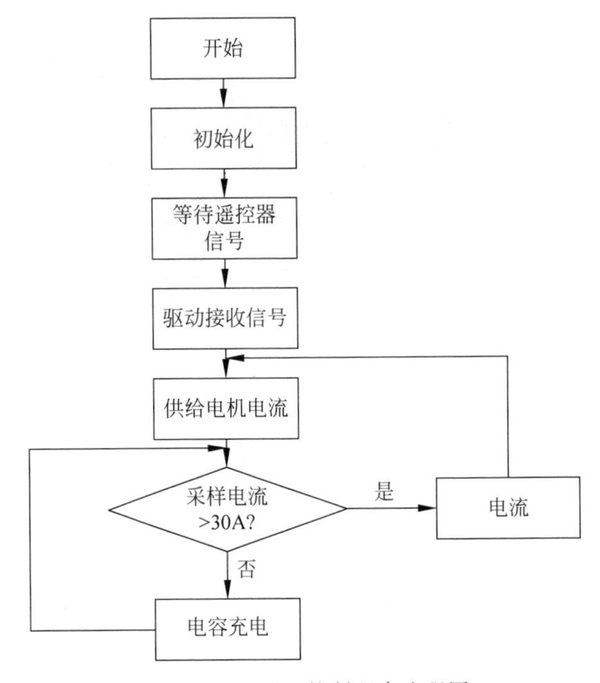

图 1-40　机器人控制程序流程图

阻大,所以功率因数小,启动转矩相对较小,启动时带动负荷较小,并且相对于有刷直流电机要高一些,另外,无刷直流电机通常是数字变频调速,先将交流变成直流,直流再变成交流,通过频率变化控制转速,所以无刷电机在启动和制动时运行不平稳,只有在速度恒定时才会平稳。

有刷直流电机是传统产品,技术沉淀较高,性能比较稳定,而且由于启动响应速度快,启动转矩大,变速平稳,制动也较快,但是寿命较短,维护成本高,而且运转时产生的电火花对遥控无线电设备会有一定的干扰。

二者主要性能对比如表 1-8 所示。

表 1-8　有刷直流电机和无刷直流电机主要性能对比

电 机 类 型	有刷直流电机	无刷直流电机
启动转矩	相近	相近
启动速度	较快	较慢
制动速度	较快	较慢
可控性	较低	较高
调速方式和复杂度	通过调压调速较简单	数字变频控制较复杂
价格	较低	较高

比赛机器人所用的电机按用途可分为两种：一种是驱动机器人运动的驱动电机；一种是各种机构上的非驱动电机。由于手动机器人可用遥控器操控，因此驱动电机选型不需要高可控性，但是需要高的起动转矩、快的响应速度和较好的制动能力。另外每个轮子上都需要一个驱动电机，由于需要的数量较多，故驱动电机性价比要高并且调速方式要简单。非驱动电机由于要负责攻击和清障，因此对于转矩和可控性的要求较高，但设计中非驱动电机只需要一个，所以其价格和调速的复杂性都不是首要条件。

综上所述，我们在设计时，驱动电机采用有刷直流电机，非驱动电机采用无刷直流电机。

2）电机参数的计算选型

选择电机时要根据轮胎的参数、地面的摩擦系数、设计的总重量、设计的最大速度、爬坡的最大角度等去计算所需电机的各个参数，在选择电机时我们主要关心的参数有工作电压、转速、转矩、物理参数等。下面从驱动电机和非驱动电机两方面的选型分别介绍。

（1）驱动电机

额定电压：由于比赛限制了轮式机器人的电源电压为12V以下，如果想用额定电压12V以上的电机，就要制作升压电路，考虑到机器人要使用四个驱动电机且内部的电路空间和电池的带载能力有限，我们决定使用额定电压为12V的有刷直流电机作为驱动电机。

电机转矩：电机转矩主要与机器人运行时与地面的摩擦系数、机器人的质量和轮胎的半径有关，单个电机所需的转矩如式(1-1)所示。

$$
\begin{aligned}
&m = 10\text{kg} \\
&T = \frac{0.01F_{\text{f}}R}{4} = \frac{0.01CmgR}{4} \\
&\quad = \frac{0.01 \times 0.5 \times 10\text{kg} \times (9.8\text{N/kg}) \times 7\text{cm}}{4} \approx 0.86\text{N} \cdot \text{m} \qquad (1\text{-}1)
\end{aligned}
$$

式中，T 为每个电机需要产生的最小转矩(N·m)；C 为地面摩擦系数，查阅资料可知为0.5；F_{f} 为摩擦力(N)；m 为机器人质量(kg)；g 为重力加速度；R 为轮胎半径(cm)。由式(1-1)可知所选电机转矩要大于0.86N·m。

电机转速：该机器人设计最大速度为3m/s，那么所需电机的转速如式(1-2)所示。

$$
\omega = \frac{60V}{0.02\pi R} = \frac{60 \times 3\text{m/s}}{0.02\pi \times 7\text{cm}} \approx 545\text{r/min} \qquad (1\text{-}2)
$$

式中，ω 为所需电机最小转速；V 为机器人运行速度；R 为电机半径。由式(1-2)可知，所需转速最少为 545r/min，考虑误差和负载，设计使用转速为 550r/min 的有刷直流电机。

综上所述，驱动电机使用额定电压 12V、转矩 0.86N·m 以上、转速为 550r/min 的有刷直流减速电机。

(2) 非驱动电机

额定电压：由于非驱动电机对转矩的要求较大，且数量较少，设计者设计采用 24V 的无刷电机，利用 12V 升 24V 的升压板为电机升压。

电机转矩：转矩的要求是能够铲起对方的机器人，具有攻击性，设计能够铲起的重量为 8kg，上部机构的力臂约为 365mm，则所需的转矩如式(1-3)所示。

$$T = FL = mgL = 8\text{kg} \times (9.8\text{N/kg}) \times 365\text{mm} \times 10^{-3} = 28.6\text{N} \cdot \text{m} \tag{1-3}$$

式中，T 为所需转矩(N·m)；F 为承受的力(N)；m 为重量(kg)；g 为重力加速度；L 为上部机构的力臂(mm)。由式(1-3)可知，要达到设计需求，输出转矩要大于 28.6N·m，由于一个电机的转矩很难大于这个数值，所以我们准备配合减速换向装置使用。

电机转速：由于要控制上部机构的旋转，非驱动电机输出的转速不能过大，设计输出转速不大于 50r/min，所以也要配合减速换向装置使用。

综上所述，选择的非驱动电机要具有一定的广泛适用性去配合减速换向装置的选型。大疆 M3508 无刷直流减速电机由于具有动力强、体积小、保护多、设置简单、控制灵活等优点而广泛应用在各大机器人比赛中，可以说它就是为高性能机器人平台而生的。由于其较广的适用性，我们选择大疆 M3508 作为非驱动电机。

2. 其他关键器件选型

1) 避震器选型

避震器一般分为弹簧避震器和液压避震器，其中适合 ROBOTAC 比赛的小型液压避震器极其稀有且昂贵，且并不能发挥其性能，造成性能上的浪费，而适合比赛的小型弹簧避震器很常见，价格也较便宜。所以我们采用弹簧避震器。接下来是计算所需弹簧避震器的弹性系数，设计的减震器安装方式如图 1-41 所示，根据图 1-41 的标注建立的理想模型如图 1-42 所示。

设计安装避震器 8 个，设计安装后压缩量为 4mm，则由图 1-42 可求所需弹性系数，如式(1-4)所示。

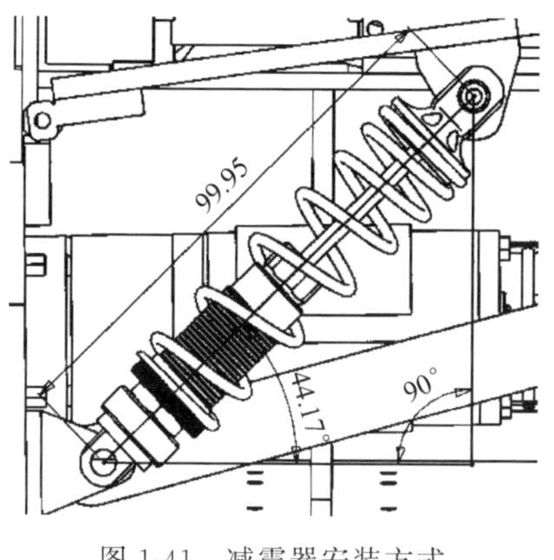

图 1-41 减震器安装方式

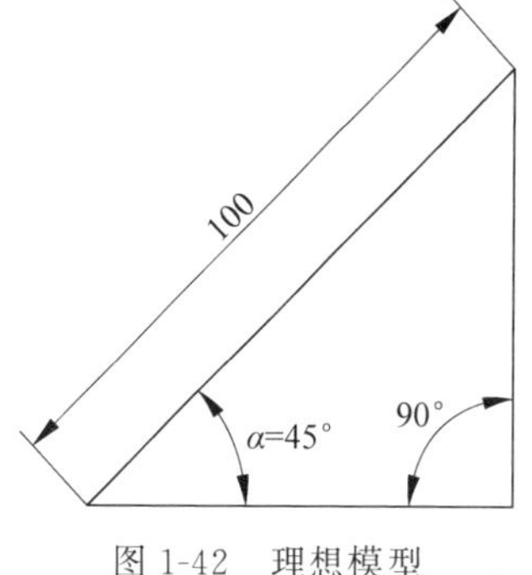

图 1-42 理想模型

$$K=\frac{mg}{8\times 4\text{mm}\times \sin 45^{\circ}}=4.42\text{N}\cdot\text{mm} \tag{1-4}$$

式中，K 为弹性系数(N·mm)；m 为机器人质量(kg)；g 为重力加速度。综上所述，单个避震器所需的弹性系数要大于 4.42N·mm；算上误差等因素，我们在设计时使用弹性系数为 5N·mm 的避震器。

2）减速换向装置选型

由于单有一个非驱动电机无法满足设计需求，因此还需要使用一个减速换向装置将电机减速并增大输出转矩，分配到两个输出轴上，使上部机构受力均匀。市面上常见的两种减速换向装置分别是 T 型换向器和蜗轮蜗杆换向器，在选型时除了要注意和电机轴匹配，我们一般还要关注的是传动比的大小。T 型换向器一般采用锥齿轮原理，可选传动比较小且范围单一；蜗轮蜗杆换向器采用蜗轮蜗杆的原理，可以得到较大的传动比，结合设计需求，我们使用蜗轮蜗杆换向器。我们非驱动电机的选型为大疆 M3508 无刷直流电机，其额定转矩为 3N·m，额定转速为 469r/min，所需的输出转矩要大于 28.6N·m，设计输出转速不大于 50r/min，则由额定转矩和额定转速可求出所需传动比，如式(1-5)和式(1-6)所示。

$$i=\frac{T_0}{T_1}=\frac{28.6\text{N}\cdot\text{m}}{3\text{N}\cdot\text{m}}\approx 9.53 \tag{1-5}$$

$$i=\frac{n_0}{n_1}=\frac{469\text{r/min}}{50\text{r/min}}=9.38 \tag{1-6}$$

式中，i 为传动比；T_0 为所需最小输出转矩(N·m)；T_1 为电机额定转矩(N·m)；n_0 为电机额定转速(r/min)；n_1 为所需最小输出转速(r/min)。上述两式求得的值相差不大，取偏大的整数，即选择减速比 $i=10$ 的蜗轮蜗杆换向器。

3）图像传输设备的选型

一个清晰抗干扰的图传，能使操作手的操作精准入微，使我方具有先天的视力优势。2019年我们用的2.4GHz图传在赛场上使用时受干扰比较严重，2020年我们在设计时准备使用频段较高的5.8GHz图传，目前空间中5.8GHz使用的设备相对2.4GHz少，另外，5.8GHz的使用信道比2.4GHz多，因此被干扰的可能性也比2.4GHz低。

4）车轮的选型

2020年的规则对车轮的形式放宽，鼓励大家使用多种轮式结构，大家使用较多的、技术比较成熟的就是普通的橡胶轮胎和麦克纳姆轮。橡胶轮胎使用最多，因为其控制电路简单，不需要特殊的驱动板，操作起来相对比较容易，爬坡和加速等能力也较优秀，但是因为摩擦力较大，它对电机的负载也会比较大，特别是在原地旋转时，容易使机器人超出限制电流。麦克纳姆轮的优点是能够全方位移动，特别灵活，对地面的摩擦力也较小，不容易超出限制电流，但是这同样也是其缺点，因为摩擦力较小，爬坡能力会大打折扣，而且不同于较软的橡胶轮胎天生有一些减震的效果，整体刚性结构的麦克纳姆轮在越障和对抗中会显得力不从心，再加上操作难度和特殊驱动方式的原因，我们认为其不适合该车型。两种车轮的各项性能对比如表1-9所示。

表1-9　橡胶轮胎和麦克纳姆轮各性能对比

车轮种类	橡胶轮胎	麦克纳姆轮
加速度	快	慢
抓地力	大	小
爬坡和越障能力	强	弱
灵活性	差	强
超出限制电流可能性	高	低
使用难度	低	高

综上所述，橡胶轮胎的各项性能更适合该机器人，所以我们在此款车型上选用橡胶轮胎。

1.2.5　创新点

1. 电流调控输出系统基本解决了生命柱限流问题

为了保证该机器人的攻击强度和稳定性，机器人自身重量设计高达10kg，但如此大的重量就需要很大的电流支持，甚至超出生命柱电流的最大限制并被强制断电。就像锻造盔甲一样，好的防御性能往往离不开厚实的甲片，厚实的甲片不仅会增大重量还会限制动作的灵活。那么我们怎样才能既保证机器人的大体重，又能使其动如脱兔，不会超流断电呢？

在对生命柱的不断测试后发现，在电池电压为12V时，生命柱允许通过的最大电流是30A，但是模拟机器人的运行和对抗时，其电流要大于30A，如果直接限制输入电机的电流小于30A，机器人不会因为超流断电，但是性能会大打折扣，那么怎么给电机提供30A以上的电流呢？

将思维局限于一次提供这么大的电流，会越陷越深。我们发散思维，类比水塔，在水量充足时蓄水，在水量不足时送水。水塔可以调控水流的输出，那我们能不能做一个系统来调控电流的输出呢？如果能做出一个电流调控输出系统，让总输入电流持续输入30A的电流，当机器人不需要超过30A的电流时，剩余的电流储存起来，当机器人需要30A以上的电流时，再将存储电流一起放电给机器人，不就可以保证机器人的动力了？

我们按照这个思路做出了成品，称其为“电流调控输出系统”。设计其作为生命柱从电池供电后连接机器人的第一个电路板。该系统处于总干路上，可以控制总输入电流不超限和收集电机使用后的电流余量并储存起来，并在需要时给电机供电。

2. 增加悬挂系统消除因车体震动导致的掉血

赛场上往往会出现这样一种情况：明明生命柱没有被直接击中，但还是掉血了。这是因为整个车体结构是刚性的，在对抗中和越障时如果车体震动，就会将震动传给生命柱，震动足够大时就会使生命柱掉血。但是刚性的车体是对抗的前提，那么怎样才能使机器人避免因车体震动导致的掉血，而且还能保证对抗时的刚性呢？

把机器人类比汽车，我们第一时间就想到了添加悬挂系统的方案，但是传统悬挂系统的复杂程度远远超出了我们的想象，并且如果想要保证对抗时的刚性，就必须自己去校调一个独一无二的悬挂系统，这就像调整赛车至最好性能，将车改装好可能需要一个月，但是调校车可能需要三个月。首先我们要做的是把悬挂系统简化后适配到机器人上，我们类比后选择了双叉臂式悬挂，因为它既具有一定刚性，又具有较好的避震效果；其次就是调校，为了方便调校，我们把下叉臂跟车体的连接部分设计成可调节的样式，如图1-43所示；接着就是调整避震器弹簧的最大可压缩长度，经过多次试验后，发现将避震器弹簧最大可压缩长度减少4mm，下叉臂位于第二个孔位时可达到最佳效果。

3. 融合攻击和清障机构最大程度简化清障并保留攻击性

怎样使清障机构又快又简单可靠，是我们看完规则后的第一反应。2020年

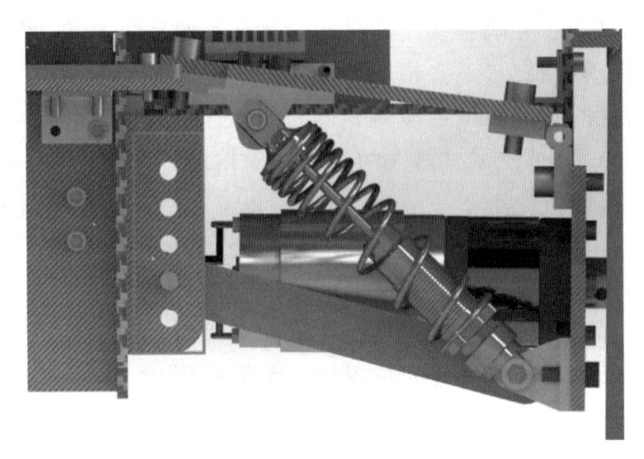

图 1-43　调节孔

的速胜任务需要经过拿到5G基站、到达对方场地、清除高地障碍杆、登上高地、放下5G基站五个流程，十分复杂，所以怎样以最少的机器人去完成最多的任务就成了最大难题。该机器人设计能够完成到达对方场地、清除高地障碍杆、登上高地这三个任务点，而且还要保留对对方机器人的攻击性。

一开始设计时我们打算分开设计攻击机构和清障机构，清障机构采用机械臂的方案，但是机械臂的复杂程度远超我们想象。无意间对铲土车的观察激发了我们的灵感，能不能把铲子和清障结合到一起呢？我们建立了铲子移动轨迹的模型，在对铲子角度和长度进行种种修改计算后，这一想法实现了。通过前后移动机器人并配合铲子的特殊设计，能够轻松地将障碍杆挑出。

1.2.6　工业设计

注重人机工程，打造人机友好型产品，ROBOTAC参赛机器人不仅是板材和电路的结合场，而是一款需要人机交互的综合产品。从机械结构设计到遥控器的选择，都要考虑到操作手的操作手感，要听取操作手的反馈并不断改进，例如，考虑到机器人的便于搬运，本团队保留了2019年两侧的生命柱支架，并进行了加固，操作手可以很轻松地利用支架将车子抬起来。该机器人整体可分为三个部分，一部分为四个悬挂系统，一部分为车身，另一部分为攻击机构，在装卸过程中十分方便快捷。考虑到机器人要进行对抗，所以本团队对电池、电调等进行了固定，如图1-44所示，我们设计了一种电池架固定在底板上，更换电池时只需把插板拔出来进行更换即可。由于比赛场地的扩大，我们在车身前部设计了可以安装摄像头的支架，如图1-45所示。

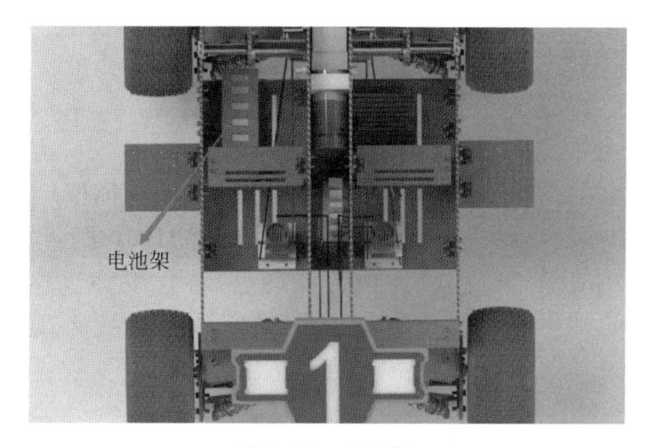

图 1-44　电池架

图 1-45　摄像头支架

1.3　气动抓取机器人*

1.3.1　设计需求

设计需求如表 1-10 所示。

表 1-10　机器人设计需求表

尺寸/(mm×mm×mm)	460×363.91×429.22
重量/kg	43
最大行驶速度/(m/s)	5.6
最大延伸尺寸/(mm×mm×mm)	460×363.91×625
垂直气缸工作行程/cm	150
夹钳气缸工作行程/cm	50

* 本案例由重庆电子职业技术学院提供。

1.3.2 机械结构

1. 功能需求

此次比赛要求手动轮式机器人从出发区出发，成功抓取 5G 基站，在最短时间内清除高地上的障碍，并迅速把 5G 基站放在相应的位置。

首先需要设计清除障碍的横杆装置，我们采取在手动机器人前端布置类似工程机械推土机前端铲除装置的装置，为了兼顾性能和车重，最终采取了小车前端左右两端各布置一个小铲装置，既减轻了小车的重量又保证了被清除横杆的稳定与准确性。

对于 5G 基站的抓取，我们采用气动装置控制小车前端上部夹子的抓取和伸放，从而保证了夹子的力度和准确性，相对于采用机械带动夹子的升和放更为灵敏和易于控制。同时对于夹子的弧度设计采用前端弧度较小后面弧度逐渐增大的方式，当夹子完全闭合时前端较平缓区域完全贴合，而后面弧度较大部分在夹子闭合时组成一个封闭圆，当夹取物体时由于夹子前端的幅度可以使被夹取物体受到向弧度增大的方向的力，从而使夹取物体向弧度增大方向移动，保证了夹取的稳定。

小车整体移动采用电机控制，夹子的升、放和前端清除横杆的装置采用气动带动，保证小车的总体重量和操作灵敏性。

2. 设计图

手动轮式夹钳机器人的装配图如图 1-46 所示，安装在夹钳底板上的夹筒零件图如图 1-47 所示。

3. 材料和加工

1）车体侧板

（1）材料

采用碳纤维板是因为其轴向强度和模量高，密度低、比性能高，无蠕变，非氧化环境下耐超高温、耐疲劳性好，比热及导电性介于非金属和金属之间，热膨胀系数小且具有各向异性，耐腐蚀性好，X 射线透过性好，有良好的导电导热性能、电磁屏蔽性好。

（2）加工方法

采用激光切割的方式加工。激光切割加工具有精度高、速度快、切缝窄、热影响区最小、切割面光滑无毛刺等优点；并且激光切割头不与材料表面相接触，不会划伤工件；工件局部变形很小，无机械变形；加工柔性好，可以加工任意图形，亦可以切割管材及其他异型材；热影响区小，不易变形；切缝平整、美观，无需后序处理，性价比极高：价格只有同类性能 CO_2 激光切割机的 1/3，及同等功效数控冲床的 2/5。

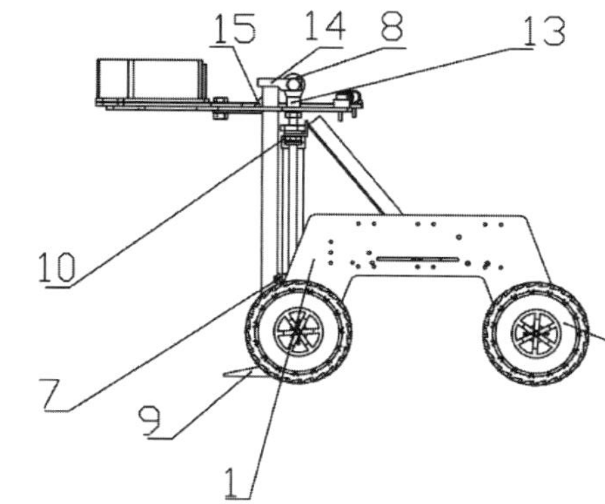

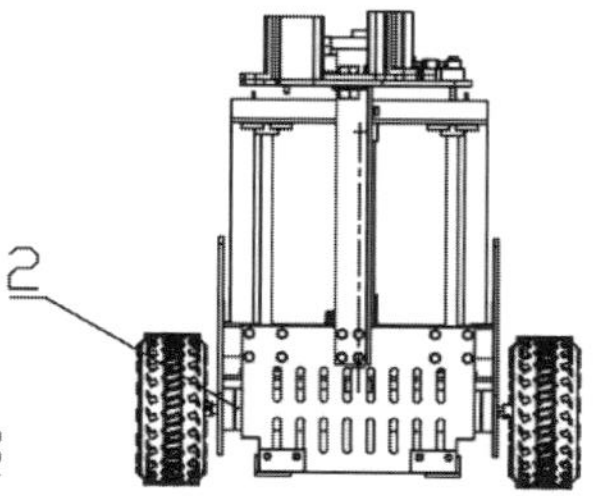

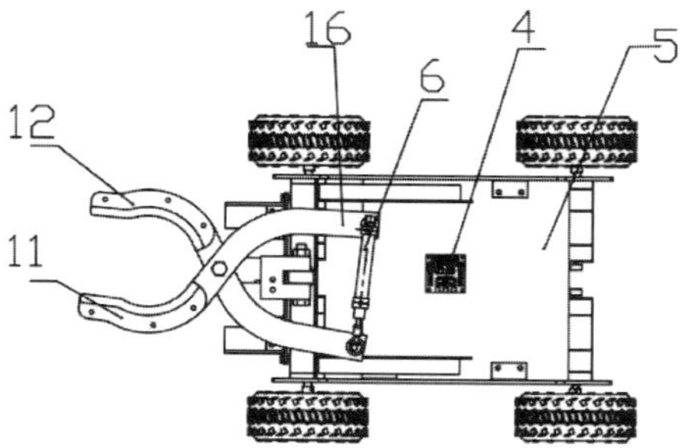

序号	代号	名称	数量	材料	单重	共重	备注
16	013	夹钳一侧	2	尼龙 101	0.1	0.2	
15	012	L型材20×30×60支撑板	1	氧化铝	32.61	32.61	
14	011	鱼眼连接块	1	普通碳钢	192.18	192.18	
13		气缸鱼眼螺纹连接器M10X1.25	1		12.87	12.87	
12		夹钳-夹筒 - 左侧	1	尼龙 101	0.1	0.1	
11		夹钳-夹筒-右侧	1	尼龙 101	0.1	0.1	
10		气缸C85MI 10X50装配体	1		0.0	0	
9	007	叉子-滑块连接板	1	碳纤维板	66.73	66.73	
8		气缸鱼眼螺纹连接器M4X0.7	1	氧化铝	1.61	1.61	
7		直线光轴导轨装配体.SLDPRT	2	氧化铝	51.03	102.06	
6		气缸MAL25X150CM装配体	1		141.12	141.12	
5	004	L型材20×30×3-232	1		129.54	129.54	
4	003	安装主控板	1		639.43	639.43	
3		轮子	4		589.42	2357.68	
2		直流电机	4		102.83	411.32	
1	001	轮式手动小车侧板	2	碳纤维板	167.25	334.5	

图 1-46 手动轮式夹钳机器人装配图

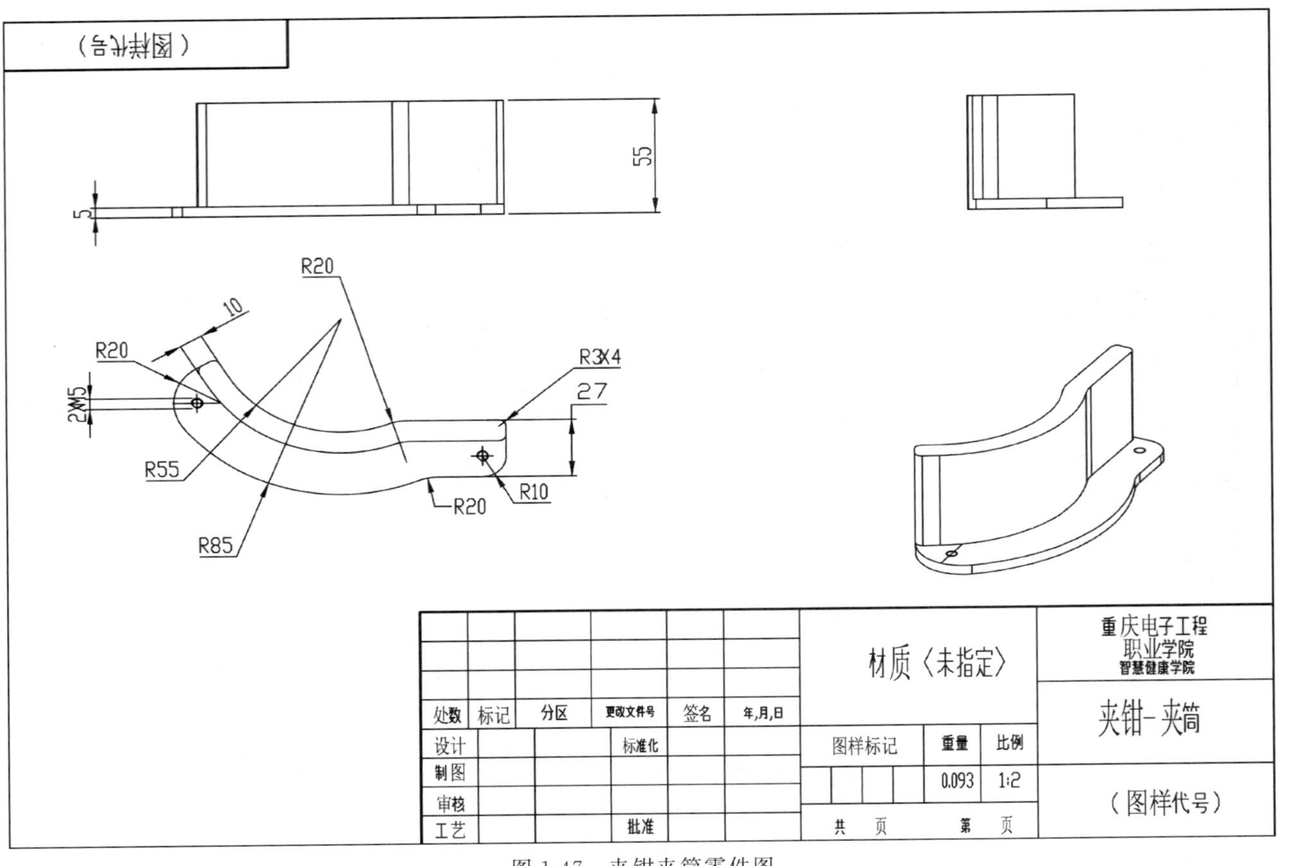

图 1-47 夹钳夹筒零件图

2）车体连接板

（1）材料

连接板在小车整体中起着重要的作用，因此选用角铝材料（角铝 2.5mm×20mm×20mm、角铝 3mm×30mm×30mm）。角铝属于工业铝型材，主要用于连接件，成本低，强度高，连接可靠。工业用角铝不仅有 90°角，还有 45°角和 135°角的，作为小车连接板的材料更是不二之选。

（2）加工方法

切割机切割、电钻钻孔、折弯机折弯处理，加工工艺简单，成本低。

3）夹钳

（1）材料

底部支撑板：采用碳纤板，在保证小车整体重量的同时保证了小车整体的结构紧凑，不易变形，在受到外力作用时仍然能保持结构的稳定和将集中于一处的作用力均匀分散至支撑板整体。因为激光切割的众多优点，底部支撑板（碳纤板）仍然采用激光切割。

上部半圆筒：采用耐用性尼龙材料，聚酰胺俗称尼龙（Nylon），英文名称 Polyamide，它是大分子主链重复单元中含有酰胺基团的高聚物的总称。具有强韧、耐磨、自润滑、使用温度范围宽等优点，是目前工业中应用广泛的一种工程塑料。具有优良的耐热性，如尼龙 46 等高结晶性尼龙的热变形温度很高，可在 150℃下长期使用。并且具有优良的耐气候性。还由于具有较大的摩擦系数，当小车夹住 5G 基站时 5G 基站不易脱落，进一步保证了与小车整体的良好配合。

（2）加工

上部半圆筒耐用性尼龙材料采用 3D 打印，3D 打印技术最突出的优点是无需机械加工或任何模具，就能直接从计算机图形数据中生成任何形状的零件，从而极大地缩短产品的研制周期，提高生产率和降低生产成本。与传统技术相比，3D 打印技术通过摒弃生产线而降低了成本，大幅减少了材料浪费，可以制造出传统生产技术无法制造出的外形，让人们可以更有效地设计出飞机机翼或热交换器。在有良好设计概念和设计过程的情况下，3D 打印技术还可以简化生产制造过程，快速有效又廉价地生产出单个物品。与机器制造出的零件相比，打印出来的产品的重量要轻 60%，并且同样坚固。3D 打印技术每一层的打印过程分为两步，首先在需要成形的区域喷洒一层特殊胶水，胶水液滴本身很小，且不易扩散。然后喷洒一层均匀的粉末，粉末遇到胶水会迅速固化黏结。而没有胶水的区域仍保持松散状态。这样在一层胶水一层粉末的交替下，实体模型将会被“打印”成形，打印完毕后只要扫除松散的粉末即可刨出模型，而剩余粉末还可循环利用。

4）直线导轨

小车的直线光轴导轨对于和固定气缸对于小车的整体性能有至关重要的作

用，因此对于材料的选取，特别对于导轨的精度及表面光滑度有极高的要求。

导轨：在此小车中，其作用重大，导轨下端部分固定小车前端左右分布的小铲，上端起着固定小车夹子和稳定中间气缸的作用，当夹子受力和固定住物体时大部分力作用于导轨上，因此导轨要选用强度较大、不易变形的材料：45 钢 GCr15 直线轴在自动转动装置上运用广泛，诸如工业机器人、自动记录仪、计算机、精密打印机、特殊气缸杆、自动塑木机等工业自动机器。同时由于 45 钢的坚硬，还可延长普通精密仪器的使用寿命。

导轨加工技术也较为成熟，我们拥有完整的光轴生产体系，具有自动化的电镀生产线，可加工电镀长达 8 余米的传动产品，可生产长达 3m 的调质轴，一次成形、光洁度高、精度和垂直度都处于国际领先水平。

5）其他成品采购零件

（1）轮胎

轮胎采用黑色再生胶，轮心采用 PP 塑料，轮面有 45mm 接触地面宽度，轮胎有四条防滑齿，左右两端防滑出与中心两条防滑齿方向相反，即使在比较光滑的平面上和在流利条障碍区也能以较快的速度移动，且轮胎防静电、耐高温、静音、耐寒、防腐蚀。

（2）气缸

此小车目前所使用的气缸接头包括一个与气缸活动杆相连接的关节轴承 1 和一个与使用器件相连接的 Y 形接头 2，关节轴承 1 与形接头 2 之间通过一根销轴 3 相连接。使用时，通过关节轴承 1 来补偿气缸与使用器件之间的同轴度偏差，防止气缸卡死。在一些特殊的场合（如高粉尘、易腐蚀），仍然可以有效使用。

（3）杆端关节轴承（通用鱼眼接头气缸附件）

关节轴承是球面滑动轴承，主要是由一个有外球面的内圈和一个有内球面的外圈组成，能承受较大的负荷。根据结构，可以承受径向负荷、轴向负荷或径向、轴向同时存在的联合负荷。当支承轴与轴壳孔不同心度较大时，仍能正常工作。因此，有较大的载荷能力和抗冲击能力，并具有抗腐蚀、耐磨损、自调心、润滑好或自润滑无润滑污物污染的特点，即使安装错位也能正常工作。因此，关节轴承广泛用于速度较低的摆动运动、倾斜运动和旋转运动。

1.3.3 控制系统

1. 控制系统框图

控制系统框图如图 1-48 所示。

采用中断方式进行串口通信，读取遥控接收端里面的数据，取出需要的部

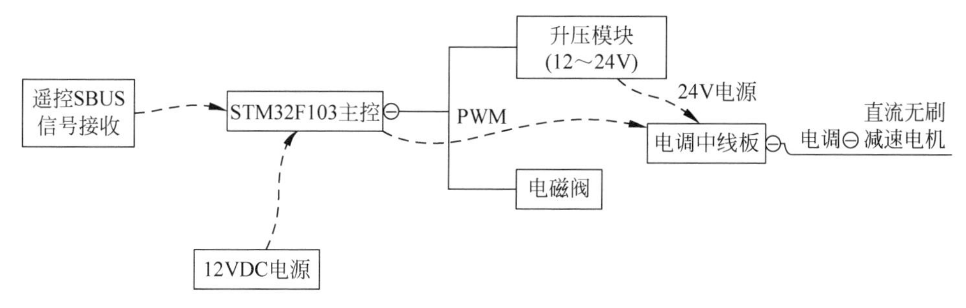

图 1-48 机器人控制系统

分，映射对应的 PWM 值，从而控制电机的转动，即实现机器人的移动。同理，也可控制电磁阀的通断，带动气动抓手实现对 5G 基站的抓取。

2. 控制逻辑示意图

控制逻辑示意图如图 1-49 所示。

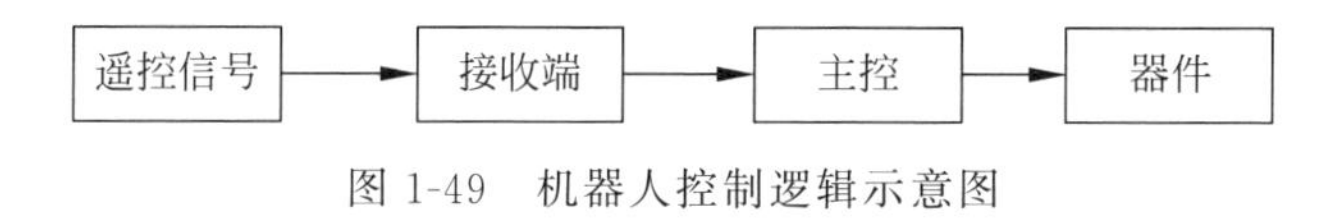

图 1-49 机器人控制逻辑示意图

1）对遥控信号的解析

在主控的串口部分搭建一个由 NPN 三极管构成的反相器，利用 USART2 接收中断来接收每个字节，利用 USART2 空闲中断来判断数据帧是否接收完毕。

2）实现机器人移动

利用 RcData＝(uint16_t)(sbusData × 1.2504 ＋ 1761.1)/2 将解析到的 SBUS 遥控数据转化为 PWM 值，来控制电机转动。

3）气动控制

通过解析遥控通道数据，命令电磁阀的通断，从而驱动气缸，带动气动抓手。

3. 程序流程图

程序流程图如图 1-50 所示。

1.3.4 关键器件选型

1. 电机选型

1）M3508 减速电机

适用于全速度范围的有感无刷结构，功率密度极高但不适应低速、变速工况的无刷外转子电机，M3508 减速电机套装支持 PWM，信号输入控制和 CAN 总

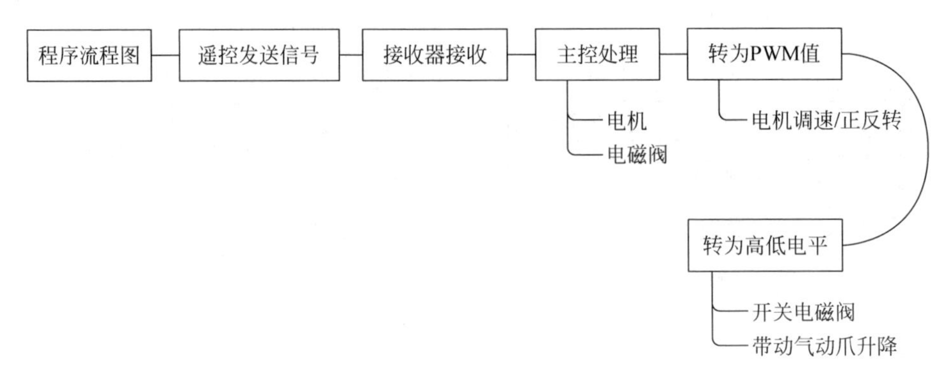

图 1-50　机器人控制程序流程图

线指令，CAN 总线还可实时读取电机转子位置等状态信息。使用 RoboMaster Assistant 可对电机参数进行调整，使电机工作在最佳状态。配置定制 FOC 电调，可广泛应用于机器人移动平台力，驱动模块等机构，M3508 最大功率 220W，最大转矩 5N·m；最大持续功率 150W，持续转矩 2.8N·m，有感 FOC 控制不论转速高低都能提供稳定的转矩。

M3508 减速电机套装拥有业界领先的功率密度，在提供大功率的同时，体积和重量仅为同等级设备的 20%，节省大量空间，输出更多动力，让竞技机器人高效运转。

M3508 减速电机套装参数：

额定电压：24V。

空载转速：482r/min。

持续最大转矩：3N·m。

3N·m 下最大转速：469r/min。

使用环境温度：0～50℃。

重量：365g；外径：42mm；总长度：98mm。

输出轴：D 型带螺纹孔；输出轴直径：10mm。

2）C620 无刷电机调速器

支持两种可选控制方式：

50～500Hz 的 PWM（脉宽调制）信号控制和 CAN 总线指令控制。

最高支持 20A 的持续电流。

支持对总线上的电调快速设置 ID。

支持通过 CAN 总线获取电机温度、转子位置和转子转速等信息，切换电机时无须进行霍尔校准。

C620 无刷电机调速器参数：

额定电压：24V。

重量：35g。

尺寸(长宽高,不含线)：49.4mm×25.8mm×11.5mm；带线总长度：(344±15)mm；信号类型；CAN 指令；PWM 最大持续电流：20A。

2. 其他关键器件选型

1) 主控板：stm32f10x

STC51 是 STC 公司推出的以 MCS-51 为内核的单片机，与 AT89C51 基本一致，但是可以通过串口直接烧写所以被广泛使用。MCS-51 是一款很经典的入门级 MCU，特点就是简单，所以在教学时大量采用。但是因为是 20 世纪 70 年代的芯片，设计和资源上在现在来看已经严重不足了。

STM32 是基于 ARM 公司最新一代 Cortex-M 内核的芯片，由意法半导体(ST)公司推出，因为其超高的性价比和简单函数库编程方式而被广泛采用。STM32 系列几乎集成了工控领域的所有功能模块，包括 USB、网络、SD 卡、AD、DA 等，主频 72MHz。

STM32 属于 ARM 内核的一个版本，比传统的 51 单片机更加高级，有很多资源是 51 单片机不具备的，如 USB 控制器。速度上 51 单片机不能与之相比。

2) 升压模块：DC 直流 12V24V 转 36V48V 400W15A 恒流升压模块变换器可调电源变压器。

(1) DIY 电源，12V 可输入，输出可调 12～50V。

(2) 电源为您的电子设备，根据您的系统可以设置输出电压值模块名称：400W 升压恒流模块。

模块特性：非隔离升压模块(BOOST)；输入电压：DC 8.5～50V。

输入电流：15A(MAX)，超过 8A；请加强散热；静态电流：10mA(12V 升 20V，输出电压越高，电流越高，静音越大)；输出电压：10～60V，连续可调(默认输出 19V)。

输出电流：12A(MAX)，超过 7A 请加强散热(与输入、输出压差有关，压差越大输出电流越小)。

恒流范围：0.2～12A。

输出功率：=输入电压×5A。

如：输入 12V×5A=60W，输入 24V×5A=120W，输入 36V×5A=180W，输入 48V×5A=240W。

工作温度：−40～+85℃(环境温度过高时请加强散热)。

工作频率：150kHz。

转换效率：最高 96%(效率与输入、输出电压，电流，压差有关)。

过流保护：有(输入超过 15A，自动降低输出电压，有一定范围误差)。

3) 电磁阀：山奈斯 3V210-M5 直动通式电磁阀

电磁阀原理上分为三大类：直动式、分步直动式、先导式。考虑到机器人动作的速捷性，在这里我们采用了直动式的电磁阀，其优于另外两种电磁阀在于结构简单，动作可靠，在零压差和微真空下正常工作。赛制规定气瓶的气压为 0.8M 大气压，所以电磁阀的膜片工作时就需要能长时间在此压力下工作，复杂的膜片结构无法满足气动机构快速动作的要求，于是我们选择了直动式的膜片结构，它能在 0.05s 内快速使气动机构动作，在机器人使用过程中气缸量较少，所以选用三口二位就能满足需求且结构简化，同时我们只需要一个信号控制，采用单控的方式能极大地降低错误率。在快速操作下，电磁阀的励磁时间需要尽可能地小，这款产品可在 0.05s 内完成励磁，可满足快速操作的需求。电磁阀的具体参数如表 1-11 所示。

表 1-11　电磁阀参数

项　　目	具体详细参数
标准电压	AC380V、AC220V、AC110V、AC36V、AC24V、DC24V、DC12V
使用压力范围	AC±15%；DC±10%
耗电量	AC：6VA；DC：4.8W/AC3VA；DC：3W
保护等级	IP65(DIN40050)
耐热等级	B 级
接电形式	DIN 插座式、出线式
励磁时间	0.05s 以下
最高动作频率	10 次/s(以实际到手电磁阀为准)

4) 大气缸：MAL25X150-C

A 气缸位于小车前端，主要控制夹子的升降，当夹住物体时平稳控制物体的上升，在此次赛事中 5G 基站的夹取显得尤为重要。

根据气缸压力公式分析：

$$F_1 = P \times \frac{\pi D^2}{4}$$

$$F_2 = P \times \frac{\pi (D-d)^2}{4}$$

式中，F_1 为无活塞杆端的最大理论输出力(N)；P 为公称压力(MPa)；D 为气缸内径(mm)；d 为活塞杆直径(mm)。

气缸的工作温度为－20～70℃，不仅适合低温工作，在常温下也能工作较长的时间。

1.3.5 创新点

1. 机器人移动的定位与误差

从出发区到抓取5G基站的平台，再移动至高地，最后到放置5G基站的平台。

解决方案的关键点：

全方向移动，灵活移动，能够躲避障碍。

解决方案：

轮式机械行驶系统采用了弹性较好的充气橡胶轮胎，因而具有良好的缓冲、减震性能；而且行驶阻力小，故轮式机械行驶速度高，机动性好，控制转向更为灵活。阻抗控制是机器人操纵的常用控制架构。为了增加灵活性，可以将阻抗编程为在任务期间变化。

方案创新点：

轮式机械行驶系统采用充气橡胶轮胎，阻抗编程为在任务期间变化。

2. 在高地下的平台上抓取5G基站

解决方案的关键点：

机器人如何成功抓取5G基站？

解决方案：

对于5G基站的抓取，我们采用气动装置控制小车前端上部夹子的抓取和伸放，保证了夹子的力度和准确性，相对于采用机械带动夹子的上升、下降更为灵敏和易于控制。

方案创新点：

通过气缸推动夹具来进行5G基站夹取，能够有效夹取基站，而且还能够不让夹取物品掉落。

3. 抓取5G基站的夹子的结构设计、材料、加工

解决方案的关键点：

夹子的结构设计、材料、加工。

解决方案：

对于夹子的弧度设计采用前端弧度较小后面弧度逐渐增大的方式，当夹子完全闭合时，前端较平缓区域完全贴合，而后面弧度较大部分夹子闭合时组成一

个封闭圆,当夹取物体时由于夹子前端的幅度可以使被夹取物体受到向弧度增大的方向的力,从而使夹取物体向弧度增大方向移动,保证了夹取的稳定,允许出现一定的失误。

关于材料的选择,选择尼龙(PA),也称为聚酰胺,是一种合成聚合物,耐磨,韧性高,强度大和耐热性好,是非常重要的3D打印材料之一。

我们也采用其他的材料如聚氨酯、橡胶、硅胶等材料进行试验,发现硅胶摩擦力最大,但是考虑到放置5G基站时,出现了黏住5G基站不能释放的情况,因此我们选择摩擦系数较小的尼龙作为夹子的材料。

夹具加工采用3D打印,因为3D打印无需机械加工或任何模具,就能直接从计算机图形数据中生成任何形状的零件,从而极大地缩短夹具的研制周期。3D打印还能够打印出一些传统生产技术无法制造出的外形,同时,3D打印技术还能够简化整个制作流程,具有快速有效的特点。

方案创新点:

夹子的弧度设计采用前端弧度较小后面弧度逐渐增大的方式。同时,夹子加工采用尼龙材料和3D打印技术,为增加夹子内部摩擦系数,我们在夹子内部粘贴一层硅橡胶材料制品。

4. 清除高地障碍桩上的横杆

解决方案的关键点:

如何实现机器人清理障碍并成功登上高地?

解决方案:

通过抬升机构的设计清理障碍:设计清除障碍的横杆装置,采取了小车前端左右两端各一个小铲装置,当机器人到达高地时,操作气缸的推动抬升模式,控制小铲装置抬升到高地并推动,实现清除障碍物。清除障碍物后,将小铲装置卡在高地,通过气缸推动,使机器人的前轮先放置在高地上,然后再进行上高地操作。

方案创新点:

采用气缸的推动抬升模式结合小铲装置能够有效清除障碍。

1.3.6 工业设计

1. 外观设计

外观设计如图1-51～图1-53所示。

图 1-51 机器人正视图

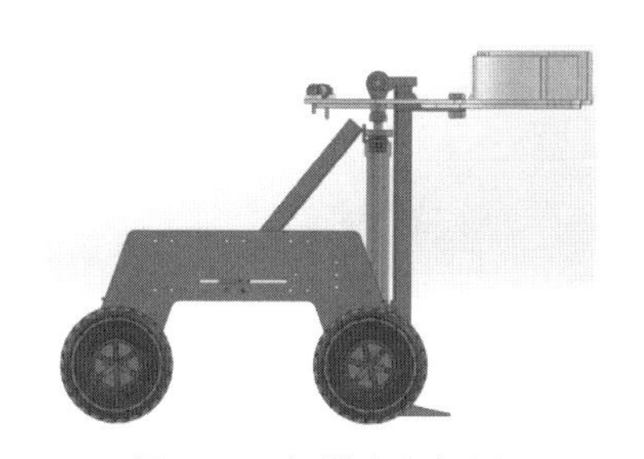

图 1-52 机器人左视图

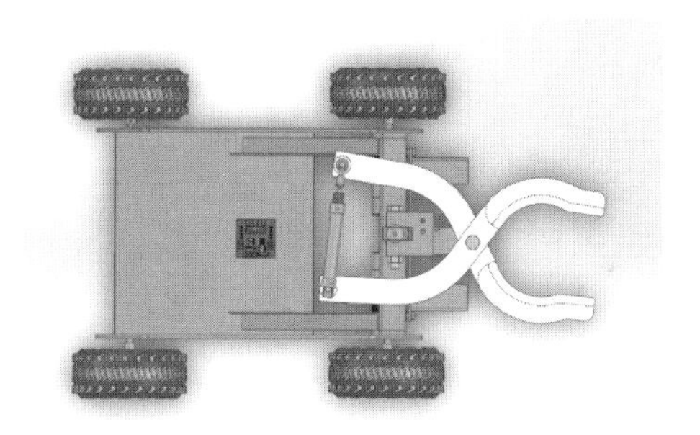

图 1-53 机器人俯视图

2. 人机工程

根据比赛要求以及规则设计一个能够快速、准确、攀爬能力强、电池易于更换、操作简单的轮式机器人。

1) 机器人整体机械设计

首先根据比赛规则我们采用碳纤板作为机器人的底盘和外壳,减少机器人的重量,其次采用U形框架设计侧板有利于上高地,消除了上高地时拐角处的阻碍。

2) 硬件设计

本次选择的M3508电机是标准的24V电源的减速电机,而根据比赛规则我们只能用12V电源,我们加入一个升压模块从而使整辆车能够拥有更高的移动速度,且能实现大的推动力使登上高地更加容易。

3) 软件控制

通过遥控简单的几个键即能实现整辆车的使用,对于抬升机构采用一键同步操作,夹子的使用也采用一键同步操作。

第2章

麦克纳姆轮机器人

本章案例由邯郸职业技术学院提供。

2.1 设计需求

对麦克纳姆轮机器人进行设计分析：该机器人需要具备较高的通过能力，能够快速平稳地通过场地内的三种主要通道障碍；还需具备对“5G 基站”抓取和移动的能力；底盘要有一定高度的同时还要兼顾上部执行机构的稳定性，尽可能地降低重心，以保证在进攻、防御、快速移动过程中的稳定性；还需考虑上部执行机构工作中的震动强度，在必要的情况下要考虑加装减震措施，避免自伤的现象发生。麦克纳姆轮机器人设计参数如表 2-1 所示。

表 2-1 麦克纳姆轮机器人设计参数表

尺寸/(mm×mm×mm)	重量/kg	最大速度/(m/s)	上部机构行程/(°)	功率/W
460×582×200	9	3	190	200

2.2 机械结构

2.2.1 功能需求

机械结构分析：“5G 基站”抓取机械结构，考虑到对目标抓取的精度及震动要求，采用平行四边形机构作为抓取机械臂的主体机械，这样在保障一定精度的同时，降低了机构运行过程中的震动强度。

驱动结构分析：为使麦克纳姆轮机器人拥有强劲的动力，设计采用四轮四驱动的动力分配方案，每个轮子都是驱动轮，为它们配备高功率、高响应速度的有刷电机并配备合适减速比的行星减速器；为配合高性能的动力部分，轮子采用麦克纳姆轮，实现高机动性的同时增加轮子灵活性，为机器人的对抗、闪躲、进攻等战术动作的施展提供基础支持。

整车机械结构分析：在整车框架的设计上采取高底盘低重心的配比方式，尽可能地提升底盘高度，以提供优越的通过能力，又要兼顾重心的下沉，以避免在高速移动和激烈对抗过程中，车辆出现翻车现象。

整车结构组成、材料分析：整车由碳纤板与铝合金框架构成；动力部分主要由行星减速机、大功率电机、悬挂减震系统、麦克纳姆轮构成；控制部分化繁为简，由多频段数传电台、APM 控制器、电机驱动电调等零部件构成。

2.2.2 设计图

麦克纳姆轮机器人装配图如图 2-1 所示。采用麦克纳姆轮主要是在高速移动、激烈打斗过程中使机器人拥有较高的机动性能。麦克纳姆轮是一种可以进行全方位任意移动的轮子，它由轮毂和围绕轮毂的辊子组合而成，同时，麦克纳姆轮的辊子轴线与轮毂轴线成 45°夹角。在轮毂的轮缘上斜向分布着许多小轮子，叫辊子，因此轮子可以横向滑移。辊子又是一种没有动力的小滚子，小滚子的母线十分特殊，当轮子绕着固定的轮心轴转动的时候，各个小滚子的包络线会为圆柱面，所以该轮子能够连续地向前滚动设计图如图 2-2 所示。

由 4 个这种轮子加以组合，便可使设备实现任意方位移动的功能。采用麦克纳姆轮技术的全方位运动设备可以实现前行、横移、斜行、旋转及其组合等运动方式。适合作业于通道狭窄的环境和一些危险的环境中，能够提高工作效率以及通过性，保障救援车在复杂路况下的救援能力。

2.2.3 材料和加工

材料选择：整车框架由碳纤板＋铝合金材料构成，该种材料密度小，质量轻，比强度高。

性能分析：碳纤维的密度为 $1.5\sim2\mathrm{g/cm^3}$，相当于钢密度的 1/4，铝合金密度的 1/2，而其比强度比钢大 16 倍，比铝合金大 12 倍。

采购分析：采购较为便捷，可在淘宝或大型的建材市场里买到。

加工分析：有雕刻机的可以配一把玉米铣刀自行加工，没有设备的可以出图给淘宝店家代为加工，总体上采购加工较为方便。

成本分析：电机、减速器、轮子等都可以在淘宝上很方便地买到，一些非标件，可以去就近的不锈钢加工门店进行加工，并且可充分利用学院的设备资源。

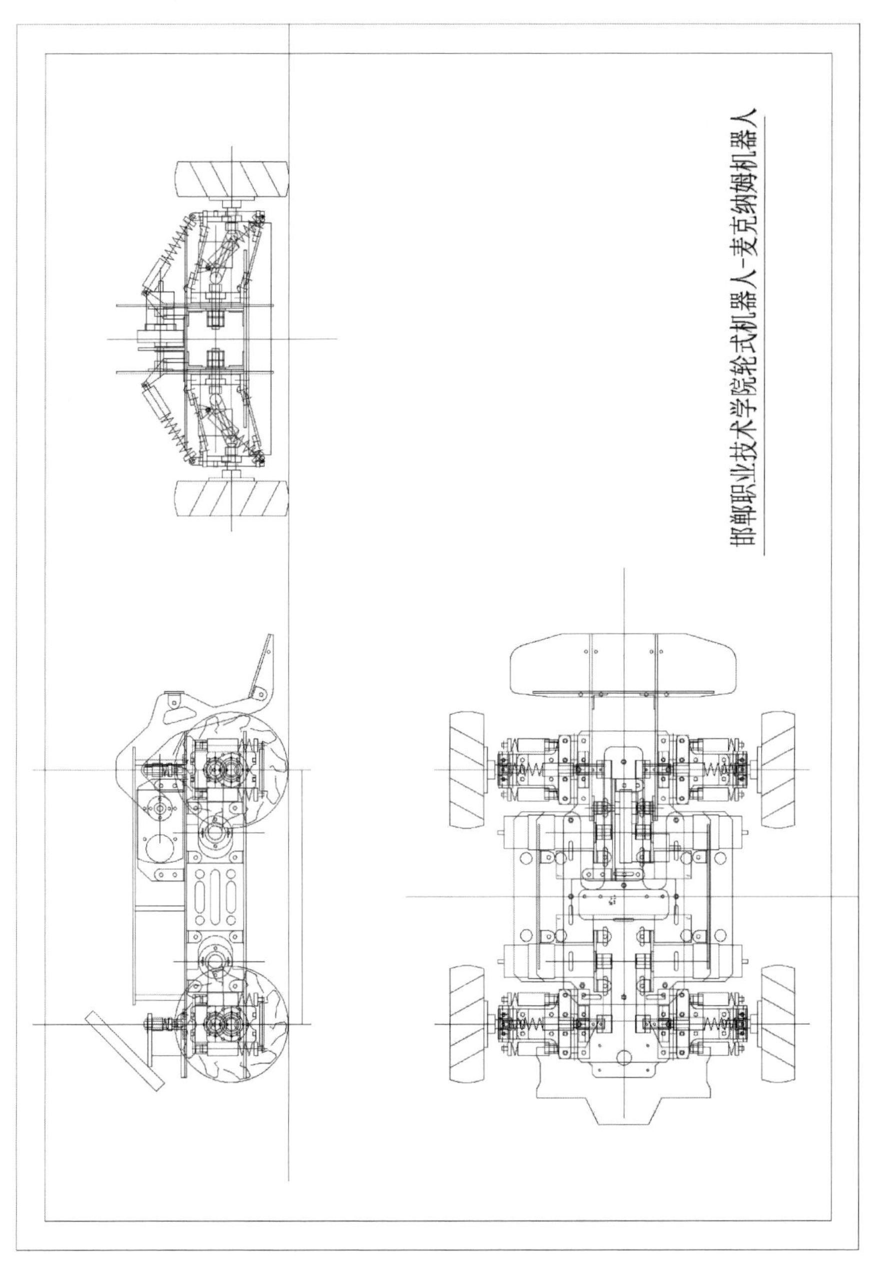

图 2-1 麦克纳姆轮机器人装配图

尽可能自己动手加工与装配，这样更有利于对成本进行控制。

做好机器人板类零件的排样图，尽可能节省材料，将整体零件优化规整在最小的空间内，节省材料成本，采用雕刻机，并选用玉米铣刀进行加工。

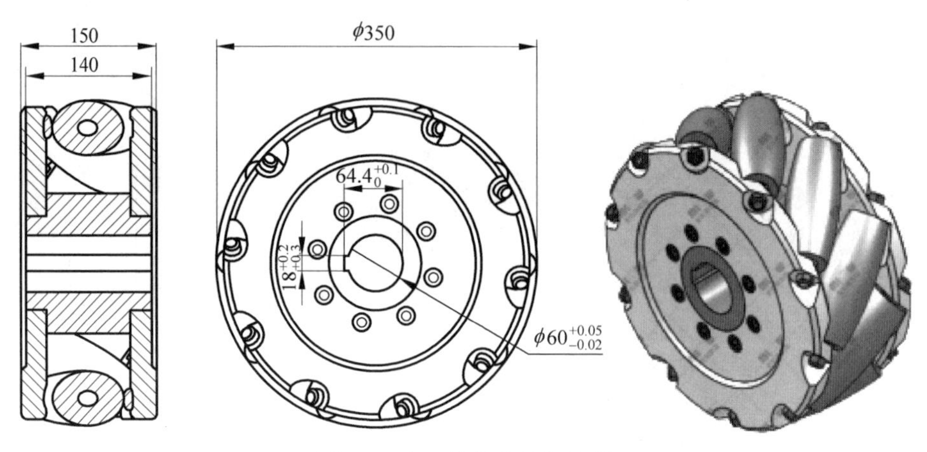

图 2-2　麦克纳姆轮的设计图

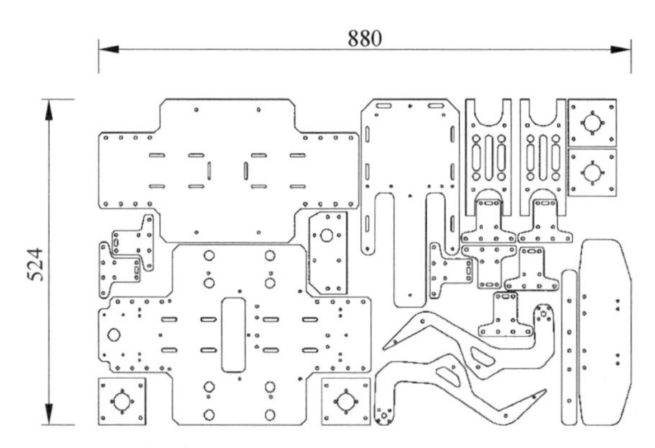

图 2-3　机器人本体支架排样图

图 2-4　机械创新实训室

2.3　控制系统

2.3.1　控制系统结构图

控制系统硬件分为电调、主控、接收端、传感器及执行机构(图 2-5)。接收端负责接收操作手的指令信号并传递给主控单元，主控单元对操作手的命令进行解析并迅速传递给对应的执行单元，如四个电调；四个电调负责驱动四个驱动轮电机的转速、转矩等具体操作指令；传感器及执行机构为上部攻击和抓取机构的感应和执行元件。

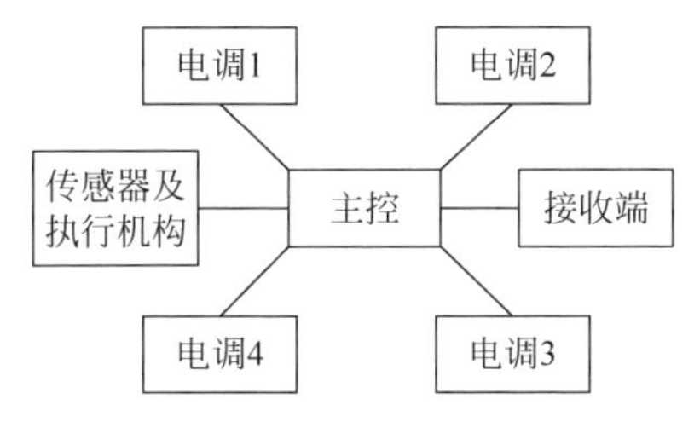

图 2-5　麦克纳姆轮机器人控制系统硬件连接框图

2.3.2　控制逻辑示意图

麦克纳姆轮机器人控制逻辑示意图如图 2-6 所示。麦克纳姆轮机器人的电控结构由动能电池、电机、控制输出电调构成。机器车的电路运转的有电池供给电调电量，电调输出动能来驱动电机，从而带动整辆车运动。机器车的行走部分由两个电调来控制前进后退，一个电调控制左边，另一个电调控制右边，使机器车能够更加灵活便捷。攻击装置也是由一个电调来控制的，它使机器车在运行的过程中能够运行攻击装置，使机器车能够在多种工作方式下运转。

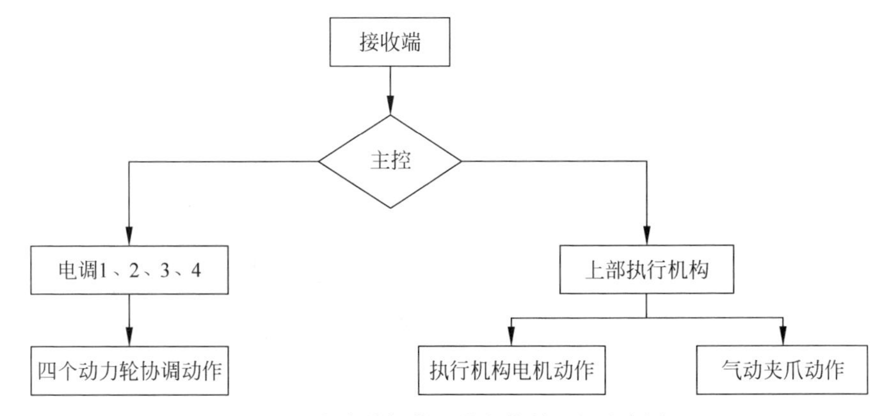

图 2-6　麦克纳姆轮机器人控制逻辑示意图

2.4 关键器件选型

2.4.1 电机选型

条件：麦克纳姆轮机器人需达到3m/s的移动速度，转矩达到12N·m以上。

计算转速：轮胎直径120mm，求得周长为376.8mm，为达到3m/s的速度，电机转速需要达到8.16r/s，也就是489.6r/min。即：如要使机器人达到3m/s的前进速度，轮胎转速需到达到489.6r/min。

计算减速比：选用12000r/min的775电机，12000/489.6=24.5。因此，如果轮子以489.6r/min的转速进行转动，电机转速为12000r/min，那么应该选择24.5倍的减速器进行减速。

计算减速后转矩：已知电机转矩为0.78N·m，减速后转矩为0.78×24.5=19.11N·m。

2.4.2 其他关键器件选型

在电机驱动控制部分，采用了直流电机作为驱动电机(图2-7)，PWM信号控制。PWM脉冲信号不能直接用来驱动电机运转，所以加入了两片L298N芯片作驱动芯片，该芯片包含四道逻辑驱动电路，内含两个H桥高电压大电流双全桥式驱动器，接收标准TTL逻辑电平信号，驱动电路简单。每一片可驱动两个电机，每一片有六个输入端、四个输出端，输出端分别接两个驱动电机，通过控制输入信号控制电机正反转，进而驱动轮式机器人进行前进或者后退运动。电力方面采用了航模锂电池作为动力传输介质，运用电调实现调试及灵活控制，外设天地飞遥控实现精准控制，结合电机，动力方面稳定且高速。工作时，可通过可编程遥控输入参数实现自动工作，同时也可以手动控制，精准实施诸多作业任务。

图2-7　电调及驱动电机

2.5　创新点

(1) 机器车自身比较坚硬，在进攻的过程中有一定的优势。

(2) 采用了机械悬挂系统，行走在比较凹凸不平的路面上时，使小车的震动量达到最小。

(3) 采用了麦克纳姆轮，使机器车更加灵活，轮子可以自由结合，工作效率大大提高。

(4) 使用电调来控制电路，天地飞遥控控制移动，使机器车在运动的过程中避免了被其他信号的干扰。

2.6　工业设计

2.6.1　外观设计

外观设计如图 2-8 所示。

图 2-8　三维造型外观

2.6.2　人机工程

整机采用碳纤维和铝合金作为主体材料，重量轻，且整体较为方正，无异状物突出部分，并设计有提携把手，便于机器人的搬运；在机器人的内腔部位设计有电池专用仓储，在为电池提供全方位保护的同时兼顾了牢固稳定，且电池锁紧装置与电路连接插头合为一体，改进弹片连接装置，一推到位，到位卡死，电路连接稳定，极大地简化了操作流程，提高了更换速度。

第3章

多足机器人

3.1 多足越障机器人*

3.1.1 设计需求

任务关键点：

(1) 多足机器人应满足尺寸要求，重量限制，还有行走方式的不同，目前常见的行走方式有“船足”式、“小老鼠”式和“牛魔王”式的。其他行走方式要么不适用，要么达不到要求。因此在多足运动方式方面就很难有突破口，只能考虑在原有的基础上加以改良。

(2) 数量上虽然没有要求，但是在重量和行走方式的限制下，只能精益求精，多多益善显然是不可行的。

(3) 好马配好鞍，多足机器人能够在比赛中脱颖而出，出奇制胜，主要依靠的就是移动行走方式(也就是常说的“船足”)和攻击结构。因此，如何设计攻击结构也是一项技术难题。

(4) 自救功能：多足机器人虽然没有生命柱的限制，但是如果操作失误同样是致命的，因此能否自救也是设计的关键点。

(5) 攻击性能：发挥正常的情况下，通过攻击的有效性从而达到得分的目的。

(6) 安全：所有制作的机器人不应该给队员、裁判、工作人员、观众、设备和比赛场地造成伤害。如果在现场，裁判认为机器人的行为对人员或设备有潜在

---

* 本案例由江苏电子信息职业学院提供。

危险,可以禁止该机器人参赛或者随时终止比赛。

(7) 优势：在势均力敌的赛场里,性能强劲的多足机器人更容易攻进对方区域,登上对面高地对堡垒进行撞击,从而得分获胜。

(8) 越障性能：在道闸处和摆锤处两条日常进攻路线的传统讨论之外,考虑制造仿生车通过峡谷、环形山这一路线以突破对面机器人防守,对对方堡垒进行攻击进而得分。

综上所述,多足机器人设计需求总结为以下三点：

(1) 多足机器人如何登上高 300mm 的环形山；

(2) 如何将攻击结构和攀登结构融为一体；

(3) 仿生运动机构的调整,如何增加多足机器人的抓地力、运动速度和操控性。

3.1.2 机械结构

1. 功能需求

如文后场地图(彩插)所示黄色箭头表示常规的进攻路线。参考以往的比赛情况,数量众多的机器人往往会在这些黄色箭头处形成对峙,很难进行攻击得分。因此可以考虑机器人从绿色箭头处攀爬上环形山,通过峡谷这一路线突破对峙到达对方高地及攻击对方堡垒而得分。

由于 2020 年的比赛规则是从 2019 年的比赛(图 3-1)演化而来,因此环形山的设计增加了两级台阶,削弱了难度。2020 年没有对抗环节,这在一定程度上减小了多足机器人的作用。为了以后的比赛回归到对抗上,还是以机器人能独立登上 2019 年比赛场地环形山为目标。

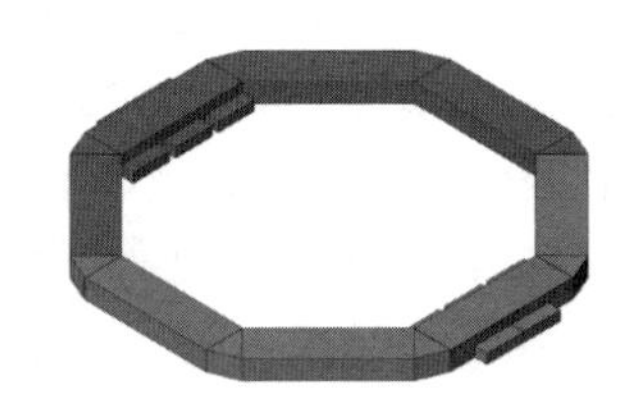

图 3-1 2019 年比赛场地环形山

多足机器人对复杂地形具有很强的适应能力,而且具有行动速度快、行走平稳等特点,但是在攀越 300mm 环形山时存在困难,所以设计了一种可爬环形山的仿生多足机器人,在爬升支撑爪、爬升辅助爪以及四组多足行走组件的协同作用下,能够实现攀越环形山的功能。

2. 设计图

仿生爪是典型的曲柄摇杆机构,为了提高效率,增加强度,通常采用多个行走脚并联的方式组成一个仿生爪。行走脚之间采用导向柱、销柱以及支撑柱进行连接。端部采用支撑板进行定位固定。仿生爪零件图如图 3-2 所示。

这里困难的是确定各个行走脚的曲柄角度位置。利用UG软件对仿生爪的运动进行了动作仿真，以检查曲柄带动各自爪子移动所形成轨迹的情况。通过仿真可以非常直观地了解不同运动时刻的曲柄角度、行走脚的位置信息。通过调节以及实验，得到最适合的运动模式。如图3-3所示的就是一个运动周期内，四个行走脚运行的状态，分别用不同轨迹表示。这也为后续装配曲柄提供了直观的参考。

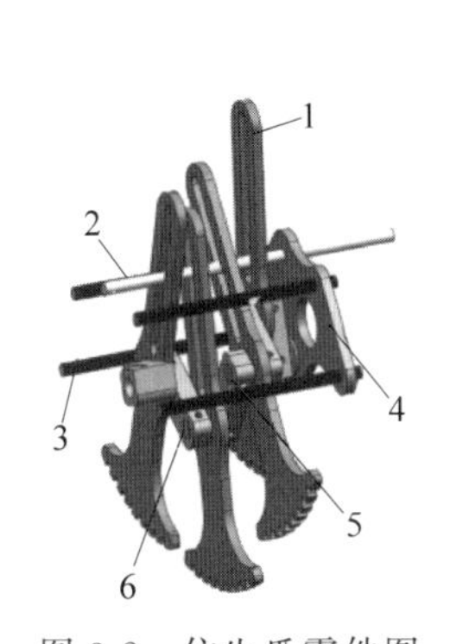

图3-2　仿生爪零件图

1—行走脚；2—导向柱；3—支撑柱；4—支撑板；5—曲柄；6—销柱

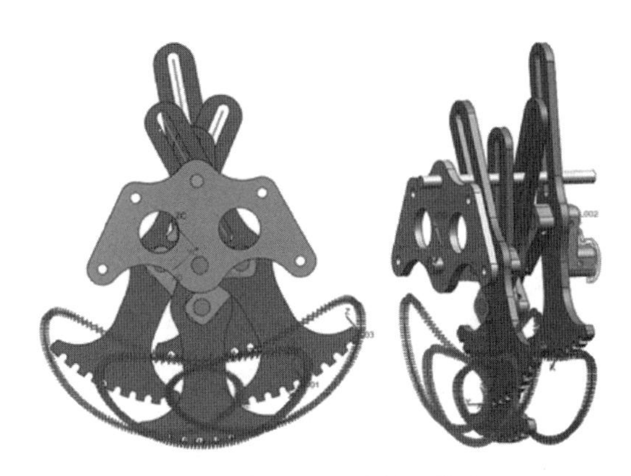

图3-3　仿生爪运动轨迹仿真

图3-4～图3-7为设计的多足机器人从部件装配到整体的一个完整的结构图。可以通过图3-8、图3-9完整地了解多足机器人，特别是足部的细节构成。

设计好的机器人需要通过运动仿真来检验以下几个问题。

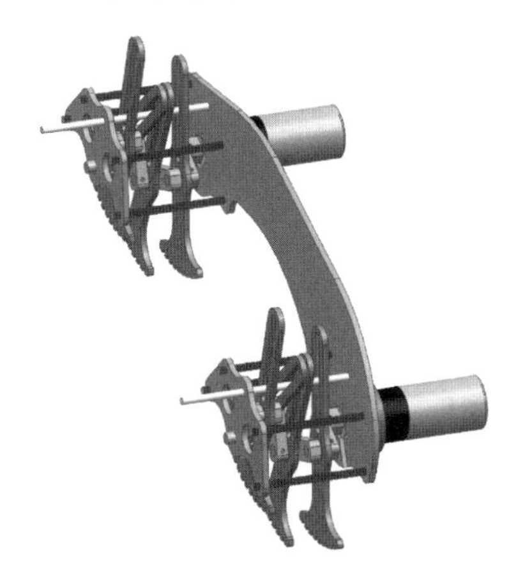

图3-4　单侧侧板及仿生爪组装

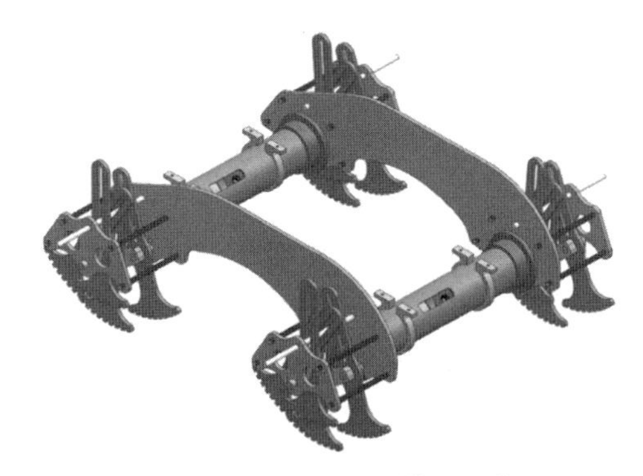

图3-5　双侧侧板及横梁组装

图 3-6　加装底板

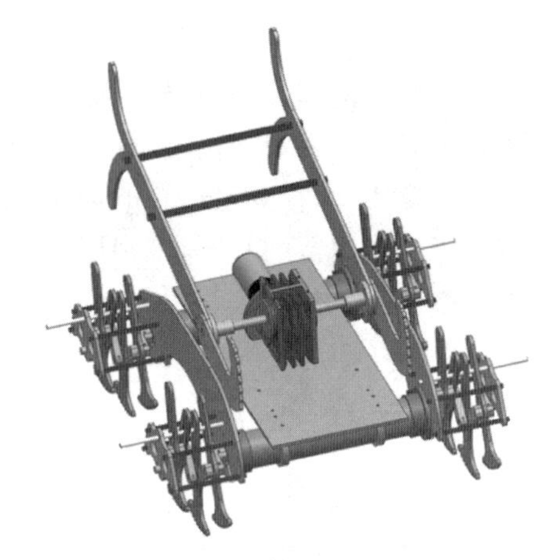

图 3-7　整体结构示意图

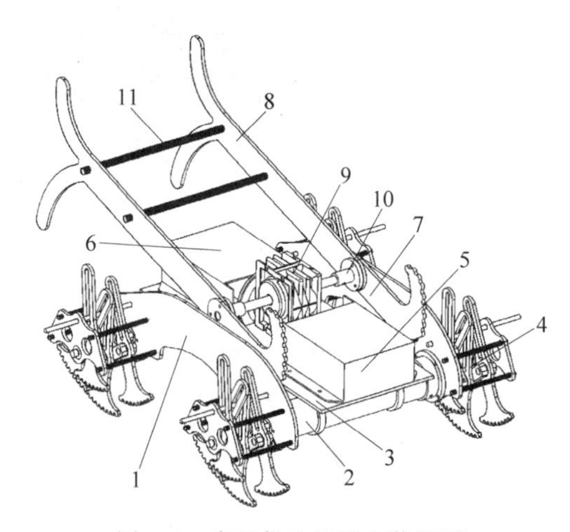

图 3-8　多足仿生机器人装配图

1—侧板；2—管状支撑横梁；3—底板；4—多足行走组件；5—电路保护罩；6—爬升电机保护罩；7—爬升辅助爪；8—爬升支撑爪；9—蜗轮蜗杆减速器；10—减速器输出轴联轴器；11—支撑柱

尺寸超标检查：主要是检查爬升支撑爪的两个突出部的尺寸有没有超过规则的限制(≤600mm)。虽然 2020 年的规则有 1200mm 的放宽，但是那是在比赛开始以后机器人存在变形时才具备的，考虑到常规情况这里还是做 600mm 的限制。由于爬升支撑爪的两个突出部是机器人尺寸的最大外延，因此对它们进行仿真可以检测机器人尺寸超标与否。因为两个突出部相对电机旋转中心存在角度差，所以分别做了它们两个的运动高度仿真模拟，如图 3-12 所示。

运动构件干涉检查：在船足零件设计过程中，对腰形孔与定位销柱进行了动态测量分析，计算多足行走机构运动过程中每一步中两个组件之间的最小距

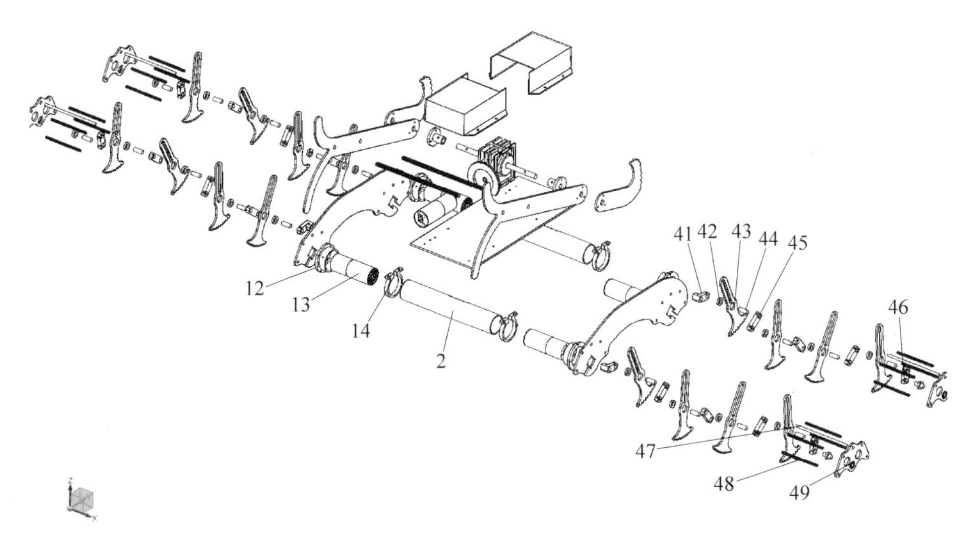

图 3-9　多足仿生机器人装配爆炸图

2—管状支撑横梁；12—管状支撑横梁法兰；13—行走电机；14—底板安装箍；41—第一曲柄；42—轴承；43—行走脚；44—销柱；45—第二曲柄；46—第三曲柄；47—导向柱；48—支撑柱；49—支撑板

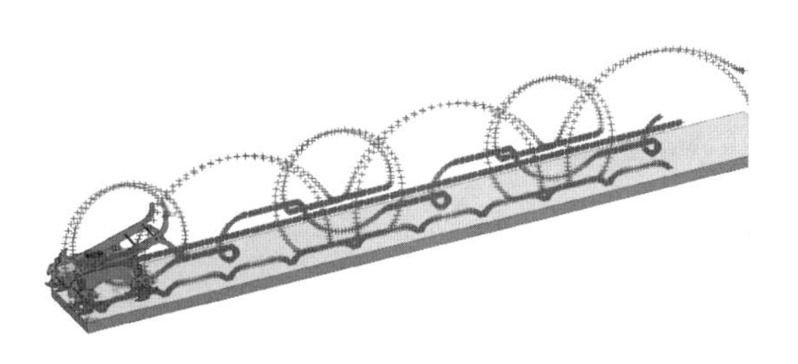

图 3-10　机器人运动过程仿真

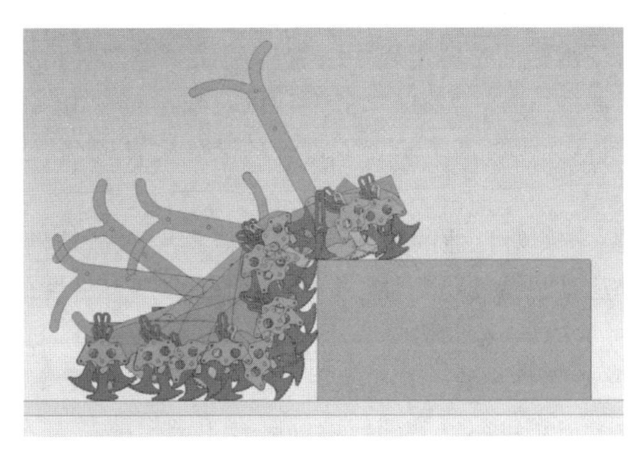

图 3-11　机器人攀爬环形山示意图

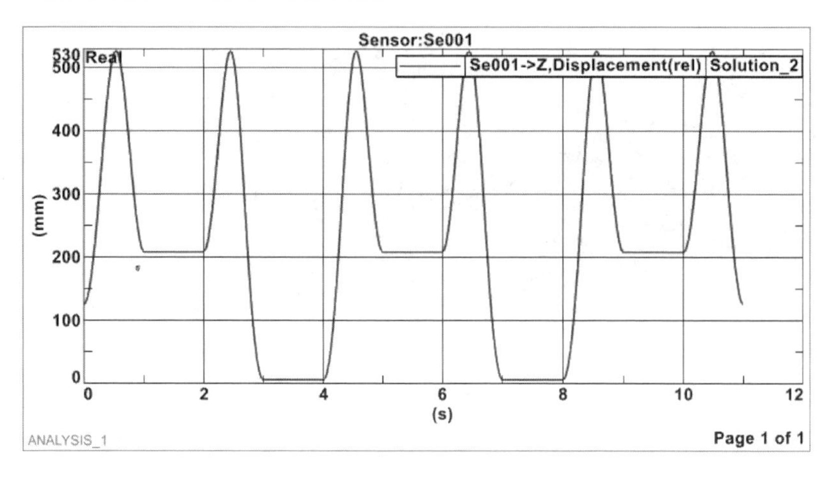

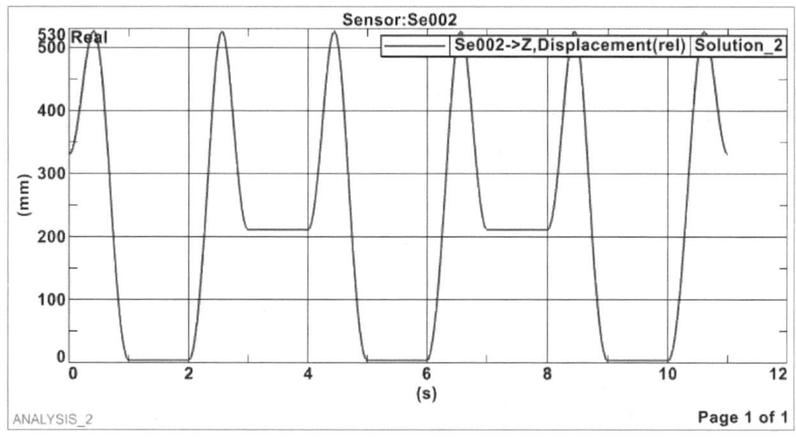

图 3-12　爬升支撑爪运行高度仿真结果

离，为腰形孔的尺寸及位置的优化设计提供依据。此外，在辅助脚的尺寸设计及蜗轮蜗杆减速箱输出轴的定位过程中设置了辅助脚与车体的运动干涉分析，追踪有可能发生干涉的位置，为辅助脚的设计以及减速箱输出轴的定位提供指导。通过运动仿真分析，大大提高了机器人设计的准确性，以及多足机器人的设计与迭代效率。

运动平稳性：作为对抗性的比赛，冲击难以避免。但是机器人自身运动时则需要尽量保持运动平台的稳定性。设计类似一个三自由度的“防抖”的系统。通过如图 3-13 所示仿真，选取机器人上四点做位移量仿真计算，发现均存在较好的平顺性，且基本保持一致。这样就使得整个机器人平台具有了一定的平稳度。从而使基于平台定位的各个部件也都具有了平稳性。

动作可行性：仿生机器人设计的最终目的就是登上环形山，然而在攀爬过

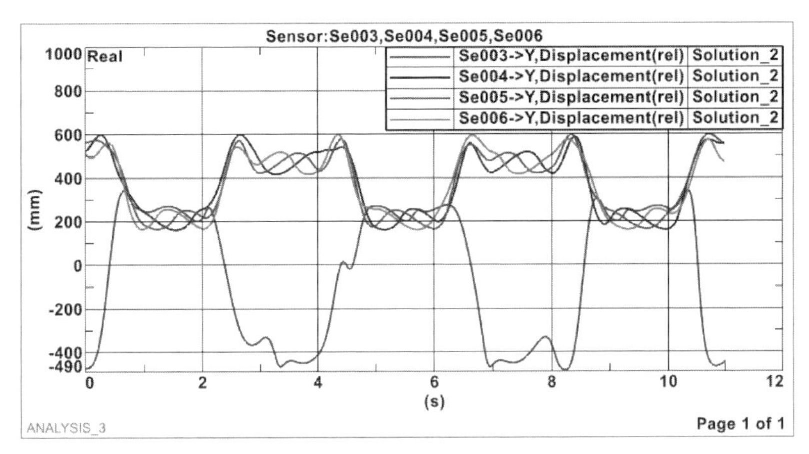

图 3-13　机器人运动稳定性仿真

程中，其各个姿态的确定需要通过仿真来确定。利用 UG 软件可以很方便地将机器人的重心变化情况反映出来(图 3-14)。从而得到机器人攀爬环形山的各个阶段(图 3-15)，尤其是重心突变的阶段需要电机输出更大的转矩来做功。

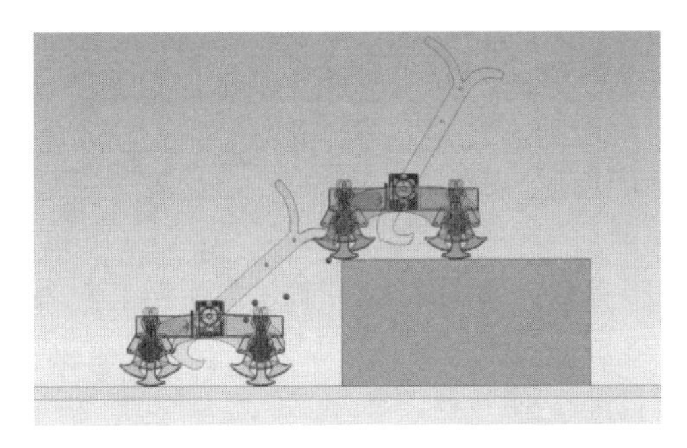

图 3-14　机器人攀爬环形山重心移动示意图

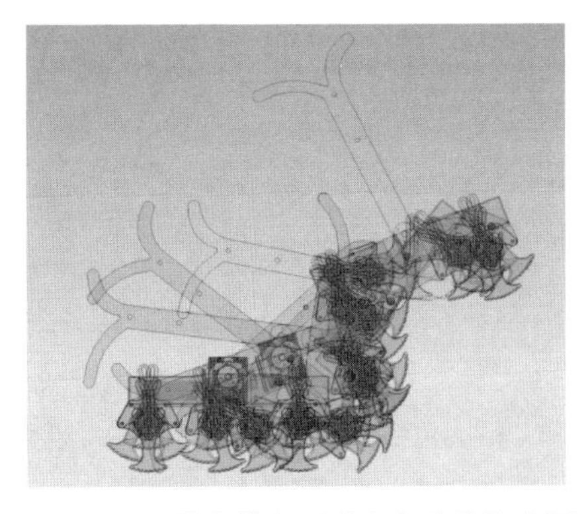

图 3-15　机器人攀爬环形山各阶段姿态图

3. 材料和加工

材料和加工见表 3-1。

表　3-1

<table>
<tr><th>零件</th><th>材料</th><th>性能</th><th>采购</th><th>成本</th><th>加工</th></tr>
<tr><td>行走脚</td><td rowspan="3">6061 铝合金</td><td rowspan="3">极限抗拉强度为≥205MPa
受压屈服强度为 55.2 MPa
弹性系数为 68.9GPa
弯曲极限强度为 228 MPa</td><td rowspan="3">当地的五金市场；淘宝</td><td rowspan="3">低</td><td rowspan="3">数控铣</td></tr>
<tr><td>支撑板</td></tr>
<tr><td>曲柄</td></tr>
<tr><td>导向柱</td><td rowspan="2">304 不锈钢</td><td rowspan="2">极限抗拉强度≥520MPa
条件屈服强度≥205MPa
伸长率 $\delta 5$（%）≥40
断面收缩率 ψ（%）≥60
硬度：≤187HBW；≤92HRB；≤210HV</td><td rowspan="2">淘宝</td><td rowspan="2">中等</td><td rowspan="2">钳工</td></tr>
<tr><td>支撑柱</td></tr>
</table>

工艺流程：

行走脚：备料—铣削加工—钻孔攻牙加工

导向柱：备料—铣削加工—钻孔攻牙加工

支撑柱：备料—车削加工—钻孔加工

支撑板：备料—铣削加工—钻孔攻牙加工

曲柄：备料—铣削加工—铣削加工

销柱：备料—车削加工—钻孔加工

零件编程图(基于 UG)，如图 3-16，图 3-17 所示。机器人零件(支撑板)工艺卡如图 3-18 所示。

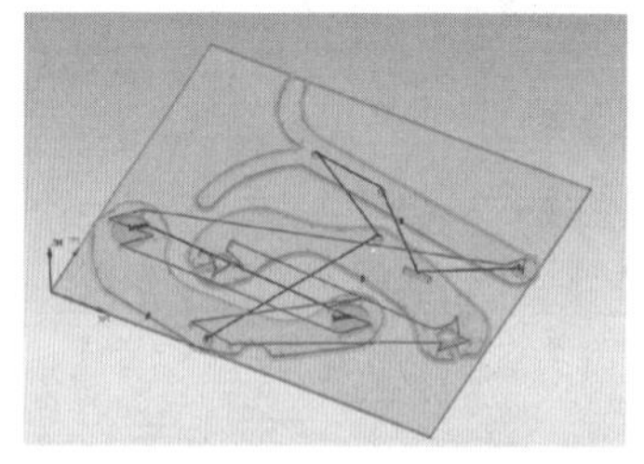

图 3-16　机器人零件(侧板、爬行支撑爪)编程图

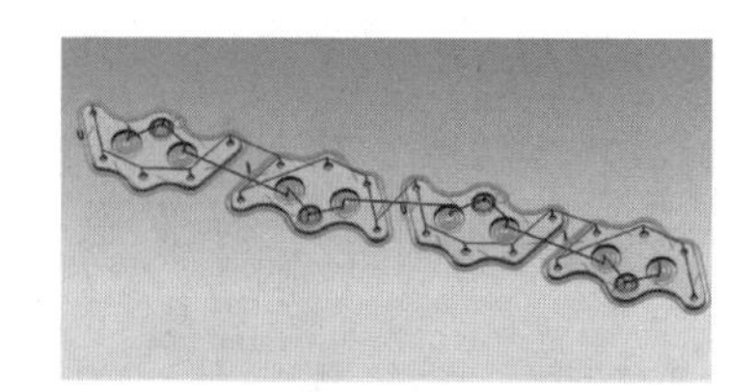

图 3-17　机器人零件(支撑板)编程图

3.1.3　控制系统

1. 控制系统框图

控制系统由硬件层和软件层构成。图 3-19 表示整个控制系统的总体结构。

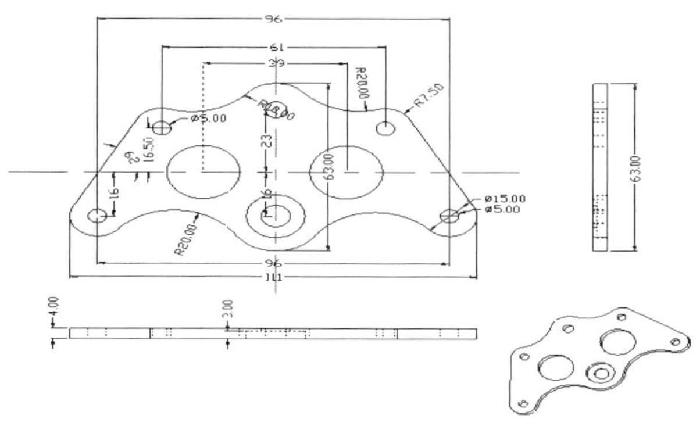

零件机械加工工艺卡		共　页
产品名称	支撑板	
材料牌号	6061铝	
毛坯种类	板材	
件数	4	

序号	工序名称	工序内容	设备型号	刀具编号及名称	程序名称	量、辅具名称
1	备料	裁切	J460K			直尺
2	铣削加工	铣孔	MC650	D4	Hole mill	游标卡尺
3	钻削加工	钻孔	MC650	D6	drill	游标卡尺
4	铣削加工	铣轮廓	MC650	D6	Planar mill	游标卡尺

标记	处数	更改文件号	签字	日期	编制	日期	校对	日期	审核	日期	会签	日期

图 3-18　机器人零件(支撑板)工艺卡

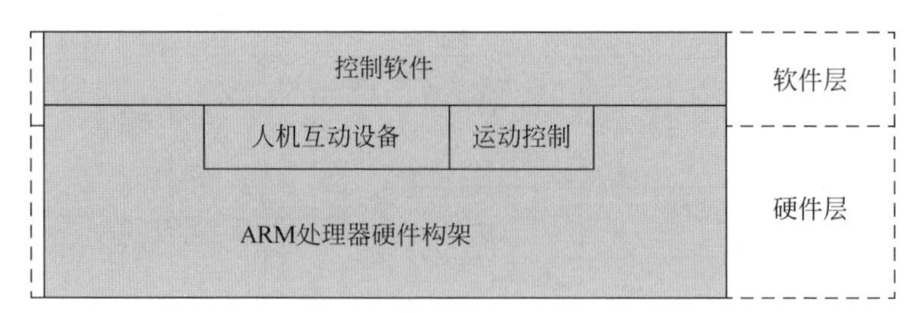

图 3-19 控制系统总体结构

控制系统的硬件层由 ARM 处理器硬件构架、人机互动设备、运动控制芯片构成。其中,ARM 处理器部分选用了意法半导体公司的 STM32F1 处理器。系统中集成了 Flash、SDRAM、CAN 接口控制器、USART 接口等丰富的片上设备,易于扩展应用。软件层的控制软件不断读取人机互动设备的状态参数,通过运动控制模块协调控制仿生机器人。图 3-20 表示控制系统硬件层整体结构。图 3-21 为硬件接线图。

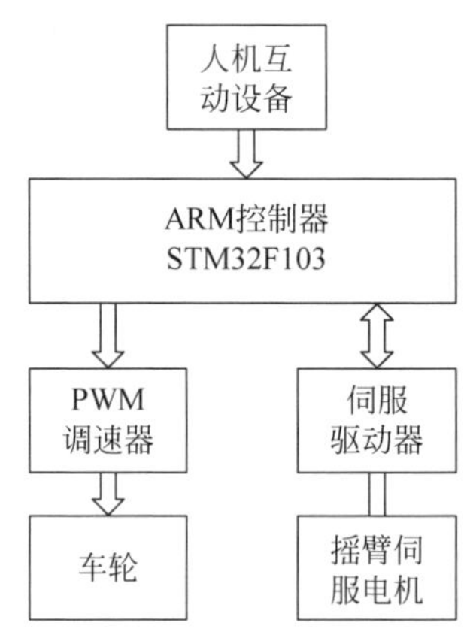

图 3-20 硬件层整体结构

使用天地飞航模遥控器的三角翼混控模式进行控制。选择该遥控的优点在于:图形

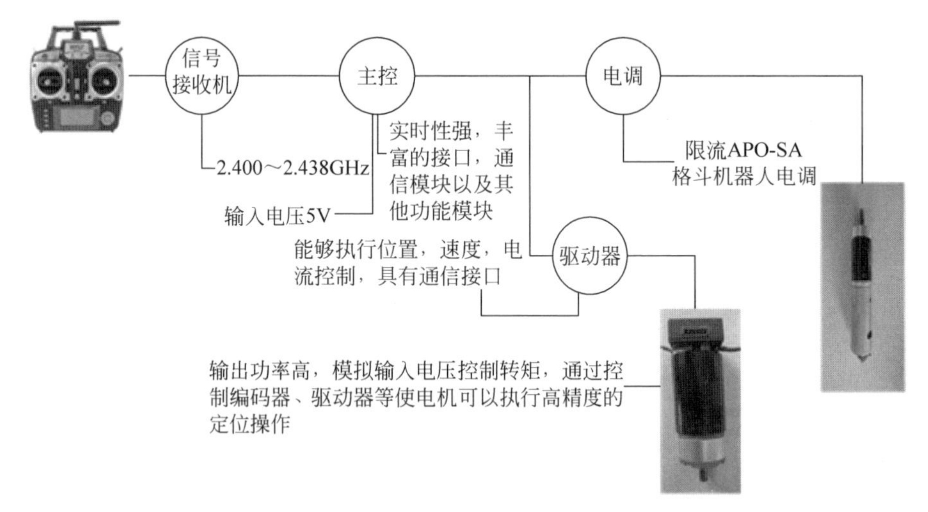

图 3-21 硬件接线图

点阵液晶显示屏，低电压设计减少电池消耗，10组机型数据存储，3组可编程混控，多组混控系统和失控保护等功能。强大的功能可以实现多种控制，完全适于此机器人的操控。该遥控为2.4GHz扩频、跳频系统，具备极高的抗干扰性。接收机与遥控配套使用。主控选择用单片机控制。在机器人的控制方面通过以往的实战经验和比对后选择了限流APO-SA格斗机器人电调，该电调的特点是单通道电调、重量小、功能广、输出电流稳定。

为了对爬升支撑爪位置的精确控制，控制系统中采用了直流伺服控制系统。其中，直流伺服驱动器采用RMDS-108，直流伺服电机采用配套的RoboMasterRM35。该电机具备位置与速度反馈模块，从而可以通过伺服驱动器精确地控制该电机的位置与速度，该速度与位置可以实时反馈给主控模块。

多足机器人的运动方向与速度通过主控CPU读取遥控器控制参数，并根据控制参数发送指令给PWM调速器实现。其中，PWM调速采用主控CPU的高级定时器产生脉宽调制信号，从而实现对车轮速度的控制。

2. 控制逻辑示意图

控制逻辑示意图如图3-22所示。遥控器发出无线信号，被5V电压驱动的信号接收机接收，再通过与单片机相连的信号线传输信号。在单片机内写有与电调或驱动器相对应的程序，单片机读取信号后执行相应的程序步骤。通过与电调之间的信号线将信号传输给电调或者控制器，电调通过控制输出的电压值完成电机的加减速。控制器的控制方式是通过向控制对象下达指令后，正确地追踪并查明现在值，且随时回馈控制内容的偏差值，待目标物到达目的地后，回馈位置值，如此反复动作从而大幅减少误差。

3.1.4 关键器件选型

1. 电机选型

有刷电机是内含电刷装置的将电能转换成机械能（电动机）或将机械能转换成电能（发电机）的旋转电机（图3-23）。有刷电机是所有电机的基础，它具有起动快、制动及时、可在大范围内平滑地调速、控制电路相对简单等特点。

无刷直流电机由电机主体和驱动器组成，是一种典型的机电一体化产品（图3-24）。由于无刷直流电机是以自控式运行的，所以不会像变频调速下重载起动的同步电机那样在转子上另加起动绕组，也不会在负载突变时产生振荡和失步。

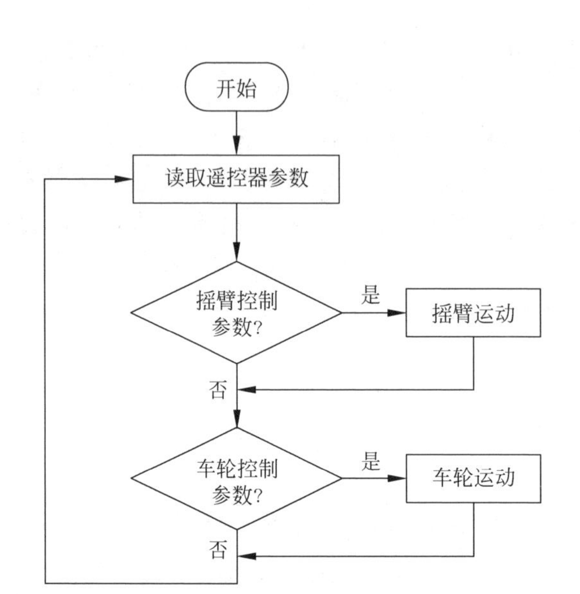

图 3-22 控制逻辑示意图

图 3-23 有刷电机

图 3-24 无刷电机

实际上两种电机的控制都是基于调压，只是由于无刷直流采用了电子换向，所以要通过数字控制才可以实现，而有刷直流是通过碳刷换向的，利用可控硅等传统模拟电路都可以控制，比较简单。

（1）有刷电机调速过程是调整电机供电电源电压的高低。调整后的电压电流通过整流子及电刷的转换，改变电极产生的磁场强弱，达到改变转速的目的。这一过程被称为变压调速。

（2）无刷电机调速过程是电机的供电电源的电压不变，改变电调的控制信号，通过微处理器再改变大功率 MOS 管的开关速率，来实现转速的改变。这一过程被称为变频调速。

直流有刷电机起动响应速度快，起动转矩大，变速平稳，速度从零到最大几乎感觉不到震动，起动时可带动更大的负荷。无刷电机起动电阻大(感抗)，所以功率因数小，起动转矩相对较小，起动时有嗡嗡声。

直流有刷电机运行平稳，起动、制动效果好。有刷电机是通过调压调速，所以起动和制动平稳，恒速运行时也平稳。无刷电机通常是数字变频控制，先将交流变成直流，直流再变成交流，通过频率变化控制转速，所以无刷电机在起动和制动时运行不平稳，震动大，只有在速度恒定时才会平稳。

直流有刷电机控制精度高，直流有刷电机通常和减速箱、译码器一起使用，使电机的输出功率更大，控制精度更高，控制精度可以达到0.01mm，几乎可以让运动部件停在任何想要的地方。所有精密机床都是采用直流电机控制精度。无刷电机由于在起动和制动时不平稳，所以运动部件每次都会停到不同的位置上，必须通过定位销或限位器才可以停在想要的位置上。

直流有刷电机结构简单，生产成本低，技术比较成熟，所以应用也比较广泛，比如工厂、加工机床、精密仪器等，如果电机出现故障，只需更换碳刷，每个碳刷只需要几元，价格便宜。无刷电机技术不成熟，价格较高，应用范围有限，主要应用在恒速设备上，比如变频空调、冰箱等，无刷电机损坏后只能更换。

无刷电机去除了电刷，最直接的变化就是没有了有刷电机运转时产生的电火花，这样就极大地减少了电火花对遥控无线电设备的干扰。

无刷电机没有了电刷，运转时摩擦力大大减小，运行顺畅，噪声会低许多，这个优点对于运行稳定性是一个巨大的支持。

实现运动的基本问题是对机器人电机的差速调节。如果把连杆以及关节想象为机器人的骨骼，那么驱动器就起到肌肉的作用，它通过移动或转动连杆来改变机器人的构型。驱动器必须有足够的功率对负载加速或者减速。同时，驱动器本身要精确、灵敏、轻便、经济、使用方便可靠且易于维护。

目前，机器人的驱动方式主要有液压驱动、气压驱动和电机驱动三种方式。液压驱动虽然具有驱动力矩大、响应速度快等特点，但是成本高、重量大、工艺复杂，且有发热问题。气压驱动易于高速控制，气动调节阀的制造精度要求没有液压元件高、无污染，但是位置和速度控制困难，并且其工作稳定性差，压缩空气需要除水。液压驱动与气压驱动不能实现试验系统自带能源的目标，直接决定了这两种驱动方式难以应用到比赛机器人系统中。电机驱动具有成本低、精度高、可靠性高且维修方便等特点，容易和计算控制系统相连接，目前的机器人大都采用这种驱动方式。

根据之前的转矩计算和运动仿真，选用了如下电机：

移动用的电机选择直流行星减速电机(图 3-25)，型号 M24GXRL5.2K4D/RS370-1230。电机参数如下。

产品特征：电机直径 24mm，出轴直径 4mm，单扁轴，轴长 8mm，扁高 3.5mm，轴长 13mm 中心出轴，电机总长度 56mm。

行星减速电机具有体积小、消耗功率小、转矩大、使用寿命长、噪声低等特点。

额定电压：12V。

电机功率：0.5W。

空载转速：577r/min。

减速比：1∶5.2。

额定转矩：0.6kg·cm。

最大负载：1.5kg·cm。

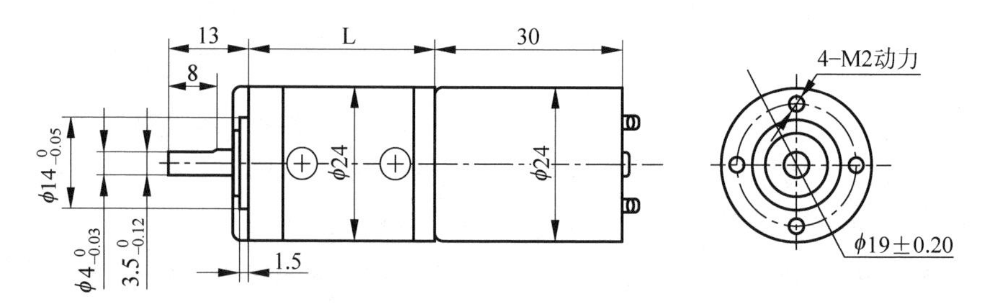

图 3-25 直流行星减速电机 M24GXRL5.2K4D/RS370-1230

带动爬升支撑爪选用大疆的 RM35 伺服电机，参数如下：

减速比：约为 16∶1。

转矩常数：353.117g·cm/A。

转速常数：274(r/min)/V。

速度/转矩常数：1.2(r/min)/(g·cm)。

2. 其他关键器件选型

电调最主要的应用于在航模、车模、船模、飞碟、飞盘等玩具模型。这些模型通过电调来驱动电机完成各种指令，模仿真实工作功能，以达到与真实情况相仿的效果。所以有专门为航模设计的航模电调，为车模设计的车模电调，等等。电调的功效就是控制电机完成规定速度和动作。

随着无刷电机的大力发展,无刷电调成为了市场的主流。市面上也出现了许多种类的无刷电子调速器品牌。并不是每一款无刷电调都能与电机匹配,主要和电调的功率相关。如果使用了功率不够的电调,将会导致电调上面的功率管烧坏以致电调不能工作。所以选择电调一定要看该款电调的功率,另外要看电调与电机的兼容度。电调并不能兼容所有电机,必须根据电机的功率等参数来选择。

电调输入是直流,可以接稳压电源,或者锂电池。一般的供电都在 2～6 节锂电池左右。输出是三相脉动直流,直接与电机的三相输入端相连。如果上电后电机反转,只需要把这三根线中的任意两根对换位置即可。电调还有一根信号线连出,用来与接收机连接,控制电机的运转,连接信号线得共地。

这里选择的是限流 APO-SA 格斗机器人电调(图 3-26)。价格在 150 元左右,从网店可以很方便地购买到。其主要性能参数如下:

电压:7～24V。

锂电池:2～6S。

限流:15A。

外形:长 40mm,宽 29mm,高 13mm。

重量:24g。

线长:100mm。

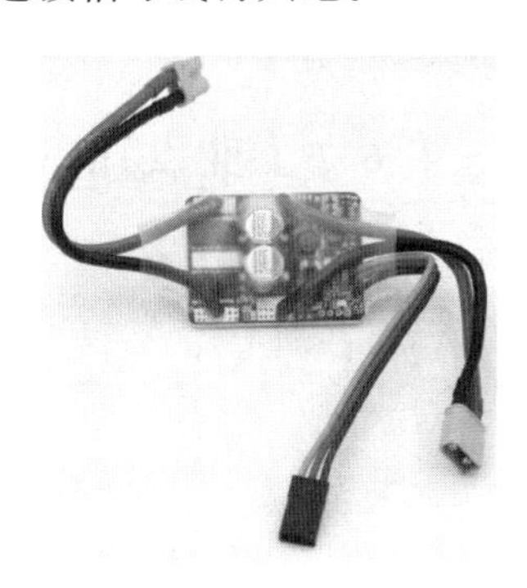

图 3-26　限流 APO-SA 格斗机器人电调

3.1.5　创新点

ROBOTAC 比赛已经开展了到第五年,作为一直参加 ROBOTAC 比赛的老队在收获成绩的同时也不断面临规则与对手的双重挑战。这次设计仿生攀登环形山机器人本着遵循规则,不走捷径,直面挑战的态度,从需求分析阶段就扎扎实实地一步一步逐渐完善功能。在设计过程中也取得了一些与众不同的成果。

在完成需求分析的基础上利用 UG 等三维建模软件对机器人机构进行了参数化的设计,完成了实体建模,并利用软件的仿真功能对机器人结构尺寸、运动过程特别是攀登环形山时的动作进行分析。这样大大节约了开发时间,提高了效率。

在电路和控制系统的设计上做了改进，将原有控制爬升支撑爪的直流电机换成了转矩更大、功能更强的伺服电机。理论上爬升支撑爪可以在任意设定角度定位、旋转。这就为将来完成更复杂的动作提供了保障。

此外，在材料选择、零部件加工以及装配阶段都进行了一些新的尝试。例如硬铝材料的选择，数控加工中心的使用，专用夹具的使用。

创新主要有以下几点：

(1) “小爪子”抓住环形山侧壁使仿生机器人可以顺利登上环形山；

(2) 将攻击结构和攀登结构合为一体可以缩小体积，减轻重量；

(3) “船足”角片与泡沫垫接触部分增加多齿结构，可以增大仿生机器人对泡沫垫的下压力，从而提高摩擦力；

(4) “船足”采用全新的模块化设计，并提高各模块之间的配合精度，角片与轴之间加入轴承，使之长时间稳定、高效运行。

3.1.6 工业设计

1. 外观设计

外观设计如图 3-27、图 3-28 所示。

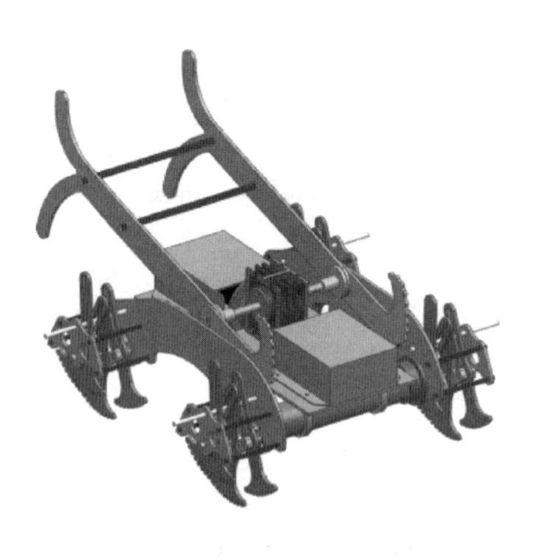

图 3-27 外观图(1)

图 3-28 外观图(2)

2. 人机工程

采用硬铝材料，轻量化底盘，设置托手位置放拿机器人(图 3-29)。

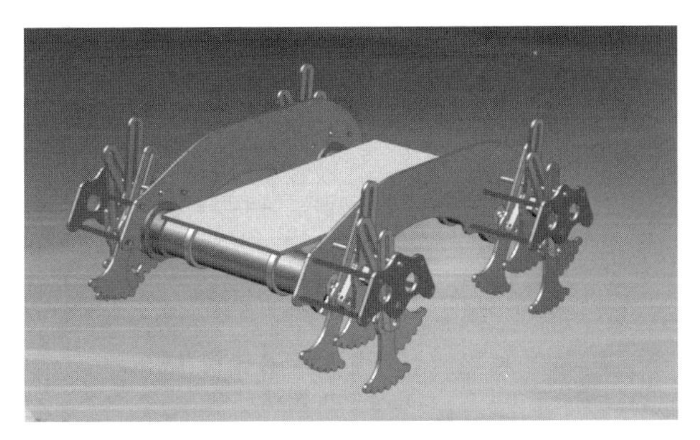

图 3-29 人机工程设计

3.2 多足电铲机器人*

3.2.1 设计需求

设计需求如表 3-2 所示。

表 3-2 仿生船足铲车机器人设计需求(电动铲)

设计需求	参数	关键技术指标	注意事项
尺寸/(mm×mm×mm)	580×380×180	在一定尺寸比例下,车身的灵活通过性能要达到最优	车体避免过于宽大,以防转向时不灵活
重量(非碳纤板,除去电池)/kg	7.5	零件材质选型方面,要在满足工作条件情况下做到最轻,特别要考虑车体所用的板材选型	车体过重,在加速时要注意底盘功率过大
最大行走速度/(m/s)	4	由于功率限制,需要为行走机构挑选电机	在保证不超功率的条件下,转矩要大
上部机构活动行程(°)	150	加入机械限位,为了防止操作不当时损坏电机(特别是新操作手)	为了防止误伤,在调试车辆程序时远离攻击结构

* 本案例由江西机电职业技术学院提供。

续表

设计需求	参数	关键技术指标	注意事项
攻击结构可以铲起的重量且车尾不会离地	可以铲起重量为10kg的小车的一侧	(1) 攻击结构输出轴的位置相关到车在铲重时后尾不会离地； (2) 攻击结构电机的选用	后尾离地，易造成铲起一半时自己后尾离地翻转，血条撞击到对方车辆而造成扣血
底盘行走抖动微小	在光滑底板抖动±1mm	脚片圆弧的半径及长度调整	可在电脑上进行模拟行走仿真，再加工进行实际测试

3.2.2 机械结构

1. 功能需求

底盘框架机械结构：运用强度适中且重量较轻的定制铝空心管作为底盘的主要支撑部分，很好地保护了行走电机，两侧用玻纤板作为辅助支撑，方便与上部分攻击结构相连。四组行星减速电机提供了强大的动力输出。

底盘行走机械结构：改进了曲轴，在脚片与曲轴连接处加入了轴承，使得脚片与曲轴的摩擦力非常小，在转向时效果更明显，可以降低底盘功率消耗，使得攻击结构有足够的功率使用。

攻击机械结构：使用M3508电机和航模无刷电调，配合适当的蜗轮蜗杆，使攻击结构有更强大的动力挑飞敌人。定制与蜗轮蜗杆相连的法兰盘轴，使铲臂牢牢与蜗轮蜗杆轴相匹配，不仅减少了配合间隙，也减小了晃动误差。

2. 设计图

船足铲车机器人装配图如图3-30所示。

法兰盘轴：此零件为攻击结构中最重要的零件，由往年的法兰盘与轴分开连接方式变为今年的一体零件，使得左右两个铲臂上下行程角度一致，减少了铲臂在抬举过程中带来的运动偏差，如图3-31所示。并且在这个零件上铣了一个键槽，使得在与蜗轮蜗杆配合时非常紧密，避免了零件的加工误差所带来的车辆整体配合误差。

曲轴：该零件并非一个整体零件，而是由多个小零件组装而成，如图3-32所示，零件1是最里侧的，与行走电机相配合；零件2是一根两端含有D型的短轴，在短轴上加2个挡边轴承，挡边轴承之间是脚片，这样的设计使脚片在运动中与曲轴的摩擦力非常小，特别是在转向时，传动效能更高。

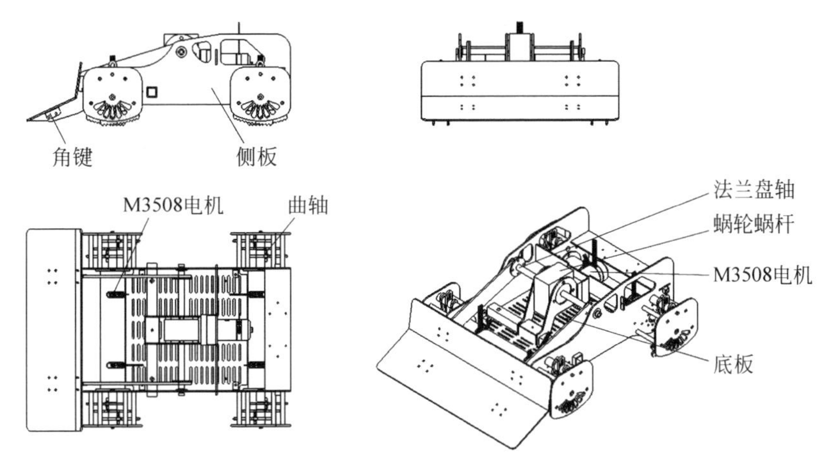

图 3-30　船足铲车机器人装配图

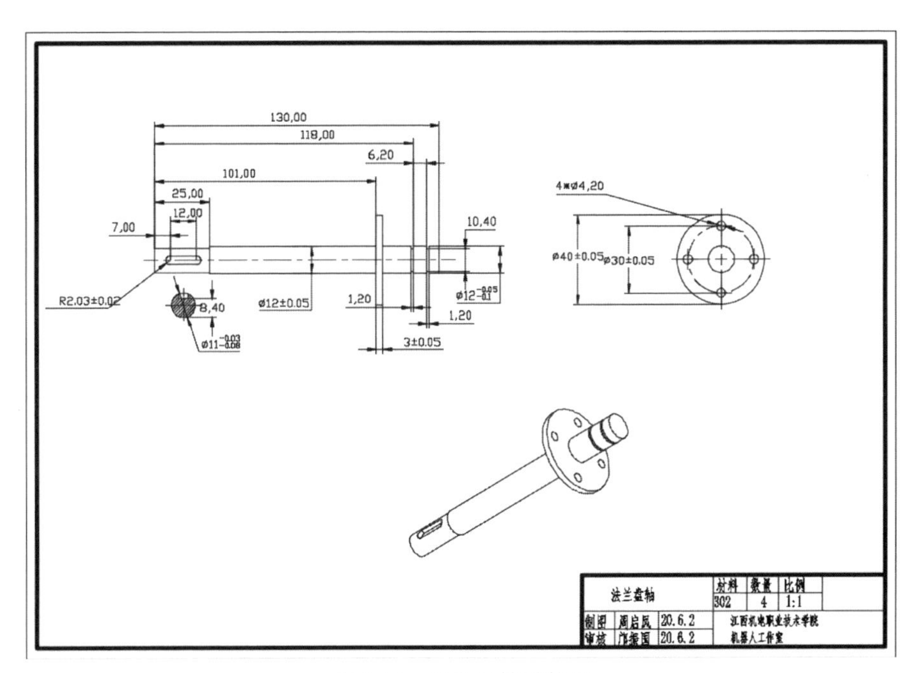

图 3-31　法兰盘轴零件图

3. 材料和加工

法兰盘轴：材料有 201 不锈钢、304 不锈钢、302 不锈钢。201 不锈钢在强度上没问题，成本较低，但易生锈。加工两根总共花费 400 元。因为车辆要经常拆装，304 不锈钢在敲击时容易发生变形，在实验机上使用不合适，但强度够用，加工两根花费 500 元。302 不锈钢的硬度比 304 不锈钢高点，防锈比 201 不锈钢

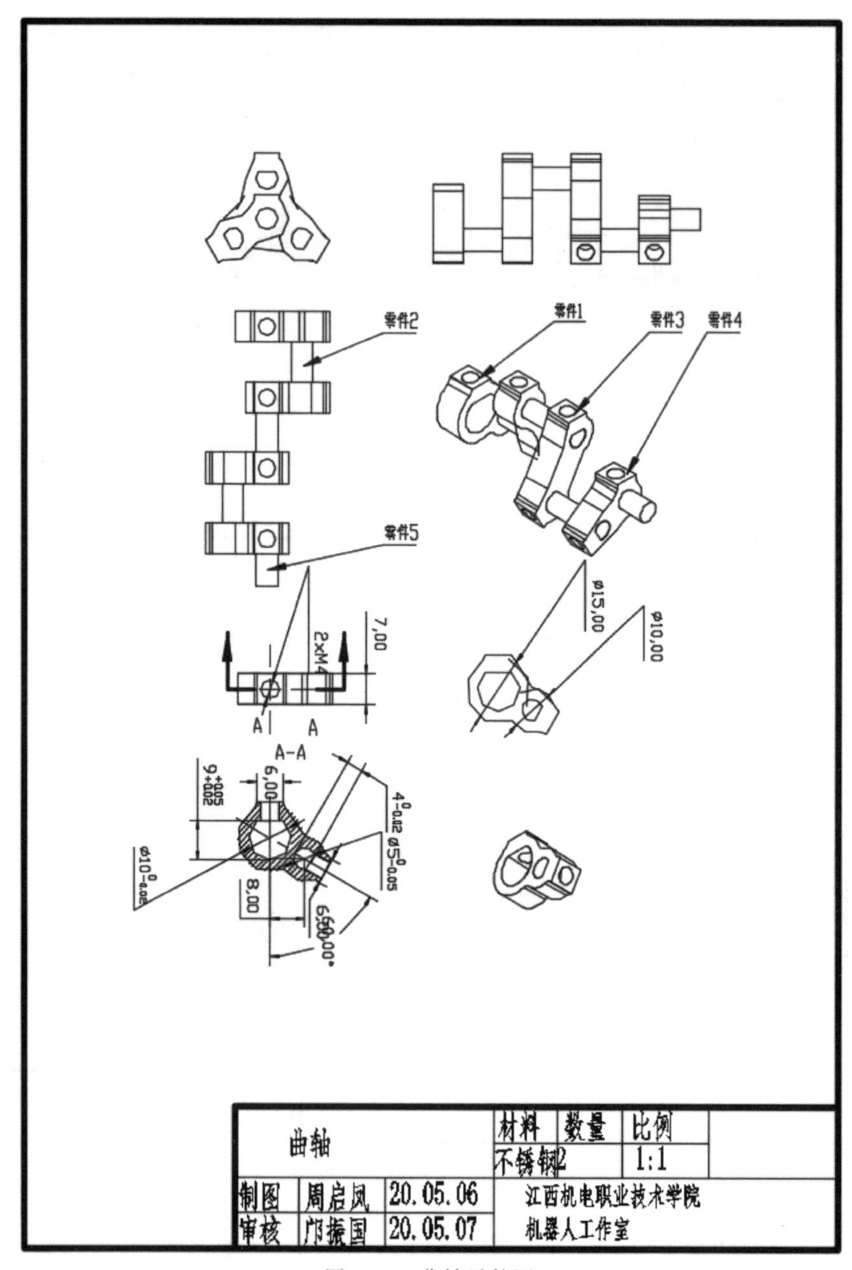

图 3-32　曲轴零件图

高很多,所以最后车辆使用的是 302 不锈钢加工的法兰盘轴,加工花费 500 元。总计花费 1400 元。

曲轴:开始使用的材料是 304 不锈钢,因为是第一次加工这种要求精度非常高的零件，由于设计经验不足导致无法装车，由于加工的是整辆车的曲轴，所以直接加工了四根，花费 1700 元。第二次加工时更改了图纸，特别是精度方面，采用 201 不锈钢，该材料强度中上，但也出现了生锈，不过整车试验结果不错，第二次加工花费 1500 元。随即又加工了一批 440C 不锈钢的曲轴，花费 1500 元，满足了强度和防锈方面的设计要求。总计花费 4700 元。

3.2.3 控制系统

1. 控制系统框图

控制系统框图如图 3-33 所示。

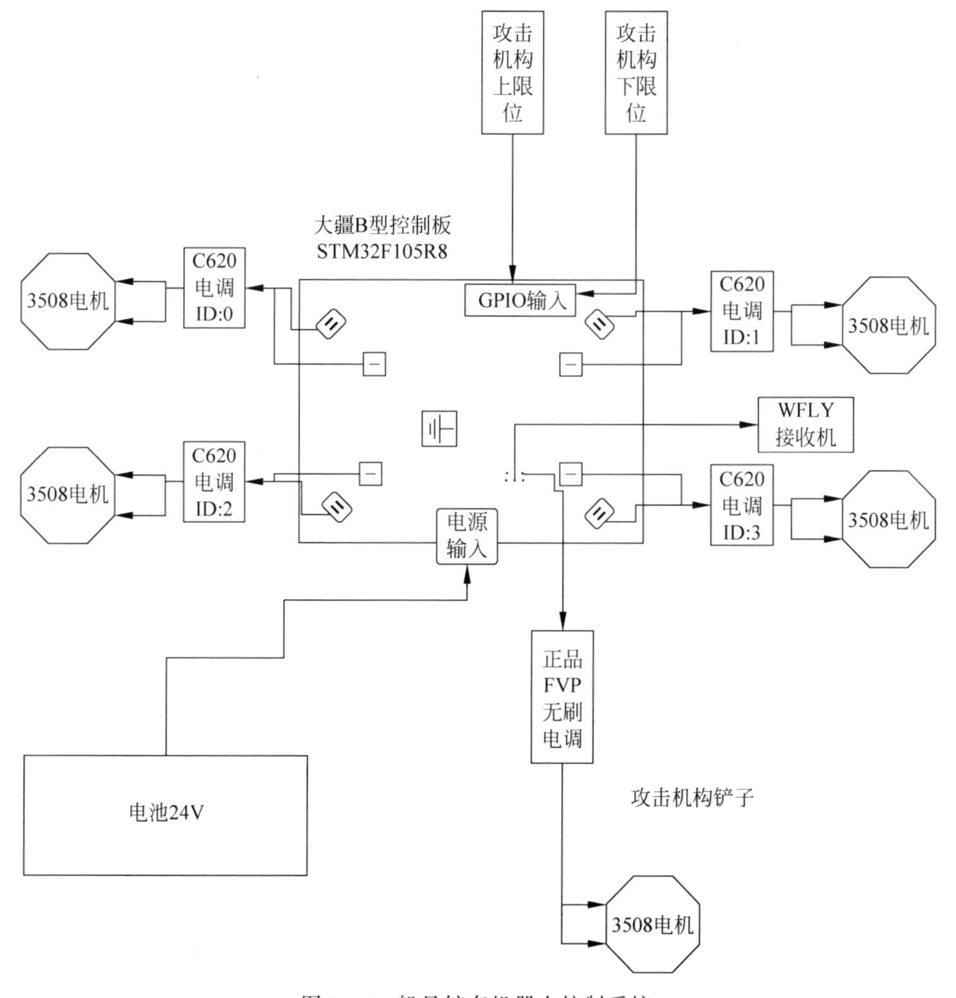

图 3-33 船足铲车机器人控制系统

2. 程序控制逻辑示意图

控制逻辑示意图如图 3-34 所示。

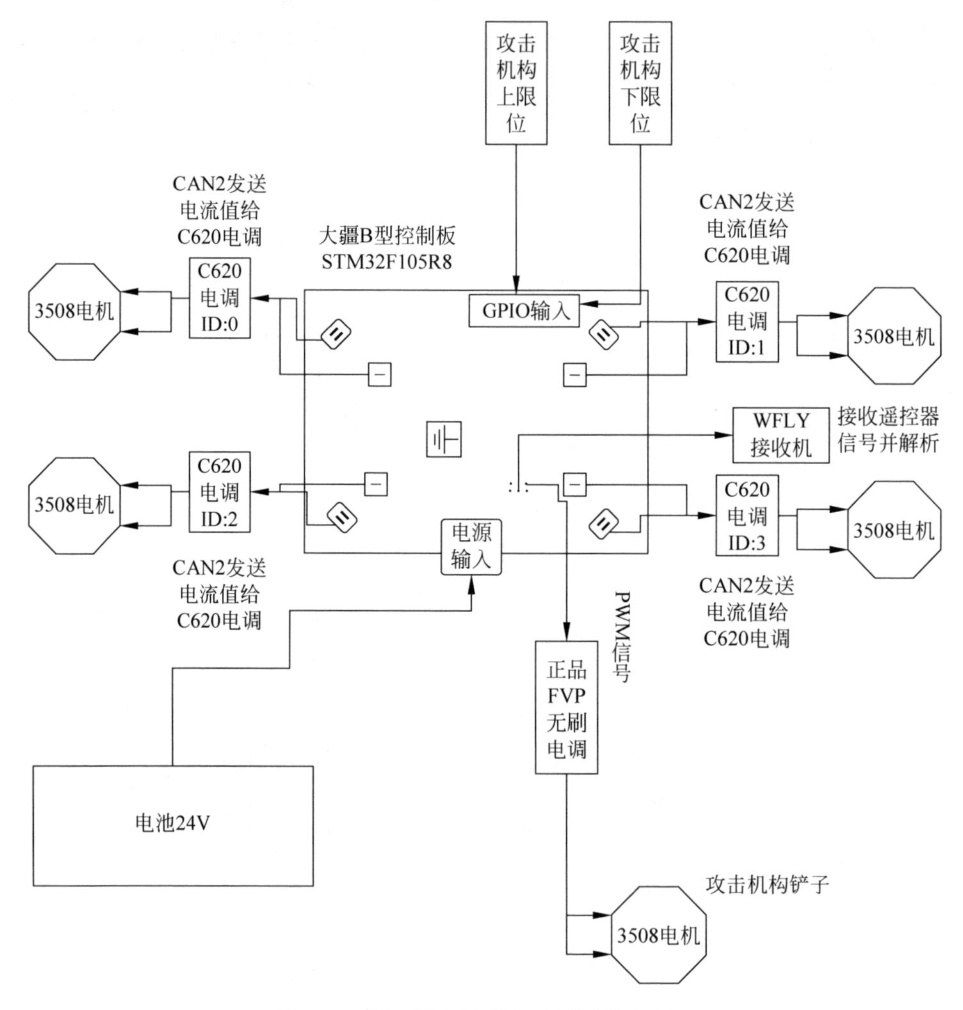

图 3-34　船足铲车机器人控制逻辑示意图

3. 程序控制流程图

程序控制流程图如图 3-35 所示。

3.2.4　关键器件选型

1. 电机选型

行走电机：使用M3508改装版减速电机，原先是1∶19减速，输出转速最高为480r/min，改装减速比后最高转速为2500r/min。电调选用C620，但经过测试后，发现最高转速为2100r/min最为合适(2100r/min为空转转速)。当电机调试空转限制为2100r/min以下时进行行驶操作，转向通过性能最优，并且经过测试，当转速为2100r/min时，空转底盘功率为24～48W，瞬间加速时最大约为120W，在平地匀速行走时，功率约为80W。

攻击结构：使用M3508减速电机，减速比原装为1∶19，使用的电调不是原配C620，因为大疆C620电调对M3508电机会进行堵转保护，使得最大铲起总量约为2kg(力矩为32～35cm，这些数据都是经过测试得出的)，现在使用的是大功率无刷电调(120A)，然后经过测试，发现电机最大转速不是480r/min，而是提高到了600r/min，再与RV25减速比为10的蜗轮蜗杆搭配，使得输出转速为60r/min，电机与蜗轮蜗杆连接使用的是自己设计的连接器。

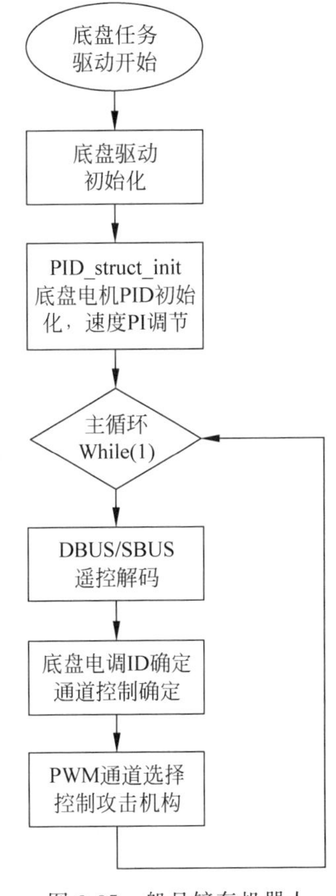

图3-35　船足铲车机器人控制程序流程图

2. 其他关键器件选型

主控板：为了配合电机电调进行控制，选择大疆B型开发板，根据今年的规则，仿生要限制功率，而用程序控制可以很好地满足这个要求。再加上使用配套的电机、电调，使用PID控制能够让控制更加精准。

传感器：选择限位开关，通过GPIO输入来进行信号读取，当攻击机构触碰到上限位开关或者下限位开关时，遥控器只能控制铲臂向相反的方向运动，这样可以更好地保护电机。根据往年的参赛经验，如果不加程序限位，攻击机构电机非常容易损坏，而更换攻击结构电机需要拆装大量零件。

减速箱：减速电机采用的是行星减速器，这种减速器常用在高速电机中。在攻击结构方面因为需要一个电机同时驱动两个铲臂，并且需要强大的转矩，但对速度要求不高，所以就选择了蜗轮蜗杆。电机输出转速为600r/min，铲臂正常的转速为55～65r/min，考虑到车重，最后选择了RV25传动比为10的蜗轮蜗杆。

3.2.5 创新点

行走机构：往年使用的行走机构，体积大，加工困难，并且做出来的效果不好，使用时摩擦力大，重量也重，特别是在通过性能上功率要求更大，当时为了减小摩擦力，每次上场时在机构上涂润滑油，但效果也只能是短暂的，当车辆在场地奔跑后，车上会有许多油渍，在行驶机构上会有许多沾了灰尘的油渍，使得架构磨损加快。2020年直接加入血条，限制了功率。为了可以让攻击结构分配到足够多的功率，必须做出创新改进。我们设计出类似发动机中的曲轴，然后把曲轴分解成多个零件，这样就可以加入轴承，轴承使用的是挡边轴承，利用挡边固定脚片，使得在运动中不会左右移动，在上面的滑动槽口部分加入垫块，使得脚片在急转向时更稳定。整体重量也比2019年的减轻了许多，平常测试中也不需要加润滑油了。

行走机构的电机：往年使用的是航模无刷电机配行星减速器。2019年，搭配的行走电机在使用时经常发生电机崩齿，维修特别麻烦，也不好操作，因为不是用程序控制，在急转向时不够灵敏。所以2020年使用的是大疆M3508减速电机，改装了减速比，把里面无刷电机的原齿轮拆掉，换成减速比相匹配的齿轮，然后再在程序中控制转速，使得操作手感非常好。

攻击结构的电机：往年一直使用的是直流减速775电机，在第一次使用时并未发生减速箱崩齿和断轴的情况，但在2018年的车辆上使用时经常发生崩齿和断轴，是因为在2018年车辆的设计水平更高，打斗非常激烈，所以在2019年的车辆上，都开始使用蜗轮蜗杆了。船足铲车使用的是RV25减速比为10的蜗轮蜗杆，电机使用的是M3508电机，往年车辆在使用775电机时，使用的法兰盘是网上购买的，然后在连接轴上打孔固定，轴与电机也是靠螺丝固定，所以在使用时两个铲臂会有偏差，产生运动误差。现在使用的是蜗轮蜗杆，然后用键槽配合，法兰盘与轴做成一体件，并且在外端也加入轴承固定，使得在承受大转矩时不易发生变形，同步性也更高。

3.2.6 工业设计

1. 外观设计

外观设计如图3-36～图3-39所示。

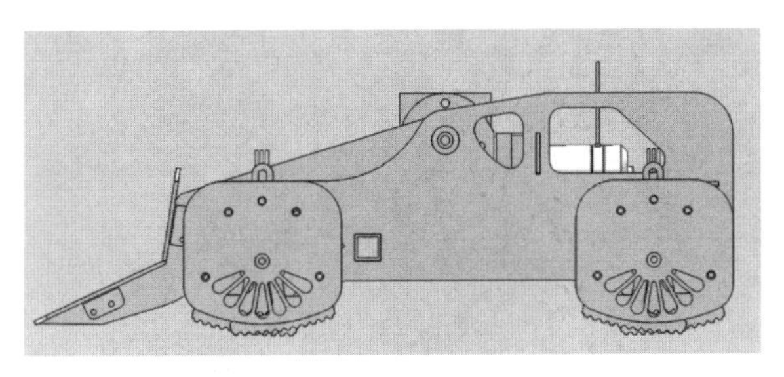

图 3-36 侧视图

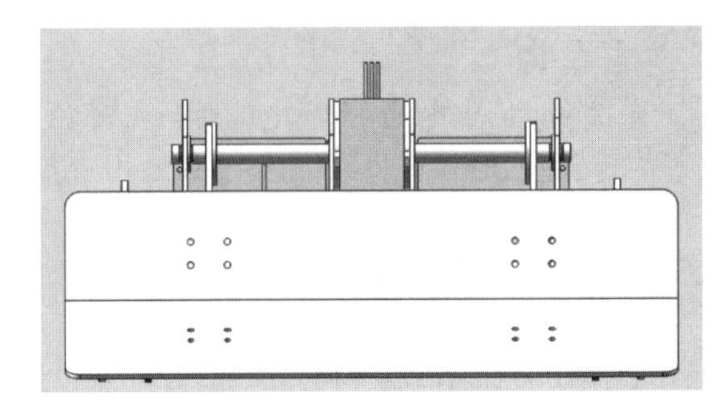

图 3-37 正视图

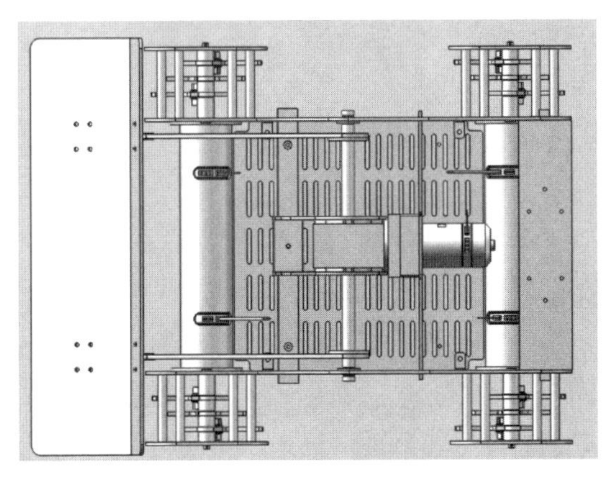

图 3-38 俯视图

2. 人机工程

(1) 搬运：在平常测试中搬运是直接抱着，或用小拖车拖运(视车辆数量或重量的情况)，船足底板处是平整的，在搬运时不会磕手。

(2) 电池：电池固定在底板上。在底板上粘一块背胶魔术贴，在电池的一

图 3-39 实物图

面也贴上魔术贴,这样就可以固定电池,更换电池时只需轻轻一拨就可以拿出,因为电池都是统一贴好了相同的魔术贴,在比赛时还会用带扣魔术贴捆绑带加强固定。

(3) 电路:在电池和总线电路相连中加入了一个闭合开关,在机器失控时可及时断电,防止误伤操作人员。

(4) 操作:遥控右摇杆控制油门和方向,左摇杆控制攻击机构,在操作上非常简捷,主要是为了减少操作手的负担。

第4章

四足机器人

2020年国内宇树科技、智擎科技、蔚蓝科技、优宝特等企业都推出了自己的四足机器人新产品，业界称2020年是四足机器人商业化的元年。为了促进仿生机器人技术发展，2020年ROBOTAC规则中首次引入四足机器人，一些参赛校开始进行四足机器人相关技术的研发。

本章首先分析了四足机器人的主要研究目标，再通过2个具体案例，介绍了四足机器人的机械结构、控制系统以及制作开发过程，作为四足机器人制作入门的基础参考。

4.1 四足机器人主要研究目标

作为一种机器人移动平台，四足机器人有和其他机器人移动平台通用的设计目标，例如移动速度、负载能力、能量消耗、环境感知、定位导航等。而作为腿足结构，四足机器人的运动稳定性则是独特且关键的设计目标。这包括有四足机器人在不同环境地形下，例如平地、坡地、崎岖地等，在运动中保持平衡的能力；也包括四足机器人在不同行进状态，例如行走、转弯、奔跑、跳跃时保持平衡的能力，甚至还涉及到跌倒、空翻、外部冲击等非常规动作下的身体平衡和姿态的稳定控制。

在实际场景中，对四足机器人整体系统而言，设计目标通常是更快的移动速度、更加灵活的运动能力、更小的能量消耗以及在不同环境、不同状态下稳定的平衡保持能力。

4.1.1 运动速度及灵活性

四足机器人的灵活性，要求四足机器人具有足够多的自由度，才能像四足生物一样实现复杂的运动。从仿生角度分析，四足机器人最常见的运动形式，即典型步态分为爬行(Crawl)、步行(Walk)、对角小跑(Trot)、溜蹄(Pace)、跳跃(Bound)、飞奔(Gallop)六种；另外还有针对横向移动、急转向、跨越障碍、调整落足点、倒地站起等非常规，甚至爆炸性动作的研究。这就要求腿部、腰部等大运动关节，不仅需要设置有相应的驱动自由度，还需要考虑腿部结构、腿长比例、腰部结构以及各关节动作范围，这些因素对四足机器人的步长、肢体结构、工作空间、足端轨迹、运动受力具有直接影响，也是四足机器人设计的关键环节。

在机器人结构确定条件下，影响四足机器人的运动速度的主要影响因素是运动关节驱动力矩、步长、步频三点的综合作用。控制这些因素的核心技术是关节驱动器，设置在大运动关节的驱动器，好比生物的肌肉，需要具有足够的输出力矩、响应速度、功率密度。

4.1.2 稳定性

四足机器人是一种冗余驱动的多支链运动机构，关节控制具有非线性、强耦合的特点。在运动过程中随着足端与地面的摩擦和冲击，机器人的拓扑结构具有时变性，其动力学特性可以描述为一个多输入多输出的高维混杂动态系统，因此动力学分析和运动控制都相对复杂，控制的主要目的是保持四足机器人在各种状态下的平衡稳定性。四足机器人的稳定性分析分为静态稳定性和动态稳定性，相关稳定性判据分析如下。

1. 稳定裕度

关于静态稳定性评价方法，1968 年 Mc Ghee 和 Frank 首次提出了重心(Center of Gravity, CoG)投影法，即静态稳定裕度(Stability Margin, SM)的概念，并将稳定裕度定义为机器人重心在足支撑平面上的垂直投影点到各足支撑点构成的多边形各边的最短距离。可见，稳定裕度体现了机器人可以承受多大的外界干扰的能力，但稳定裕度只适用于机器人支撑足在同一水平面的情况。因此后续学者陆续将机器人的重力势能(机器人的重心、质量)、运动中的动能、系统刚度等因素考虑进去，提出了能量稳定裕度 ESM、归一化能量稳定裕度 NESM 等定义，拓展了稳定裕度的概念。

王鹏飞等人(2007)提出了最小稳定距离概念，即支撑面压力中心(Center of Pressure,CoP)至各足支撑点构成的多边型各边的最短距离来评定机器人的行走稳定性。支撑面压力中心必须始终保持在支撑多边形内部，且不包括边缘部分，其到支撑多边形的四周的最短距离作为衡量机器人当前稳定状态的稳定裕度，当距离越大时，说明机器人抗干扰能力越强。该种评价方法将外部干扰项、重心高度、支撑面倾角以及机器人质量等变量融入到稳定性评价中，因此更具有一般意义。

在运动过程中机器人重心位置会随着腿部的摆动而变化，因此稳定裕度主要用于在规划步态下当前步态完成后的静态稳定性分析。

2. 零力矩点

从能量角度分析，静态稳定的驱动力矩主要用来克服重力矩；而动态步行时，驱动力矩则是用来克服重力与惯性力的合力矩。不同于 CoG 静态稳定性判据，零力矩点(Zero Moment Point，ZMP)是一种动态稳定性判据。ZMP 的概念于 1969 年由 M. Vukobratovic 和 Juricic 提出，ZMP 点定义为重力与惯性力的合力延长线在地面上的交点，惯性力和重力在 ZMP 点的合力矩为零，因此称为零力矩点。若 ZMP 点落在足端与地面所构成的多边形支撑区域内，则机器人脚掌不会出现翻转，步态稳定。

给定机器人各个关节运动轨迹后，可以求解 ZMP 微分方程得到 ZMP 点坐标。在实际控制机器控制中，采用逆 ZMP 方法：在机器人足端安装力传感器检测 ZMP 的位置，基于 ZMP 微分方程，对各关节的运动进行约束，得到合理的规划轨迹，保证机器人行走的稳定性。

可以看出，在连续步态规划中，当机器人躯干匀速前进运动时，ZMP 与 CoG 重合，使用静态稳定裕度即可准确衡量机器人的稳定性。

另外，ZMP 判据本质是描述机器人支撑足与接触面不发生翻转运动的约束条件，并不是判定机器人稳定运动的必要条件。ZMP 方法需要三条腿同时着地，对于对角小跑等步态，支撑区域是支撑足端点连线，不能构成符合 ZMP 的条件，ZMP 方法将不再适用。

此外，动态稳定性判据还有 Lin 等人(2001)提出的动态稳定裕度(Dynamic Stability Margin，DSM)，Minkyu Won 等人(2009)提出的落地符合率(Landing Accordance Rratio，LAR)等方法。

3. 规划步态

在自动控制领域中，李亚普诺夫稳定性(Lyapunov Stability)可用来描述一个动力系统的稳定性。如果此动力系统任何初始条件在平衡态附近的轨迹均能维持在平衡态附近，那么可以称为在处李雅普诺夫稳定。但四足机器人系统模型复杂，维数高，李亚普诺夫函数难以构建。庞加莱回归映射(Poincare Return Map，PRM)稳定性判据可以作为规划步态下机器人动态稳定性判断方法。

四足机器人规划步态是一种周期性运动，本体和腿部的状态在每个步行周期里重复一次，在状态空间中表现为周期轨道，即极限环。庞加莱映射是分析周期轨道稳定性的一种近似线性化的方法，它将周期轨道的稳定性转化为庞加莱回归映射不动点的稳定性。为了分析步态的稳定性，只需判断庞加莱回归映射不动点的稳定性，是运动学分析的有力工具。

PRM 方法的优点是可以分析对角小跑等步态等 ZMP 不适用的场景。不足之处在于：四足机器人的动力学模型复杂度高，通常很难得到 PRM 的解析表达式，难以通过推导计算 PRM，多通过仿真或者实验调试的方式获取。而且当机器人在不平整地面上行走时，其状态轨迹不再具有严格的周期性，则需进一步采用非周期步态的分析工具。

4. 自由步态

当地形情况复杂，存在四足机器人不可落足点时，机器人需要使用非周期步态，也称自由步态。自由步态下，四足机器人的腿部摆动顺序不固定，稳定性研究主要在于摆动腿落地点的允许范围。在自由步态的稳定性判别方面，Hirose 等人首先提出了利用机器人两对角支撑线判别其自身稳定性的方法，Pack 等人将其进一步定义为 SAL(Stability Admitting Line)，指出在机器人各条腿相对重心的位置关系已知的情况下，SAL 是判定稳定性，选定摆动腿以及决定下一步落足点位置的重要参考。陈学东、王新杰等人(2005)在 SAL 的基础上提出了 SSA(Statically Stable Area)的概念，即四足机器人同侧的两足到机器人重心投影点构成两条相交的射线所形成的阴影，当机器人另外一侧某一足落在阴影内时，则此三足形成机器人稳定支撑，并可据此确定摆动腿及其落足点的选择范围。以上 SAL、SSA 方法仍属于静态稳定性判据。

4.1.3 能量消耗

四足机器人能耗的影响因素较多且复杂，其中主要因素为外部环境、机器人结构、运动步态三个方面。

1. 外部环境

包括四足机器人行走的地形坡度、硬度、摩擦力，还包括风、水、障碍等形成阻力的环境因素。显然，爬坡增大了机器人势能，松散路面造成四足机器人着力点受力分散、不均匀，穿越阻力区域需要克服阻力做功。为了减少这些环境因素带来的额外能耗，可以对机器人进行充分的路径规划和能耗预测，基于能耗最优的路径规划方法，通过控制机器人的行进路线、方向、速度，来降低能耗。

针对具体作用环境分析，通常采用动力学分析方法，建立机器人与地面的作用力动力学模型，通过分析机器人的控制输入、运动速度、加速度等特征估算机器人在不同外部环境条件下的能耗。

2. 机器人结构

四足机器人行进过程中的腿部摆动、落地冲击、传动损耗都是能耗的影响因素。从结构设计角度分析,减少能耗的主要思路是减少腿部转动惯量、减少机器人落地时的冲击。

减少腿部转动惯量的方式有,腿部机构采用高强度的轻质材料以减轻腿部机构重量,将膝部关节的控制电机通过连杆或同步带传动,使电机向上安置。

减少机器人落地冲击控制,主要是基于对四足动物生物力学特性研究,模拟肌肉-筋腱的柔性特征,进行仿生柔性关节的设计。

3. 运动步态

步态对四足机器人能量消耗的影响主要体现在步态类型、步距和步高的选择上。研究表明,每一种步态都有一个速度区间,在这个区间内能量消耗呈“U”形曲线,即每种步态都存在一个速度值,在该速度下能耗最低。从能耗角度分析,为了适应不同的速度,四足机器人需要切换至对应速度的匹配步态。

对于步距和步高,已有研究表明,在相同步距下,机器人能耗随步高的增加而增加;相同步高下,机器人能耗随步距的增加而降低。

同时,步态的选择还涉及四足机器人的摆动腿工作空间、足端轨迹、行进过程中的身体姿态、质心起伏、稳定平衡等诸多因素,需要考虑综合因素进行控制。

综合以上分析,四足机器人的设计目标包含有更高速度、更强的运动能力与灵活性、更低能耗,以及在不同运动状态下的稳定性等。这些目标分别达到其中几个相对容易,但在特定场景下,往往需要兼顾多个目标,而且一些设计目标往往是相互排斥的。例如我们希望机器人可以完成更多复杂的运动,这就需要增加腿部自由度,但增加腿部自由度会使结构设计更加复杂,增加了控制难度。我们希望提高机器人的运动速度,可以通过增强驱动器输出功率,提高腿的摆动频率实现,但由此带来的问题是使得驱动功率需求呈级数增长,产生机器人尺寸和移动速度的矛盾。所以,在实际研究中往往需要针对多个目标综合考量,并作出平衡。

4.2 并联腿四足机器人*

4.2.1 设计需求

团队设计的四足马机器人灵感来源于斯坦福大学 Doggo 机械狗,由于它灵

* 本案例由武汉交通职业学院提供。

活机动，团队将其命名为“小跳蚤”四足马机器人。

在设计这款机器人之初，团队详细研究了《全国大学生机器人大赛ROBOTAC比赛规则V1.01》和《任务赛-多足机器人清障赛比赛规则1.0》中，关于手动机器人、四足机器马参赛规则硬性要求，摆锤区、流利条区、峡谷区、台阶、高地、横杆清障区、5G基站模块初始位置和堡垒布置的具体尺寸及功能要求，详细计算了峡谷区、堡垒5G基站模块的布放范围和尺寸(300～600mm)，清障横杆的移动范围尺寸(280～380mm)，计算分析了5G基站模块尺寸直径重量以及横杆重量。基于此，为实现“小跳蚤”四足机器人可以顺利通过峡谷区、流利条障碍区、摆锤区。可短时间登陆台阶、高地，并实现夹取横杆清障、完成5G模块任务布放、攻击堡垒功能。

对斯坦福大学Doggo机械狗本体底盘功能进行了改进，首先1∶1复制了Doggo机械狗。在试验过程中发现：①电调驱动器在高功率的驱动信号下容易受到干扰，因此重新修改设计了电调驱动器，设计了新的PCB板，改进了信号磁盘采码器。②Doggo机械狗电源采用外置方式，我们重新改装设计了易于拆卸的内置电源，考虑人机工程，重新布置了机械狗内部电子元器件以便于检修。③因为需要加装上层执行机构，对Doggo机械狗进行了轻量化设计，对机械狗板材框架进行了力学计算，减小非承力构件厚度，部分结构采用树脂3D打印。

我们设计的“小跳蚤”手动四足机器人整机尺寸为长560mm×宽410mm×高410mm，整机重量12kg，机械爪抓取重量大于2kg，最大速度为1m/s，可登150mm台阶，可跳跃300～500mm高度，垂向气缸伸缩端面安装高度280mm，气缸工作行程0～120mm；机械爪最大抓取直径120mm；堡垒击打摆锤攻击半径400mm。四足机器马设计需求详细列表说明见表4-1。

表4-1 四足机器马设计需求表

需求参数	尺寸	重量	最大速度	机构行程
四足机器马	长560mm×宽410mm×高410mm，可登150mm台阶，可跳跃300～500mm高度	整机12kg机械爪抓取重量大于2kg	1m/s	垂向气缸伸缩端面安装高度280mm，气缸工作行程0～120mm；机械爪最大抓取直径120mm；堡垒击打摆锤攻击半径400mm
参赛规则硬性要求	手动机器人600mm×600mm×600mm，机器马尺寸：长宽高不得小于400mm	手动机器人总重量小于45kg	—	比赛中不超过：长1000mm×宽800mm×高800mm

续表

需求参数	尺寸	重量	最大速度	机构行程
台阶	台阶 100mm、135mm、300mm	—	—	—
摆锤区、流利条区	摆锤区坡度 15°，流利条尺寸间隙 110mm×100mm	—	摆锤区：摆锤以 1.5～3s 每次频率周期摆动	—
峡谷区 5G 基站模块	5G 基站模块尺寸 110mm×150mm	5G 基站模块重量预估 0.3kg	—	5G 基站模块安装在 300mm 台上
堡垒基地高地	高地 135mm	—	—	堡垒 5G 基站布放范围 300～600mm
清障横杆要求	横杆截面尺寸 30mm×30mm	0.9m 长横杆重量 0.85kg	—	清障横杆移动范围 280～380mm
设计是否满足要求	满足	满足	满足	满足

4.2.2 机械结构

1. 功能需求

通过对《全国大学生机器人大赛 ROBOTAC 比赛规则 V1.01》和《任务赛-多足机器人清障赛比赛规则 1.0》以及往届比赛经验和视频的研究，同时建立了比赛的全场景三维模型，我们团队在斯坦福大学 Doggo 机械狗本体基础上，开发设计了满足《全国大学生机器人大赛 ROBOTAC》赛事要求的手动四足机器马的"小跳蚤"四足马机器人。

1）"小跳蚤"四足马机器人底盘机械设计

为了使四足马机器人能够顺利通过峡谷区、流利条障碍区、摆锤区，可短时间登陆台阶、高地，四足马机器人采用 4 个双路电机驱动结构。"小跳蚤"四足马机器人底盘电机及其减速驱动装置布置如图 4-1 所示。

"小跳蚤"底盘电机及其减速驱动装置结构，配合了独特的腿部双连杆机构（图 4-2），利用分段正弦曲线，通过改变相对振幅、频率、步幅长度和腿的适应性，设计不同的步态，实现了驱动腿部机构能够有效登上和跳跃 130～300mm 高地，并且节省了四足马机器人变形的时间和空间。

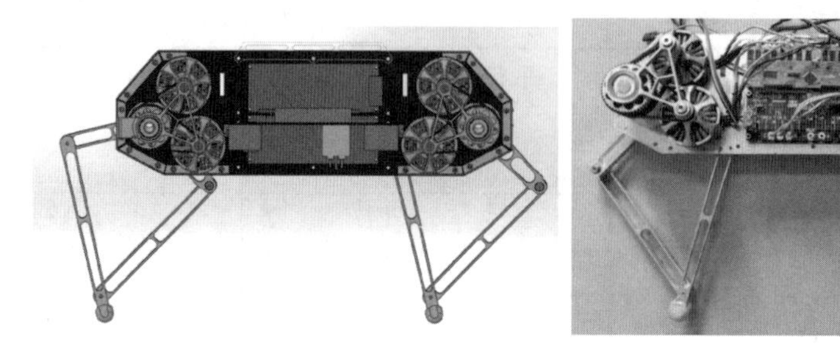

图 4-1 “小跳蚤”底盘电机及其减速驱动装置单侧结构三维图和实物图

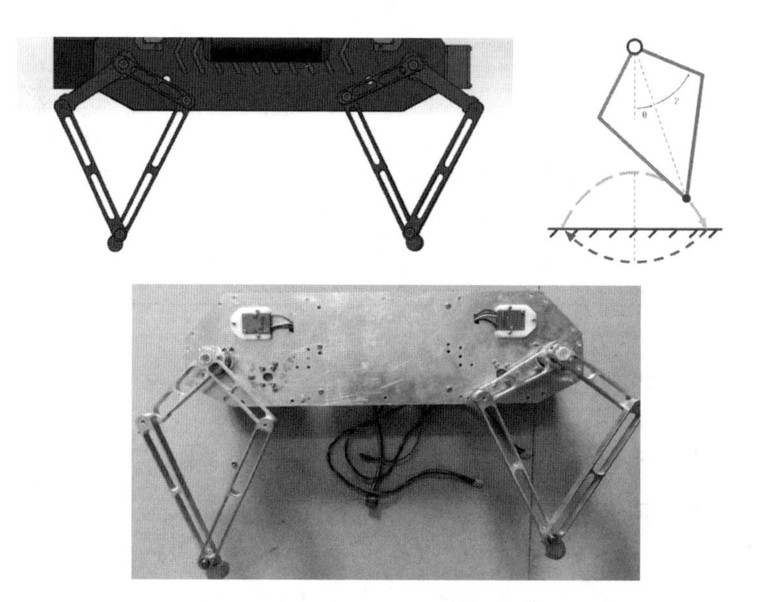

图 4-2 “小跳蚤”机器人腿部机构及其运动步态

(1) 通过峡谷区登陆台阶、高地运动功能(行走和跳跃)

通过峡谷区时先按照登台阶的步骤,“小跳蚤”四足马机器人的前两足中的一足迈出步踏到台阶上,之后另一只前足跟上,两足进行配合登上第一台阶。然后,后两足与前两足按同样方法登上台阶。

整个过程,通过四足马机器人控制器传输异步收发信号控制双路电机驱动使电机运转,编码器直接传输双路电机驱动使前两足登上第一个台阶,再通过机体向前的动力以及后两组的配合,使四足马机器人爬上两级台阶。四足马机器人下台阶与上台阶同理,只是需要减慢机体的速度,如图 4-3 所示。

四足马机器人跳跃高度为 130～300mm,峡谷的高度为 300mm,可以采用

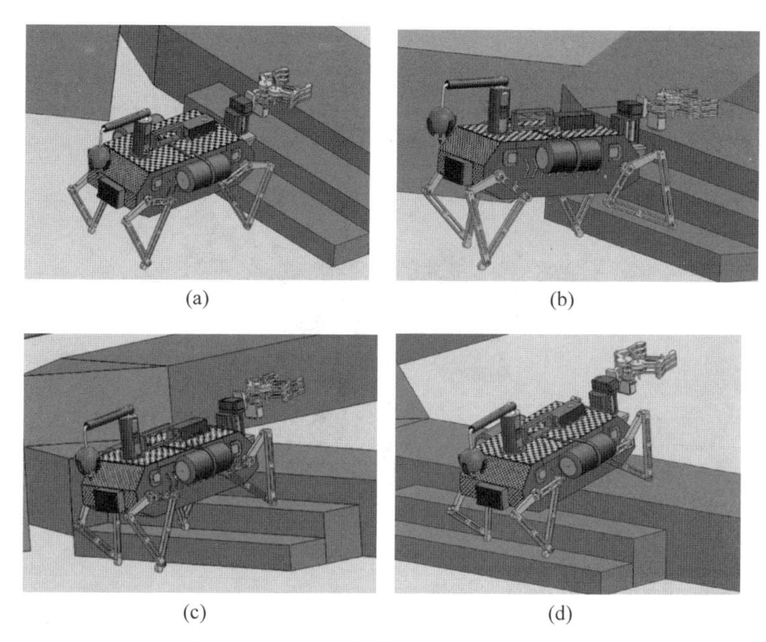

(a) (b) (c) (d)

图 4-3 四足马机器人上台阶运动过程

(a) 上台阶前；(b) 一足踏上台阶；(c) 前两足踏上台阶；(d) 后两足踏上台阶

跳跃的方式通过峡谷。前两足进行跳跃，后两足跟上，进行配合，通过四足控制器传输异步收发传输器传输到双路电机驱动使电机运转，编码器直接传输双路电机驱动完成跳跃功能。

(2) 受力及重心分配分析

要保证上台阶时前足能上高地以及前足下台阶过程中不翻车。重心的位置主要通过受力分析初步确定大体范围，然后将夹取机构、攻击机构和行走机构固定在所规划的重心上，并不断调整上层结构的位置来做上下台阶的实验，如图 4-4 所示。最终确定四足马机器人重心的位置。

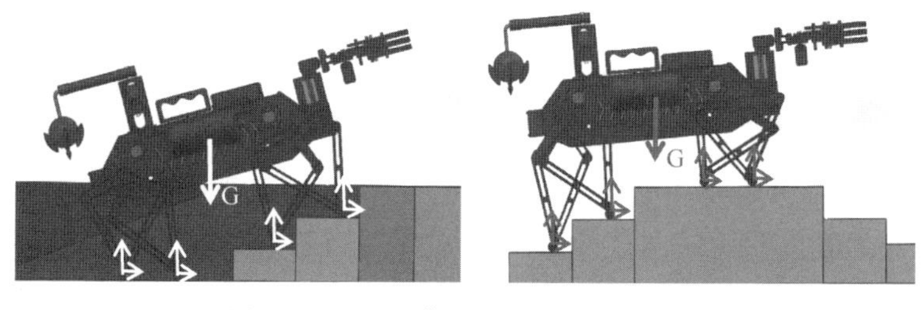

图 4-4 四足马典型运动姿态受力分析

2)“小跳蚤”四足马机器人上层结构夹取装置设计

为了让“小跳蚤”四足马机器人能够顺利实现夹取、布防5G基站模块和移除横杆功能，在四足马机器人首部设计了上层夹取机构，采用了1个120mm行程的气缸、2个舵机和1个通用的机械爪构成，布置如图4-5所示。

图4-5 气缸、舵机和机械爪的布置

(1) 夹取布防5G基站模块功能

当“小跳蚤”四足马机器人顺利进入峡谷区后，靠近中央5G基站模块存放区，5G基站模块安装在300mm台上，根据设计的机器人步态，调整机器马姿态和高度，使机械爪对准5G基站模块，完成5G基站模块的抓取，之后穿越障碍到达堡垒区，同样根据布放位置(高度范围300～600mm)，调整机器马的步态、姿态和高度，完成5G基站模块的布放，如图4-6所示。

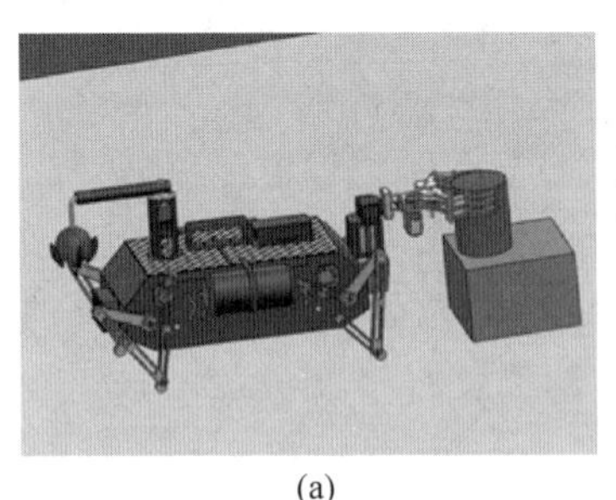

(a)

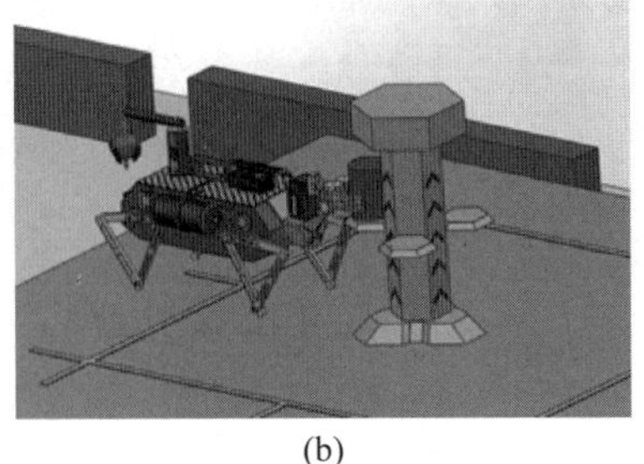

(b)

图4-6 夹取布防5G基站模块

(a) 抓取5G基站模块；(b) 布放5G基站模块

(2) 移除横杆障碍功能

当“小跳蚤”四足马机器人到达堡垒台阶后，机械爪通过水平舵机使机械爪转动90°，之后四足马机器人调整姿态，使机械爪对准横杆，并驱动机械爪开关舵机使机械爪抓紧横杆，起动气缸将横杆抬起，同时机器马后退，松开机械爪，完成横杆移除。清障横杆升高移动范围为 280～380mm，气缸行程为 120mm，可以将横杆抬离凹槽，机械爪舵机抓取重量大于横杆重量，如图 4-7 所示。

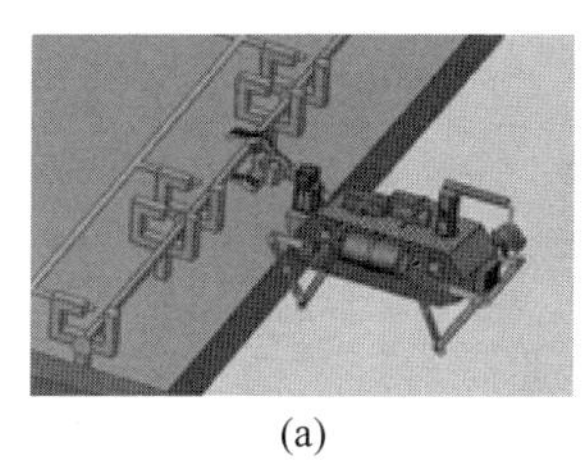
(a)

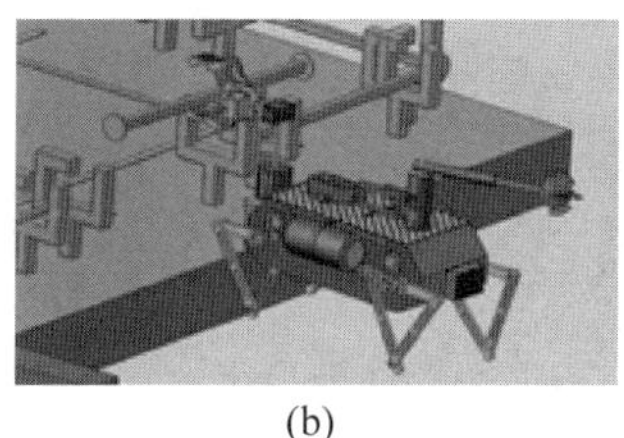
(b)

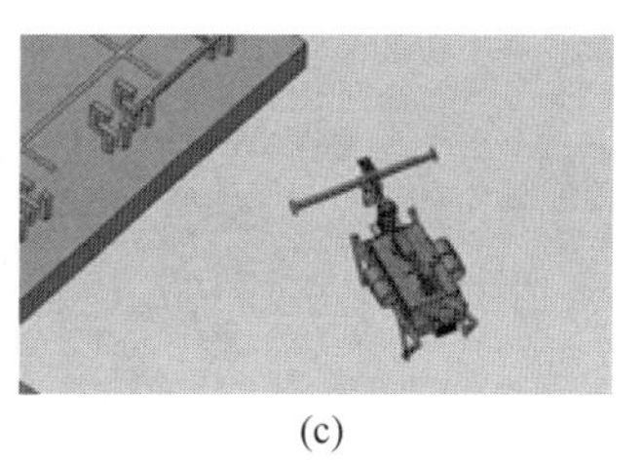
(c)

图 4-7 移除横杆障碍

(a) 靠近抓取横杆；(b) 气缸快速抬升横杆；(c) 后退移除横杆

3）“小跳蚤”四足马机器人上层攻击机构设计

为了能够顺利攻击堡垒和敌方其他机器人，四足马机器人在尾部设置了摆锤攻击机构，该机构由一个减速电机控制带动摆锤做 360°圆周运动，摆杆通过钢丝绳连接尾部攻击球，可以击打堡垒或敌方机器人。初始状态摆杆未转动，尾部球体自然下垂，攻击状态下摆杆高速 360°转动，攻击球在离心力作用下，与摆杆水平，高速飞转击打堡垒，其击打力大于响应要求，如图 4-8 所示。

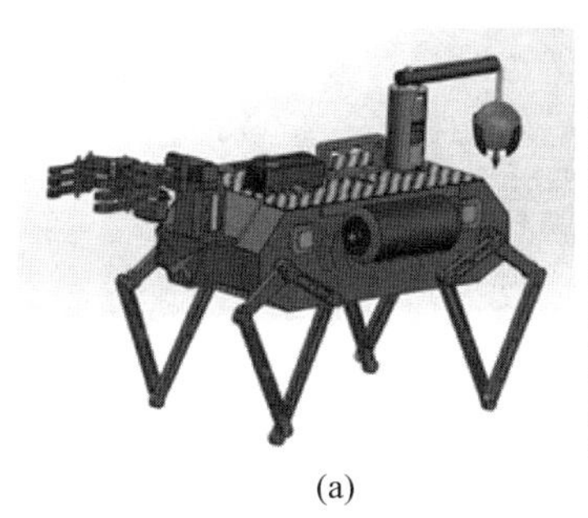
(a)

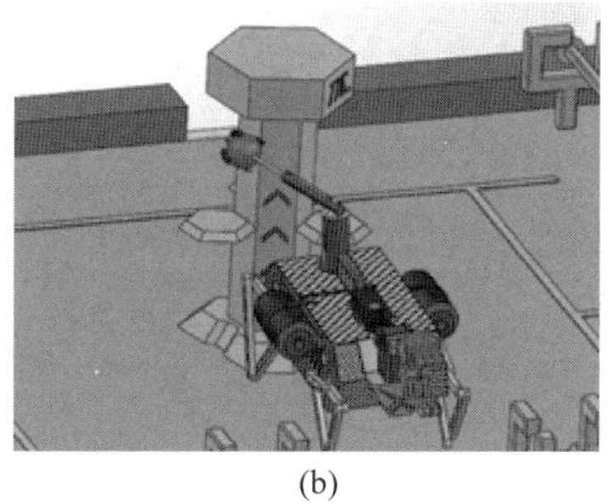
(b)

图 4-8 尾部摆锤攻击

(a) 初始状态(摆锤球下垂)；(b) 攻击状态(摆锤球水平)

2. 设计图

我们团队设计该四足马机器人的原型灵感来源于斯坦福四足“Doggo 机械狗”，并复制了 Doggo 机械狗整机实物，改进和优化了 Doggo 机械狗的不足之处。在此基础上，我们团队结合《全国大学生机器人大赛 ROBOTAC》比赛的要求，设计了全新一代“小跳蚤”四足马机器人，配置有“狗头”夹取装置、“狗尾”攻击装置，如图 4-9 所示。图 4-10 和图 4-11 分别标识了机械狗腿部及其电机减速驱动装置示意图和“狗头”机械夹取装置零件图。

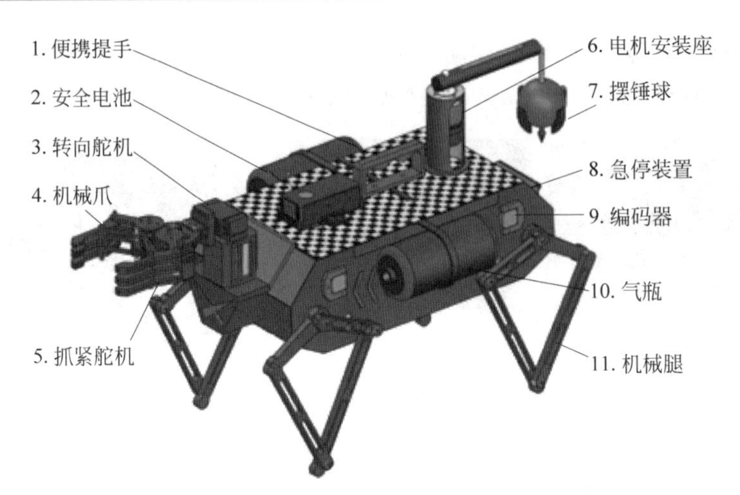

图 4-9 “小跳蚤”机器人装配图

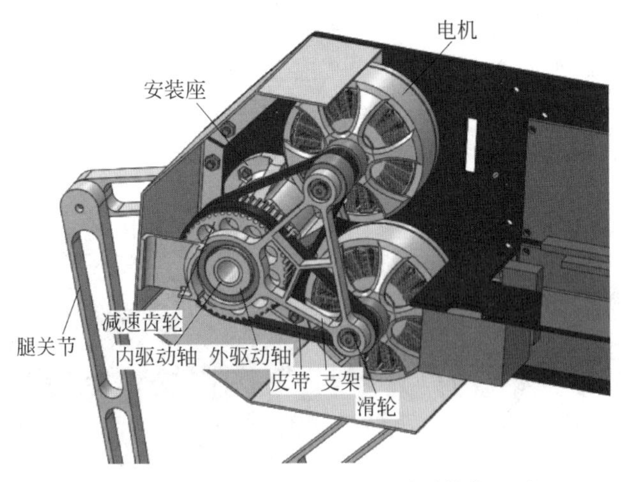

图 4-10 机械腿及电机减速驱动零件装配图

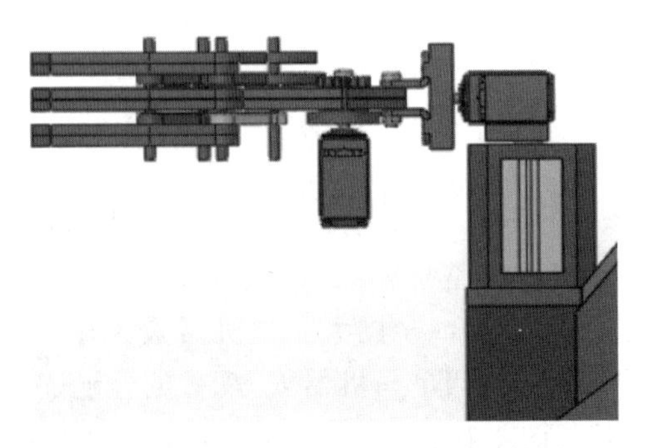

图 4-11 “狗头”机械夹取装置零件图

3. 材料和加工

"小跳蚤"四足马机器人关键零件的材料选型主要考虑机械力学性能、轻量化设计和加工成本等3个方面。

(1) 机器人底盘外壳和内部电气安装架采用铝合金钣金件,并进行镂空轻量化设计;机器人底盘电机和减速驱动部分,电机安装架、减速齿轮和连轴套管采用铝合金CNC加工;无法机械加工的部分传动齿轮,以及减速装置安装座采用树脂3D打印;

(2) 机器人腿采用铝合金CNC加工;

(3) 机器人尾部摆锤电机安装座采用铝合金CNC加工,横杆采用铝合金管机械钻孔加工;攻击锤为了减轻重量采用树脂3D打印;

(4) 机器人首部夹取装置、气缸安装座采用树脂3D打印;

(5) 机器人腿部脚底足套,采用树脂3D打印,以增加机器人的防滑性;

(6) 机器人搬运金属提手采用铝合金CNC加工。

铝合金材质力学性能优异、精度高、耐磨程度高,但加工成本高;树脂3D打印成本低、精度低。

4.2.3　控制系统

1. 控制系统框架图

该四足马机器人整个系统框架图分为硬件和软件系统两个方面、5部分内容,其中包含了操纵控制、软件控制、硬件组成、机械结构等部分,如图4-12所示。

硬件控制系统结构框架图说明:

操纵控制系统:24V电源由电源管理模块直接提供给裁判系统和四足控制开发板,再通过开关和遥控器对四足控制开发板下达指令,并对机器整体进行操纵控制。

软件控制系统:本四足马机器人中的四足控制开发板主要编入四足控制模块、夹取机构控制、攻击机构控制程序。

硬件动作执行系统:四足控制系统直接控制四足8个直流减速无刷电机以及4套机械减速系统,实现四足的全向移动、上高地或者跳跃;垂直气缸与垂直舵机和机械爪是通过夹取机构系统的控制来实现夹取横杆和移除横杆,水平舵机进行5G基站模块的抓取和布放;攻击系统则需要控制电机驱动使横向摆锤击打堡垒。

2. 控制逻辑示意图

"小跳蚤"四足马机器人整体的控制逻辑示意图如图4-13所示,其底盘的运动控制逻辑图如图4-14所示。

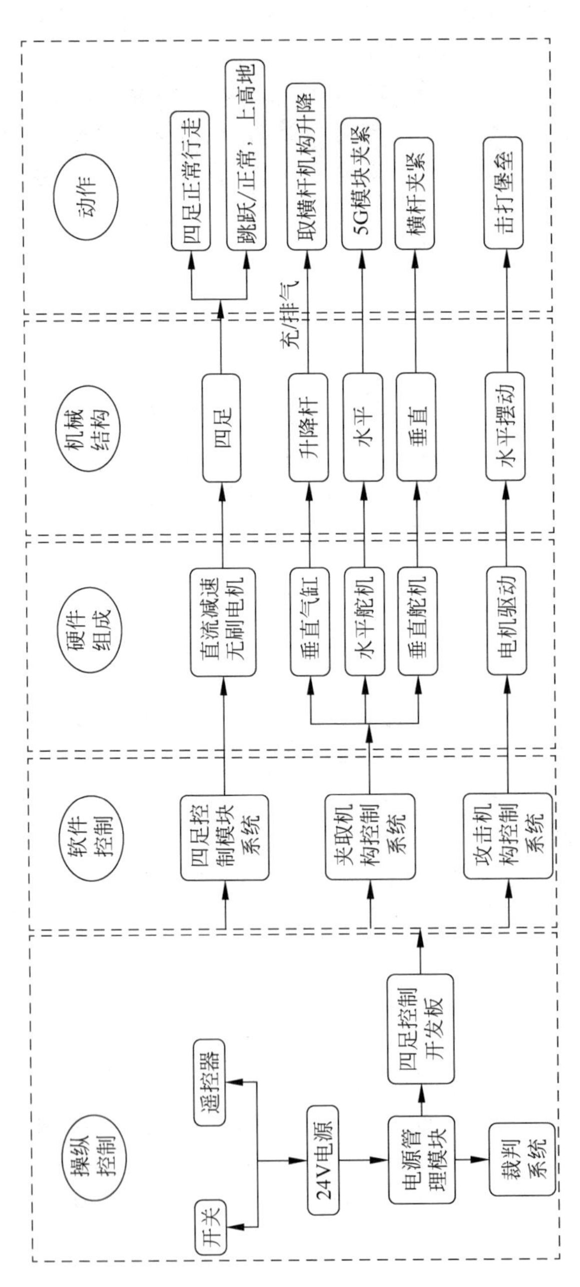

图 4-12 “小跳蚤”四足马机器人控制系统框架图

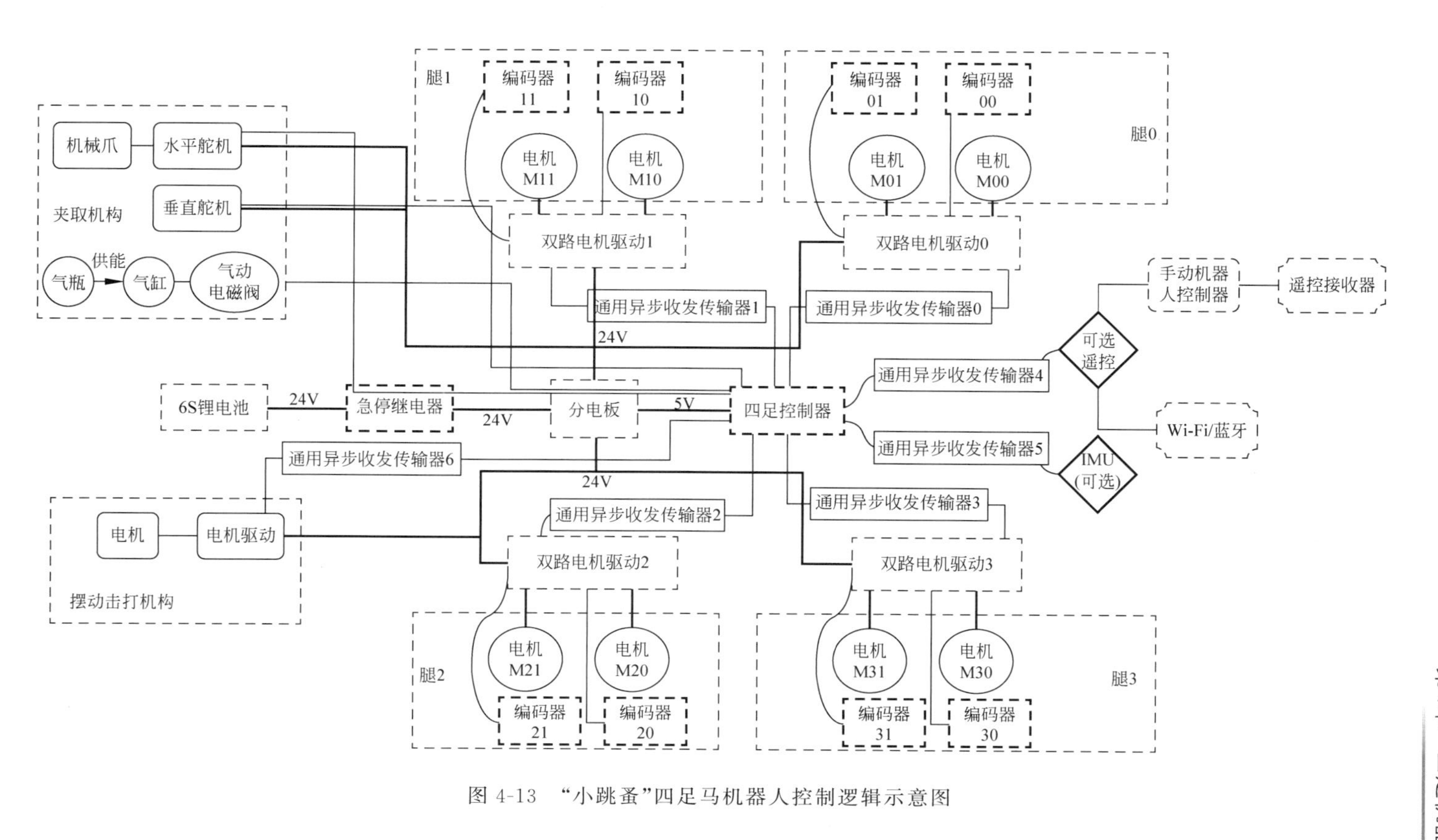

图 4-13 “小跳蚤”四足马机器人控制逻辑示意图

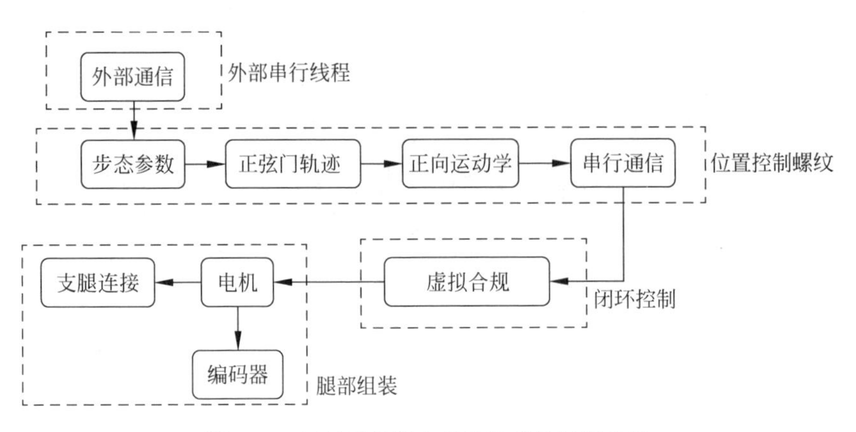

图 4-14 四足马机器人底盘运动控制逻辑图

四足马机器人使用 24V 的 6S 锂电池，急停继电器通过按钮串联在电池和分电板之间，用作紧急停止装置，以断开机器人的电源。5V 的四足控制器通过通用异步收发传输器传输给手动机器人控制器。

夹取机构：由四足控制器控制气动电磁阀，垂直舵机和机械爪是通过夹取机构系统的控制来实现夹取横杆和移除横杆，以及控制水平舵机进行 5G 基站模块的抓取和布放，气动电磁阀控制气缸，气瓶给气缸供能。

摆动击打机构：通过四足控制器传输通用异步收发传输器传输到 24V 的电机驱动，使电机运转带动横向摆锤使其击打堡垒。

四足：8 个电机和 8 个编码器，4 组双路电机驱动，通过四足控制器传输通用异步收发传输器传输到 24V 的双路电机驱动致使电机运转，编码器直接传输双路电机驱动。

我们设计“小跳蚤”四足马机器人是根据斯坦福的 Doggo 机械狗进行运动控制设计(图 4-14)，电气系统包括一个控制器，包含两个电机和一个电机控制器的四个支路子系统，配电板和控制系统(图 4-13)。无线模块用于将命令从地面站发送到控制器。控制器计算腿部轨迹并将腿部位置命令以 100Hz 发送到电机控制器。电机控制器以 10kHz 的频率进行磁场定向控制的换向，以控制 MN5212 电机施加的转矩，并从轴向安装的磁编码器提供位置反馈，每转 2000r/min。继电器通过按钮串联在电池和分电板之间，用作紧急停止装置，以断开机器人的电源。

通过向四个电机控制器发出正弦曲线的开环轨迹来实现行走、小跑、俯仰和跳跃步态。

3. 程序流程图

整个四足马机器人的控制系统框架如图 4-15 所示，由四足硬件编码初始化、四足任务、姿态解算任务、攻击控制任务、取横杆控制任务构成。

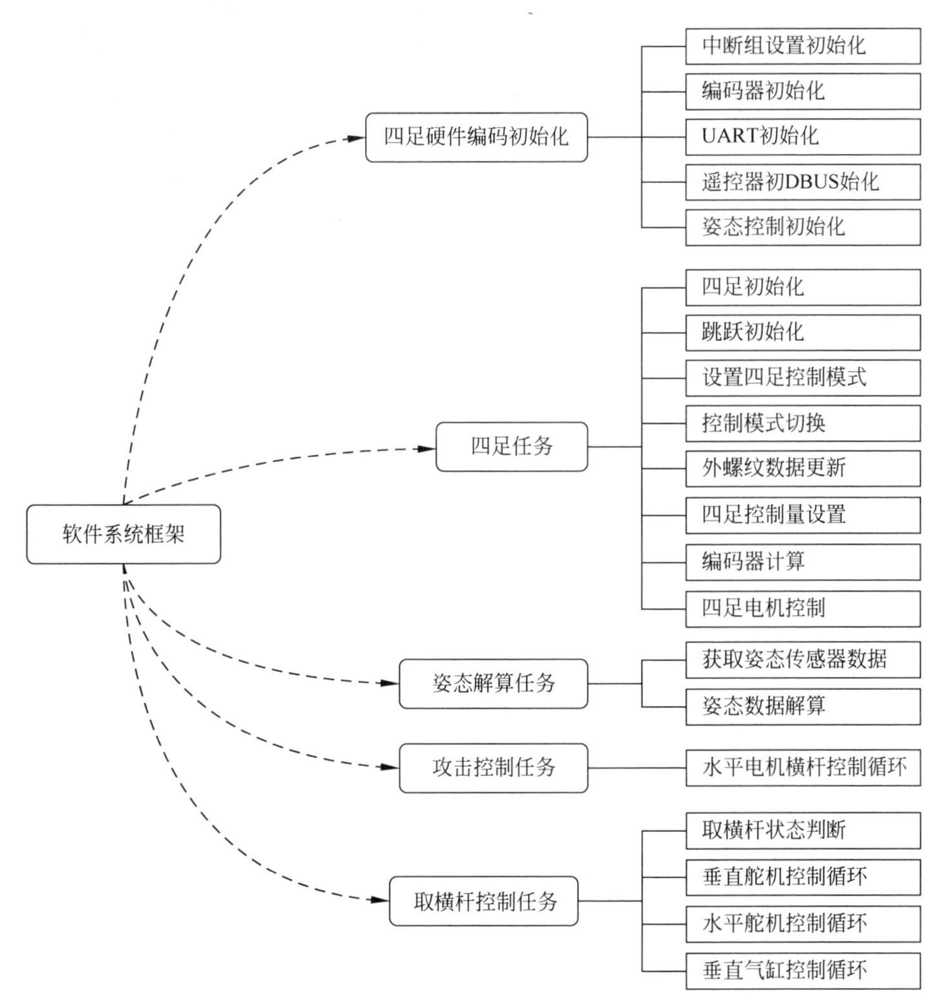

图 4-15 “小跳蚤”四足马机器人控制程序流程图

4.2.4 关键器件选型

1. 电机选型

8 个 T-MOTOR MN5212 直流无刷电机（图 4-16），电机直径 59mm，长 42.5mm，340kV（rpm/V），最大功率 840W，热损耗优异，动平衡精密，响应快

速。符合作为四个腿部的驱动电机设计要求。

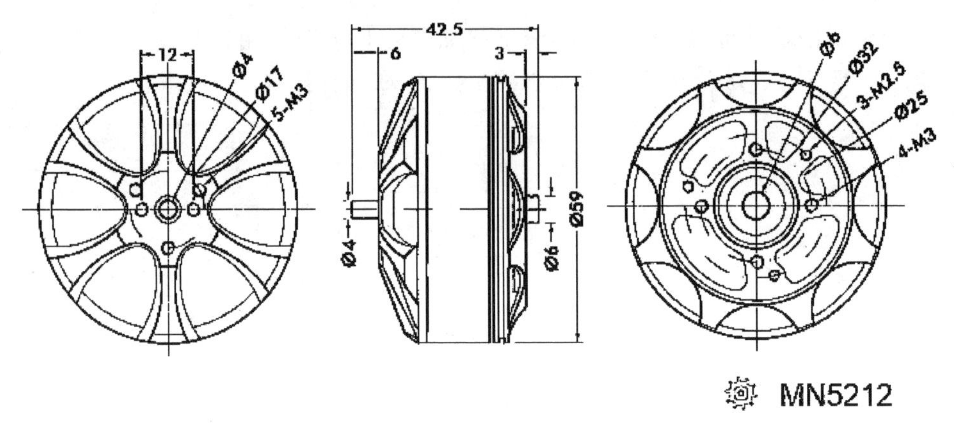

图 4-16 T-MOTOR MN5212 直流无刷电机

2 个 DG-2020 数字舵机(图 4-17),该舵机为全金属舵机,尺寸 40mm×20mm×37mm,堵转力矩 20kg/cm,扭转角度 0～180°。符合作为机械爪的水平和垂向舵机设计要求。

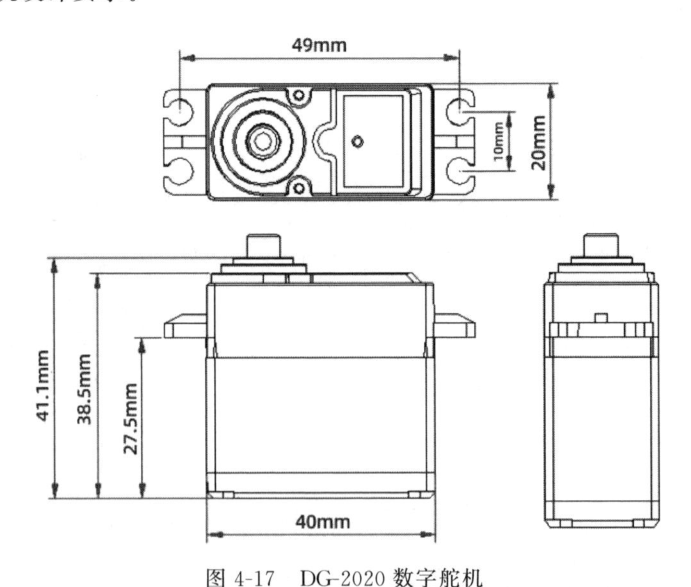

图 4-17 DG-2020 数字舵机

1 个 DJI M3508 电机(图 4-18),该电机直径 42mm,长 98mm,空载转速 482r/min,转矩 3N·m。符合作为横向摆锤击打机构驱动电机设计要求。

1 个 SDA 120mm 行程的气缸(图 4-19),气缸长 150mm,宽 40mm,行程 120mm,空气压力 3400MPa。符合作为横杆移除和 5G 基站模块夹取抬升的设计要求。

图 4-18　DJI M3508 电机

图 4-19　SDA 120mm 行程的气缸

机械手爪(图 4-20)：开合尺度 0～175mm，满足抓取 5G 基站模块和 30mm×30mm 铝型材要求，材质为铝合金。

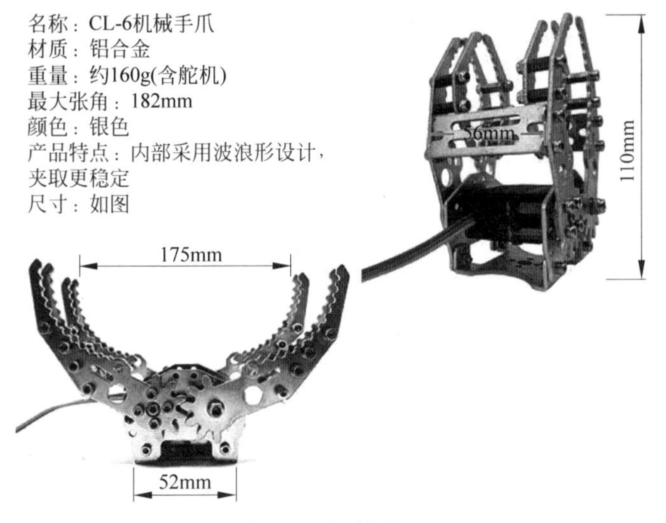

图 4-20　机械手爪

2. 其他关键器件选型

电机驱动板(图 4-21)：根据斯坦福四足 Doggo 机械狗的电机驱动板的特点，团队自行设计了电机驱动 PCB 板，将驱动板加层，并对 Doggo 机械狗的电机驱动板进行了改进，使其在运行过程中避免了电磁干扰不稳定因素。

编码器(图 4-22)：在复制斯坦福四足 Doggo 机械狗实验时，发现编码器采集反馈电机转动角度有错误或偏差，我们将 2 层板改为 4 层，增加电源层和地层。

减速箱为齿轮皮带传输减速机构，设置了内外套管驱动轴，实现了双腿关节

图 4-21　自行研发设计的电机驱动板(实物图和设计图)

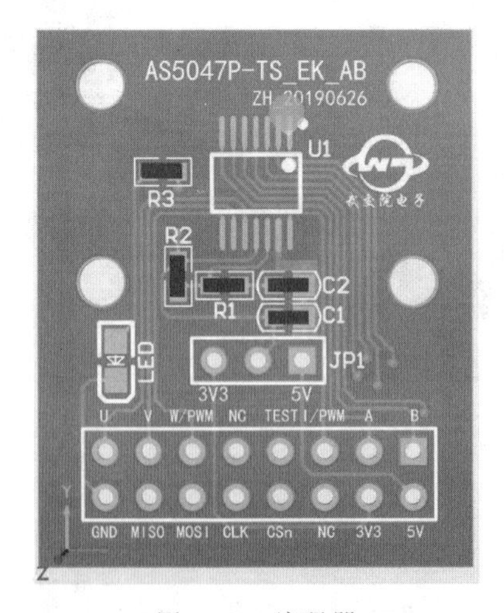

图 4-22　编码器

的步态运动(图 4-23)。

“小跳蚤”四足马机器人的主控板选择大疆的 32 开发板(图 4-24),该板具备丰富的接口,包括 12V/5V/3.3V 电源接口,CAN 接口、可变电压 PWM 接口。

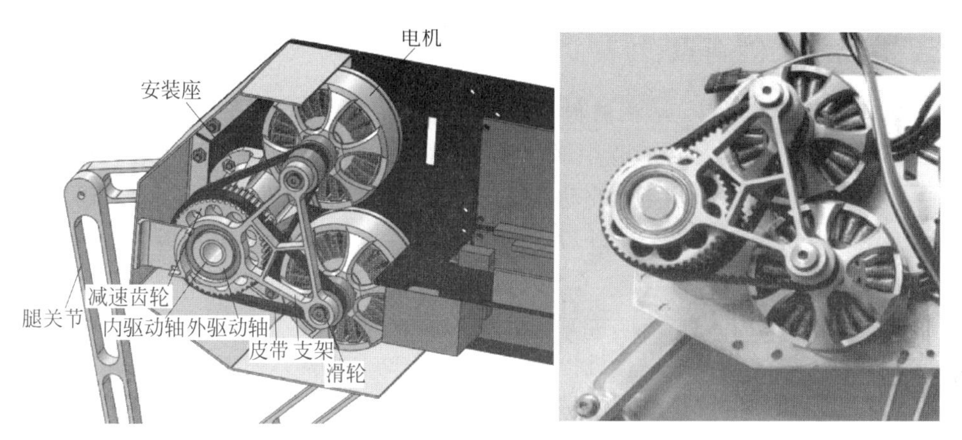

图 4-23 减速箱三维模型及实物

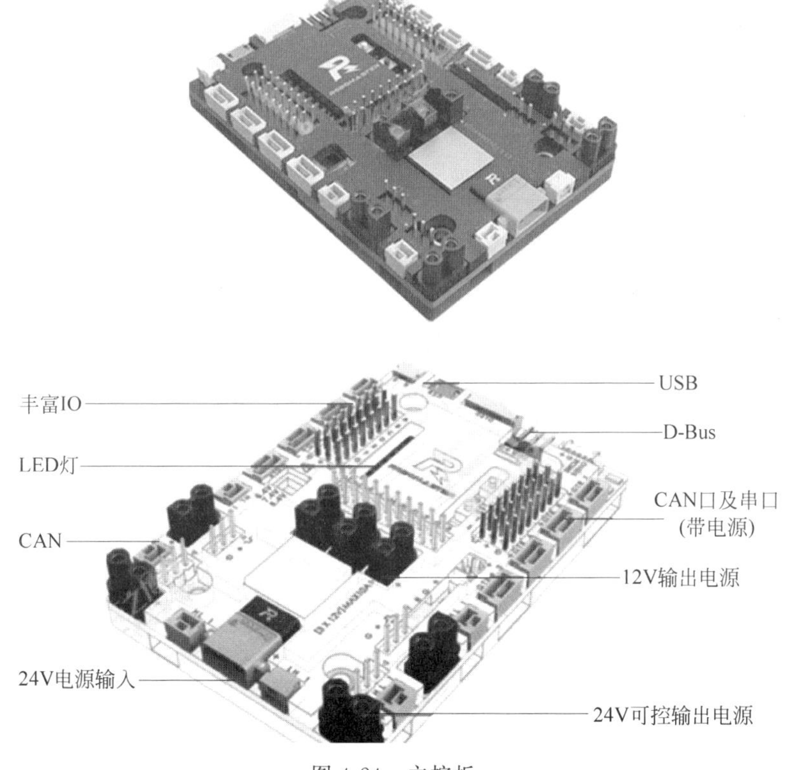

图 4-24 主控板

4.2.5 创新点

对斯坦福大学 Doggo 机械狗本体底盘功能进行了改进，团队首先 1∶1 复制了 Doggo 机械狗，在试验过程中，电调驱动器在高功率的驱动信号下容易受到干扰，因此重新修改设计了电调驱动器，设计了新 PCB 板，改进了信号磁盘采码器。

Doggo 机械狗电源采用外置方式，我们重新改装设计了易于拆卸的内置电源，易于搬运机器人的提手。考虑人机工程，重新布置了机械狗内部电子元器件以便于检修。

因为需要加装上层执行机构（夹取机构和攻击机构），对 Doggo 机械狗进行了轻量化设计，对机械狗板材框架进行力学计算，减小非承力构件厚度，部分结构采用树脂 3D 打印。

夹取机构设计装配精准，可快速实现 5G 基站模块的布放和横杆障碍的清除。

攻击机构灵活机动，结构功能实用，旋转摆锤结构可实现连续高频率击打。

4.2.6 工业设计

1. 外观设计

外观设计如图 4-25、图 4-26 所示。

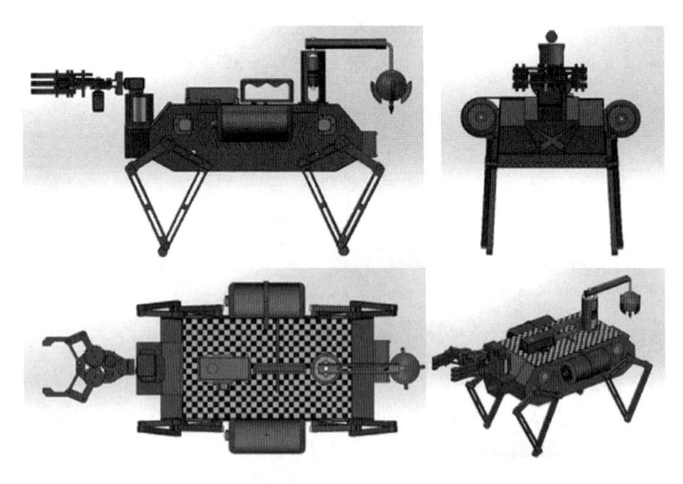

图 4-25 “小跳蚤”四足马机器人三维模型图

2. 人机工程

为方便机器人搬运，特别地在四足马机器人背部设计了金属提手，方便机器人的搬运和拿放。

图 4-26 正在装配待完工的"小跳蚤"实物图

电池采用大疆 TB47 电池,并购买了配套的电池架,我们将电池架固化到四足马机器人上,方便电池充电、拆卸更换,同时电池也实现了整机电源一体化控制。

气瓶通过卡扣卡在四足马机器人的两侧,方便充气和更换。

四足马机器人整机维修口设置在顶部盖板,可揭顶式开启,方便内部构件的拆卸和维护。

将四足马机器人上场比赛完成任务的功能(四足快速奔跑功能、夹取功能、气缸抬升功能、摆锤攻击功能)固化为 4 个特殊开关键,可实现快速操纵。

4.3 串联腿四足机器人*

4.3.1 设计需求

设计需求如表 4-2 所示。

表 4-2 四足机器人设计需求表

四足机器人	
整体重量(含电池)	在不妨碍结构的基础上越低越好
尺寸	在规则要求下越小越好
最大行走速度	以常见机械狗为准,与比赛机器人相仿
工作时间	以常见机械狗为准
有效负载	符合挑杆结构重量

* 本案例由北京工业职业技术学院提供。

续表

四足机器人			
支持功能		支持快速拆卸	易于维护
过激保护	急停保护	运动控制	过热保护
低压警示	过温警示	短路警示	过充警示
实时操作系统		远程控制	
挑杆臂力臂		397.2mm	
挑杆所需力矩 T_0		杆重量 729g,力矩 2.84N·m	
挑杆机构输出转矩 T_2		8.94N·m	

我校四足机器人的整体重量以及尺寸都是围绕大赛总规则,在总规则的前提下尽量做到最小;在行走速度上,我们的设计与常见的四足机器人近似,与比赛机器人速度相仿;工作时间也与常见机械狗近似。为了有效负载,我们搭载了一套挑杆装置,在考虑到横杆重量的前提下不会发生倾斜翻倒。在支持功能方面,我校的设计不仅可以满足快速拆卸的要求,还易于检修与维护。比如,在比赛过程中如果出现程序错误,会有与之对应程序错误的提示警报,从而实现快速定位问题来源,便于高效维修。

我们对挑杆装置能否完成挑杆动作进行了理论计算和实验测试。选用RE40空心杯电机和蜗轮蜗杆减速器进行组合:RE40减速电机额定功率140W,额定转速8800r/min。行星减速箱的减速比为1∶12.25,减速后为718r/min,额定输出转矩为:

$$T_1 = 9550P/n_1 = 9550 \times 0.14 \times 0.98 \times 0.98/718 = 1.79\text{N}\cdot\text{m}$$

使用RV25蜗轮蜗杆减速箱进一步降低速度提高转矩,减速比1∶10,减速箱的效率取50%,输出转矩 $T_2 = T_1 \times 10 \times 50\% = 8.94\text{N}\cdot\text{m}$,蜗轮蜗杆减速器输出功率 $P_2 = T_2 n_2/9550 = 67\text{W}$。

挑杆机构输出转矩 $T_2 >$ 挑杆所需力矩 T_0。

因此,电机及减速系统满足挑杆要求。

挑杆臂受力如图4-27所示,F 为 F_1 和 F_2 的合力,即 $F=\sqrt{F_1^2+F_2^2}$,其中,$F_1\cos\alpha = F_2\sin\alpha$,被挑起的条件需满足 $F_1\sin\alpha + F_2\cos\alpha > G$。

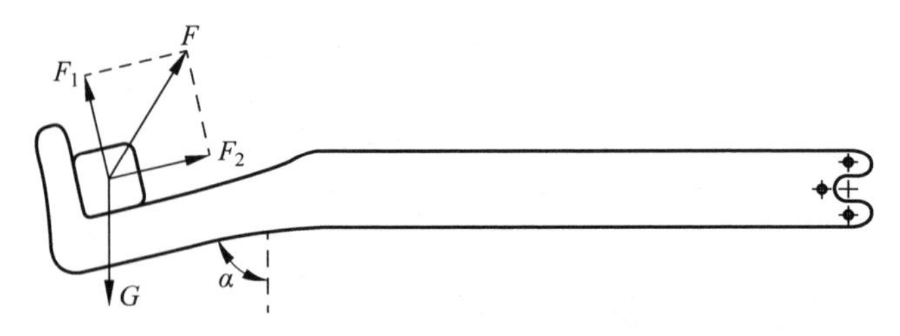

图4-27 挑杆臂受力分析图

4.3.2 机械结构

1. 功能需求

该设计主要为了清障,同时也可为以后的比赛提供一种思路,更值得提出的是该机构易于安装、维修、更换。

整体机构采用成熟的“电机配合 1∶10 蜗轮蜗杆减速器”,该方案已经过历届大赛考验。在挑杆臂设计上,我们可以通过简单的设计来优化清障功能:在机构前端添加一个 V 形结构既可以卡住横杆又可使其不会滑落。考虑到复杂多变的环境和随时出现的突发状况,我们又加装一个小挡块,以此来提供双保险。另外通过计算分析,在挑杆臂前段可以增加一定的坡度,以便向后抛杆时起到一个边下滑边后抛的缓冲作用。

在实验过程中发现两个挑杆臂可能会有受力不均匀的情况出现。在不干扰基础操作下加装若干连接杆进一步加固整体结构强度。

以上就是我们提出的清障机构设计理念。

2. 设计图

四足机器人装配图如图 4-28 所示。

1)挑臂

挑臂的灵感基于铲车前面的结构,可以进行挑的动作,操作快捷方便,没有复杂的结构,避免了制作工艺的麻烦。采用这种挑臂形式会比其他的形式要快,如其他形式是把杆慢慢垂直地抬出来,速度大打折扣,而采用了 V 形的槽结构在抬杆的时候可以卡得很好。臂的前端有一个 V 形的槽可以更好地勾起杆且抬杆的时候可以很平稳地抬起,如果采用 U 形在挑杆完成后杆跳来会有点困难,可能不会顺利出来,有可能卡在槽里。V 形是倾斜的,可以让杆顺利地下来。但单纯的 V 形容易使杆在挑起的时候跳出来,所以 V 形的前面有一个小倒钩,失误的话可以呆在 V 形槽里慢慢移动倒钩阻止杆向上滑出,在勾的过程中不至于滑出来。全壁采用碳纤维结构,这种材料有很大的刚性和强度,即使厚度很薄,一样能保持结构强度不容易变形。

2)半轴

半轴采用高强度材料硬铝,既可以保证强度又可以减轻重量,经过多次实验测量改进半轴力求完美的结构,圆柱形设计受力均匀,加工简单,可以完美地配合蜗轮蜗杆减速箱提供足够的转矩,在工作的过程中不会变形。前端有一个键槽,可以很好地卡住,键用钢材料能提供足够的力,减小剪切力,防止结构失效。

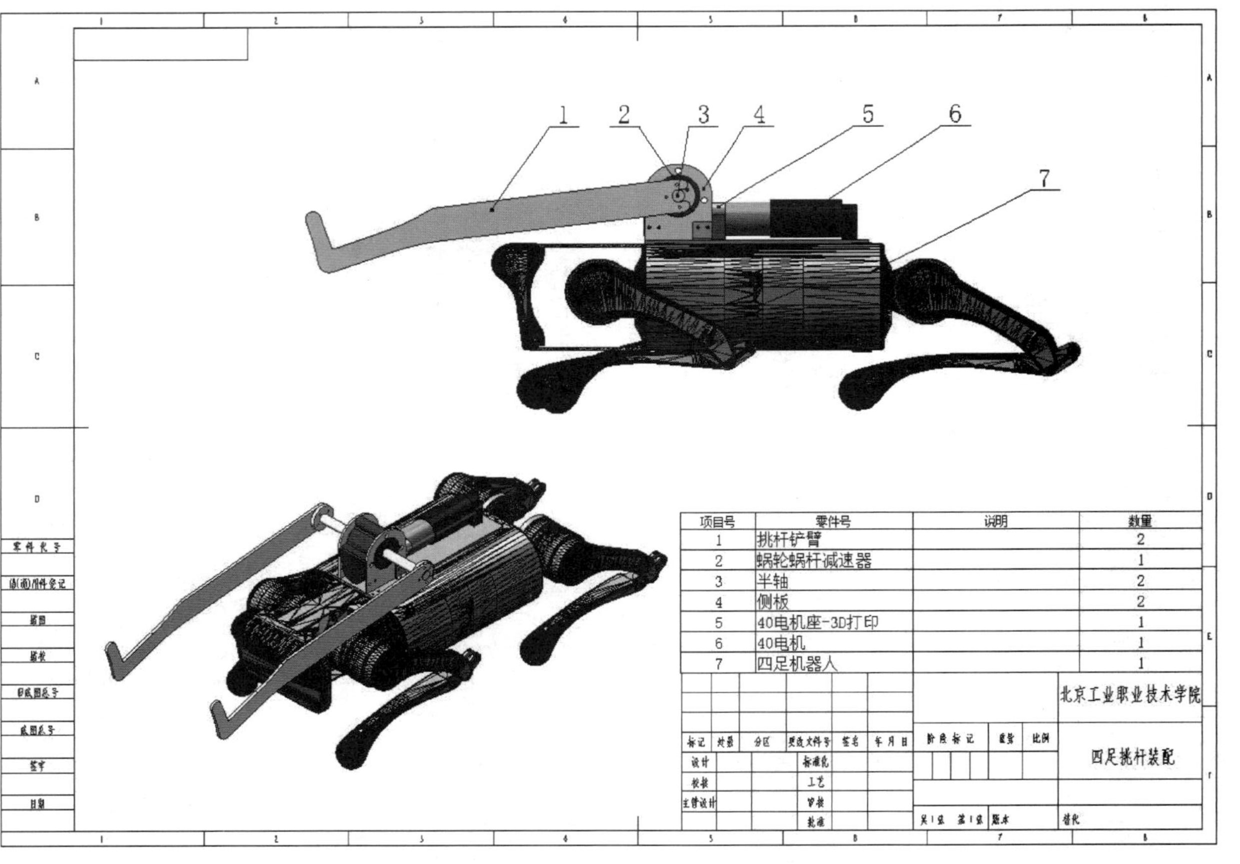

图 4-28 四足机器人装配图

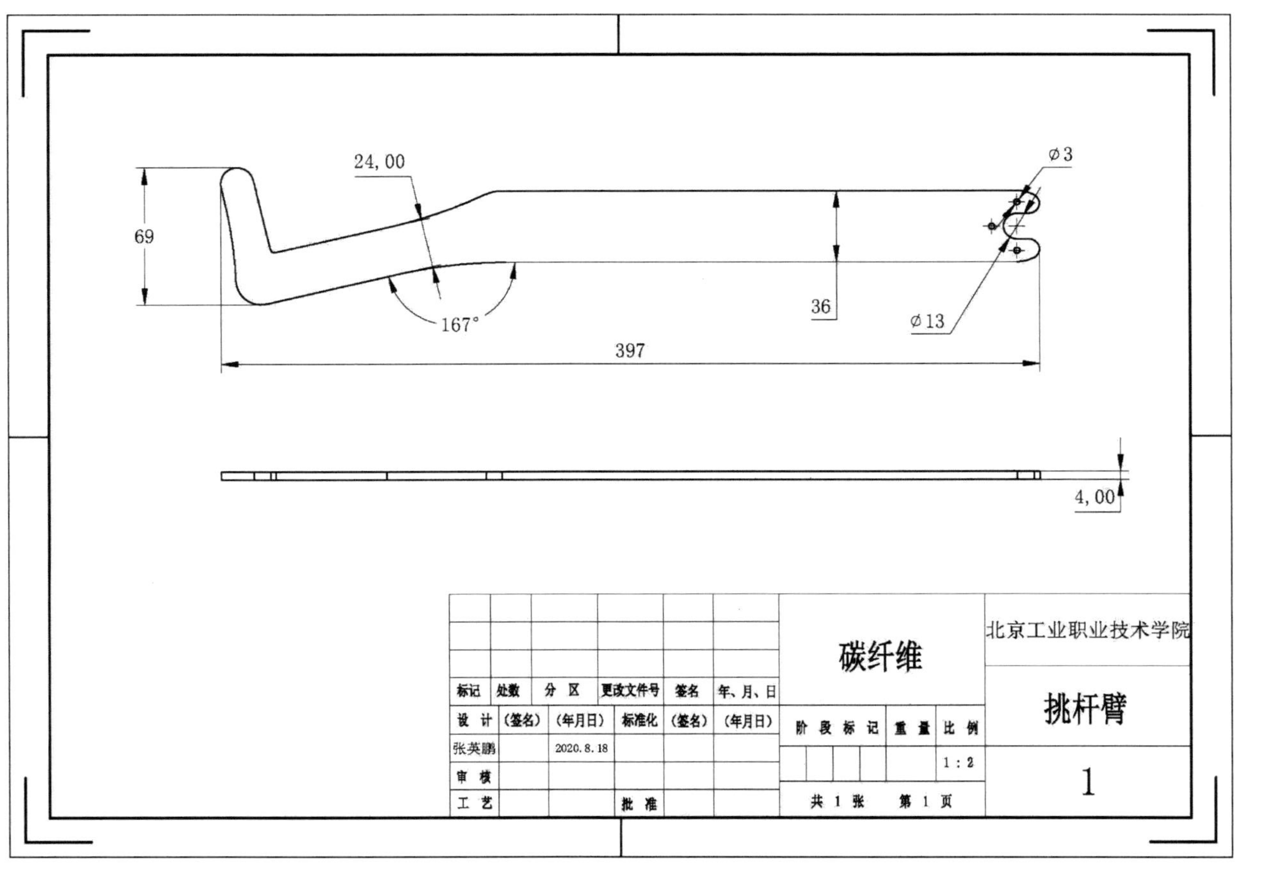
24,00
69
167°
36
ϕ3
ϕ13
397
4,00
标记 处数 分区 更改文件号 签名 年、月、日
设计 (签名) (年月日) 标准化 (签名) (年月日)
张英鹏 2020.8.18
审核
工艺
批准
碳纤维
阶段标记 重量 比例
1:2
共 1 张 第 1 页
北京工业职业技术学院
挑杆臂
1

图 4-29　挑杆臂零件图

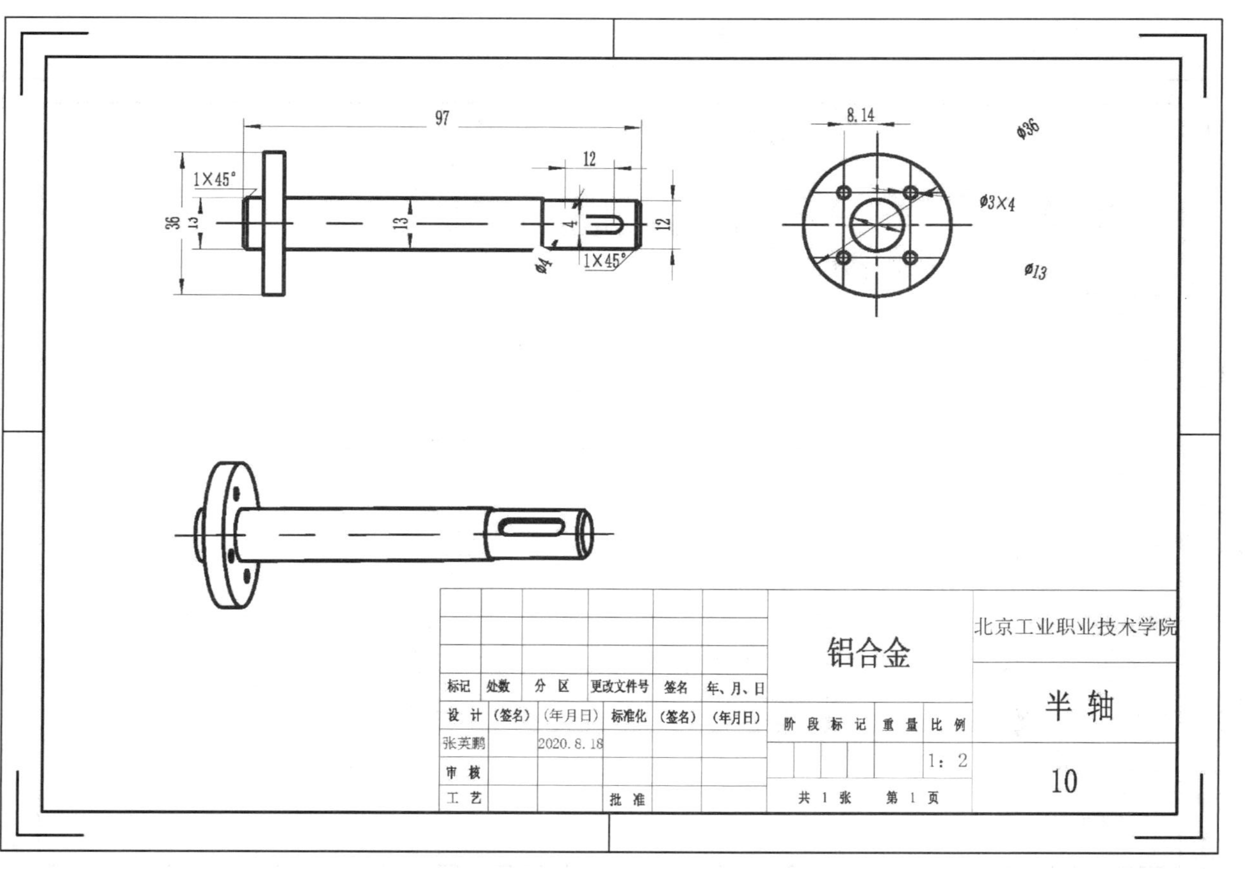
97
12
1X45°
36
13
13
4
12
Ø4
1X45°
8.14
Ø36
Ø3X4
Ø13
铝合金
北京工业职业技术学院
半轴
10
标记
处数
分区
更改文件号
签名
年、月、日
设计
（签名）
（年月日）
标准化
（签名）
（年月日）
张英鹏
2020.8.18
审核
工艺
批准
阶段标记
重量
比例
1:2
共 1 张
第 1 页

图 4-30 半轴零件图

3. 材料和加工

机械结构中半轴和机械臂连接杆所采用的材料均为7075铝合金,一方面是因为这种型号铝合金在历届比赛中的综合表现效果很好;另一方面是因为材料具备很多优秀的性能,例如重量轻、良好的机械性和耐磨性等。

铲臂所采用的材料为碳纤板。碳纤板具有拉伸强度高、耐腐蚀性、抗震性、抗冲击性等良好性能且易于加工。

成本方面通常通过淘宝等途径来采购所需材料,并且设计出来后会交给加工组成员。一方面可以节省一些成本,另一方面最重要的就是锻炼和加强了学生的能力。通过加工中心和车床等加工技术实现图纸向成品的转化,因此只需要材料的成本即可。具体可参考网购价格。

4.3.3 控制系统

1. 控制系统框图

控制系统框图如图4-31所示。

四足机器人的控制系统以Up-Board(核心控制板)为中心。

Up-Board通过DBUS协议与航模遥控器进行通信,接收和解码遥控器的控制命令。

Up-Board通过UART向挑杆机构的STM32主控板下达挑杆指令,由该板通过CAN总线控制RMDS201驱动器,以速度位置模式,驱动RE40电机完成挑杆动作。

Up-Board通过高速SPI接口将4条腿12个电机的电流控制命令,通过底层板上两个STM32芯片的4个CAN总线接口,发送给各个关节电机。借助SPI的高速通信,解决CAN总线带宽不足的问题,使得关节电机的控制带宽可以达到1MHz。

2. 控制逻辑示意图

四足机器人的主控逻辑如图4-32所示,其中,根据功能可分为手动模式和逻辑智能模式。在手动模式下,需要实现控制逻辑、运动模式控制、姿态反馈;在逻辑智能模式下,需要实现冲击鲁棒控制、图像传输以及姿态分析。

不论手动模式还是逻辑智能模式,四足机器人都由一个有限状态机进行驱动,主要状态如图4-33所示:JointPD(用来测试腿部位置控制性能)、Passive(安全状态,不接受任何输入指令)、StandUp(静止站立,关闭ConvexMPC和平衡控制器)、Locomotion(手动移动、同时开启ConvexMPC和平衡控制)、BalanceStand(平衡站立)以及ImpedanceControl(阻抗力控)。

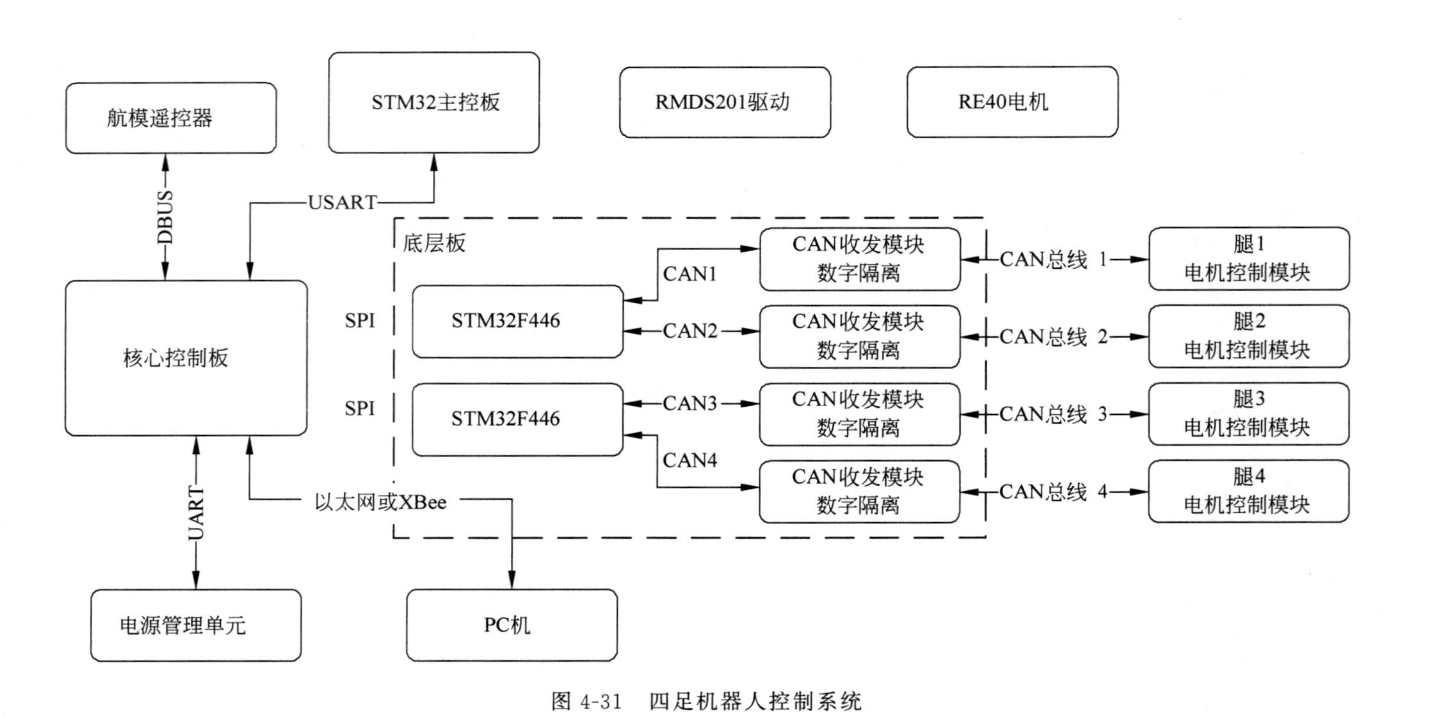

图 4-31 四足机器人控制系统

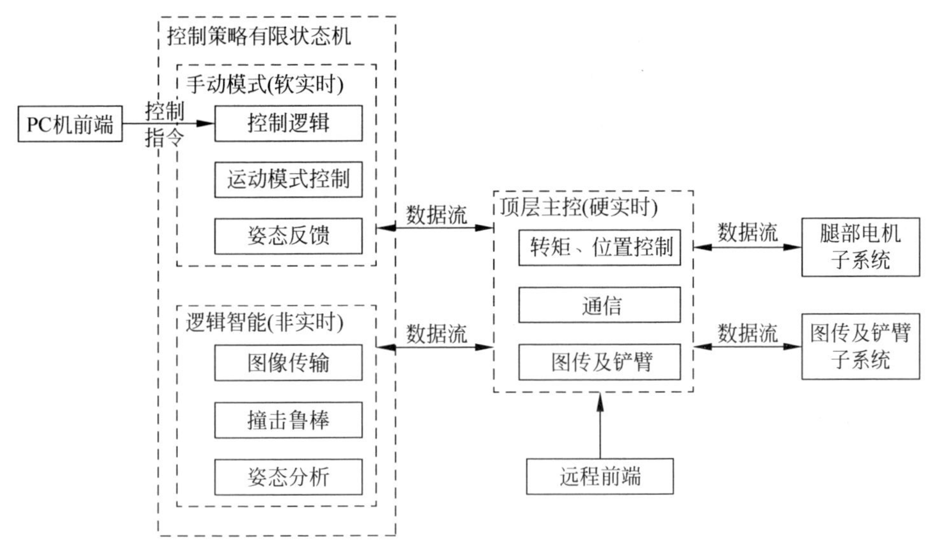

图 4-32 四足机器人控制逻辑示意图

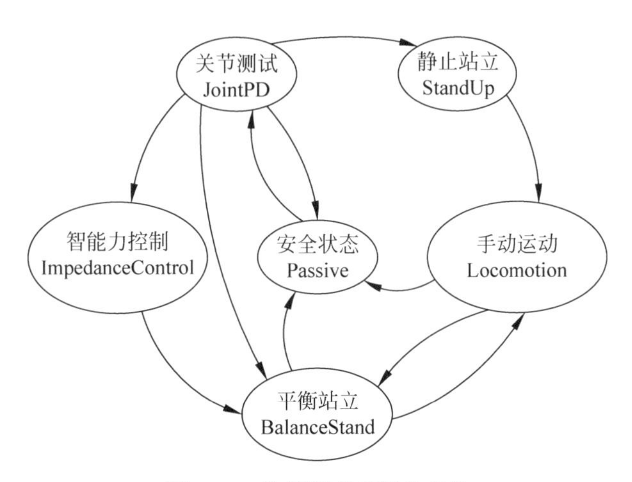

图 4-33 控制策略有限状态机

3. 程序流程图

程序流程图如图 4-34 所示。

系统上电，紧接着完成一系列外围器件、传感器的初始化后，就可接收存储远程遥控发来的数据，并将数据进行解码，程序判断当前的指令，从而实时、动态地进行路线的准确行走及快速完成挑杆动作。

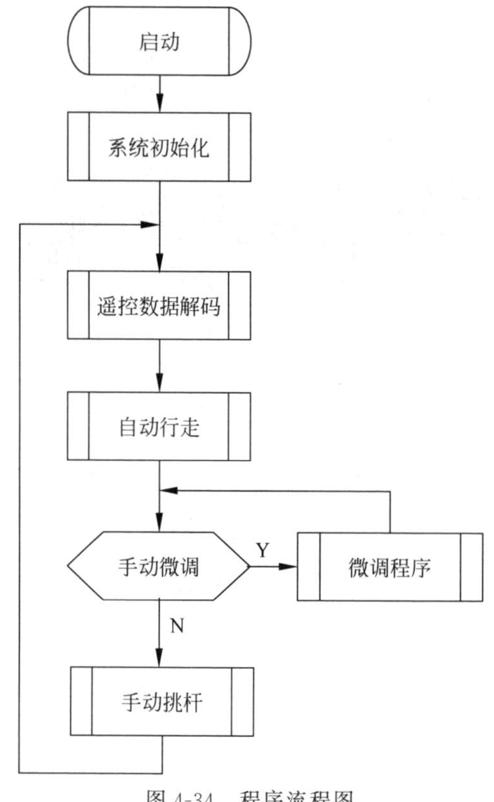

图 4-34 程序流程图

4.3.4 关键器件选型

1. 电机选型

1) 腿部电机

采用智擎科技仿 MIT 生产的关节电机。该电机在外转子直流无刷电机的基础上,利用中空部分集成了 1∶6 的单级行星减速器和电机驱动板,板载绝对值磁编码器(12bit)(图 4-35)。它是集电机、减速箱、驱动器于一身的完整的执行单元,非常适合做机器人的关节。

图 4-35 关节电机图

它相较于 MIT 具有以下特点：唯一双绝对位置编码器结构，全断电后可以直读真实法兰盘角度，便于在调试时记录现在的角度位置。输出轴承端采用交叉滚子轴承，双向抗冲击，保证精度和强度。为保证长期使用的精度和瞬间抗冲击性，选择了交叉滚子轴承，这是受冲击后和长期使用后精度不降低的核心器件。

2）挑杆电机

使用 RE40 直流有刷空心杯行星减速电机（图 4-36），含 500 线光电编码器。该电机功率密度高，效率高，响应速度快。电机额定功率 90W，额定转速 8800r/min。行星减速箱的减速比为 1∶12.25，减速后为 718r/min，额定输出转矩 2N·m。

3）蜗轮蜗杆减速箱

蜗轮蜗杆减速箱的使用令铲臂更加平稳，在降速的同时提高输出转矩，并降低了负载的惯量。本方案使用 RV25 蜗轮蜗杆减速箱（图 4-37），减速比 1∶10，输入轴和输出轴尺寸根据选用的 RE40 电机和半轴定制。

图 4-36 RE40 电机

图 4-37 RV25 蜗轮蜗杆减速机

该减速箱的效率为 50%，搭配 RE40 电机后，最终输出转矩为 8.94N·m，额定角速度为 7.5rad/s。以 1∶122.5 的传动比产生巨大的转矩，以满足挑杆动作需要。

4）电机驱动器

驱动 RE40 的是 RoboModule 生产的 RMDS201 驱动器（图 4-38），该驱动器是一款直流有刷电机驱动器，使用 CAN 总线与主控板进行通信。它还可以设置编码器线数、PID、过流保护时间等多项参数，功能丰富，使用方便，性能稳定。

该驱动器具有 PWM 开环模式、速度模式、位置模式、速度位置模式等多种控制模式，适合驱动机器人完成行走和执行挑杆动作。其中，在挑杆机构中，使用的是速度位置控制模式，挑杆时使用全速，使机器人快速完成挑杆动作，回程时使用中低速，确保器件的稳定性和一致性。

2. 其他关键器件选型

1）RoboMaster 主控板

RoboMaster 主控板通过 CAN 总线控制挑杆电机驱动器 RMDS201，完成挑杆动作（图 4-39）。该主控板可以接航模遥控器和 OLED 显示屏，方便控制和调试。挑杆的速度和位置均通过调试后在主控程序中事先设置好，比赛时，操作手只需通过遥控器给出挑杆和复位的命令即可。该方案可以使挑杆动作在实际操作时更为精准与稳定。

图 4-38 RMDS201 驱动器

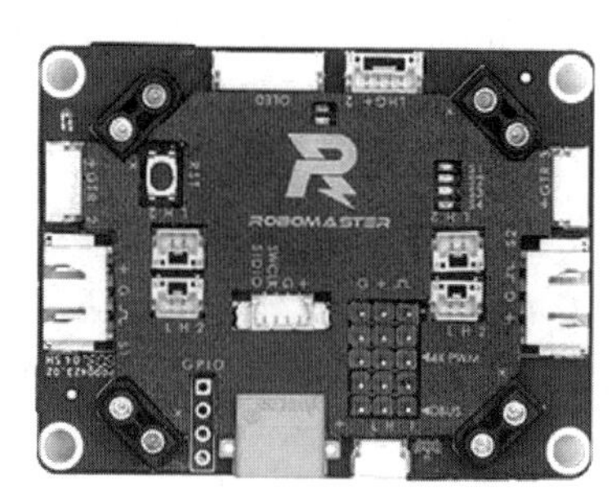

图 4-39 Robomaster 主控板

2）FPV 摄像头＋图传

本方案选用 FOXEER arrow mini pro FPV 摄像头（图 4-40）和熊猫 PandaRC VT5804 V3 图传（图 4-41）。FPV 摄像头＋图传的组合，可以给操作手第一视角，便于在远距离操作时获得更为清晰的视野，辅助操作手更好地发挥。具体参数见表 4-3 和表 4-4。

图 4-40 摄像头

图 4-41 图传

表 4-3 FOXEER arrow mini pro FPV 摄像头参数

图像传感器	1/3 SonSUPER HAD ‖ CCD＋Nextchip 2040 DSP
有效像素	PAL：976(H)×494(V)；NTSC：768(H)×494(V)
水平分辨率	600TVL(彩色)，650TVL(黑白)
P/N 制(基于国家)	PAL/NTSC(based on country)

续表

接入电压	5～40V
消耗电流	70mA
低电压报警	支持
尺寸	21.8mm×21.8mm

表 4-4 熊猫图传参数

输出功率	五挡可调功率(25/100/200/400/800)
输入电压	6～26V
体积	36mm×36mm×5.5mm
重量	9g

4.3.5 创新点

本方案创新性地将四足机器马用于多足清障赛，既发挥了四足机器马全向行走的优势，又拓宽了四足马机器人在 ROBOTAC 大赛中的应用领域，为不断提高大赛的技术性和观赏性做出努力和尝试。具体创新点如下。

1. 运动方案

现有的多足机器人只能进行前后运动，如要转弯就需要进行差速运动，这点在要求速度的任务赛中所占时间过长。而四足马的多自由度可以有效解决此问题，即在挑杆后可横向移动至下一障碍位置。

我们还对 MIT 开源方案进行了改进，将四足马的步距在程序中设置为固定值，经过实验测试，行走 5 步之内的误差很小。因此我们将各个杆位之间的行走设定为“固定步数＋固定步距”，通过自动运行的方式即可完成一个“行走—挑杆—平移运动—再次挑杆”的循环。

为了保证运行的可靠性，在每次挑杆之前我们都会进行手动确认，必要时可以进行手动微调，最终形成“自动行走＋手动微调”的操作方式，同时保留自动运行的高效和手动操作的可靠性两大优点，将自动的不稳定和手动的不精确性的影响因素降到最低。

表 4-5 是各个点位之间的行走步数规划表。图 4-42 是场地点位图。

表 4-5 行走步数规划表

<table>
<tr><td rowspan="2">距离</td><td>起点→A</td><td>A→B</td><td>B→C</td><td>C→D(转弯)</td><td>D→E</td><td>E→F</td></tr>
<tr><td>(600mm)</td><td>(900mm)</td><td>(900mm)</td><td>(2000mm)</td><td>(900mm)</td><td>(900mm)</td></tr>
<tr><td>步数</td><td>2</td><td colspan="2">3</td><td>7</td><td colspan="2">3</td></tr>
</table>

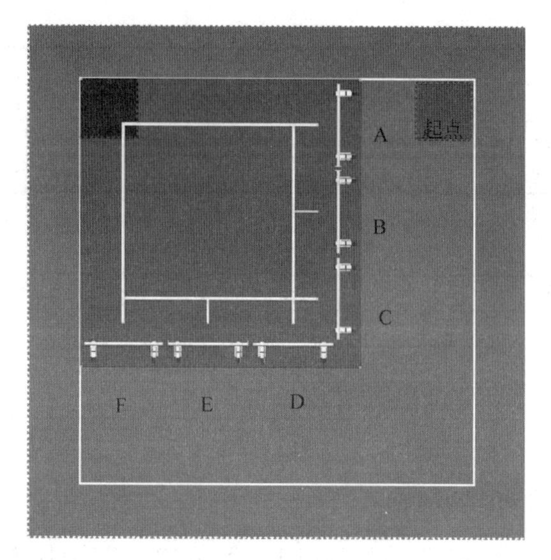

图 4-42 场地点位图

2. 挑杆机构设计

因为在任务赛中，机器人不需要做对抗，只需要挑杆。挑杆的动作与铲翻动作相似，所以在原有电铲机构的基础上取消了无用的铲面，并将铲臂按照挑杆的需求重新进行设计。该设计预留了一段横杆的滑行距离，使得横杆在被挑起的过程中，可以在铲臂上向右滑移，以补偿铲臂末端圆弧运动产生的水平距离差，保证挑杆过程中横杆和障碍桩之间不会发生水平挤压，从而可以顺利地将横杆挑飞。

挑杆过程中横杆在铲臂上的移动轨迹如图 4-44 所示。

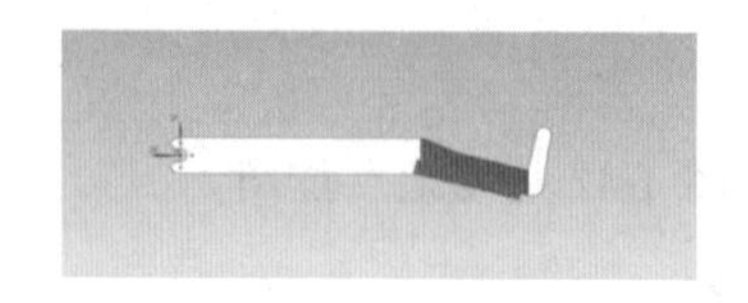

图 4-43 挑杆机构图

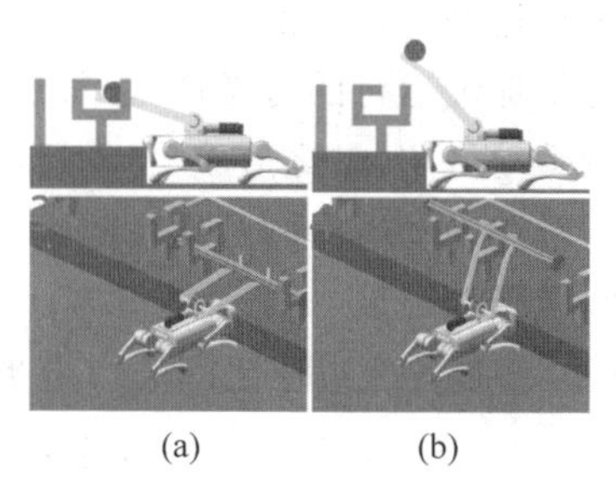

(a) (b)

图 4-44 挑杆过程示意图

(a) 铲臂刚接触横杆；(b) 将横杆抬至障碍杆最高点

3. 视角反馈

在该机器人中加装了小型穿越机上所采用的摄像头及显示屏，以便在程序有问题或出现其他突发因素导致机器人无法按规定动作运动时，能及时反馈问题给操作手，并可以以第一人称视角继续操作。

4.3.6　工业设计

1. 外观设计

外观设计如图 4-45～图 4-51 所示。

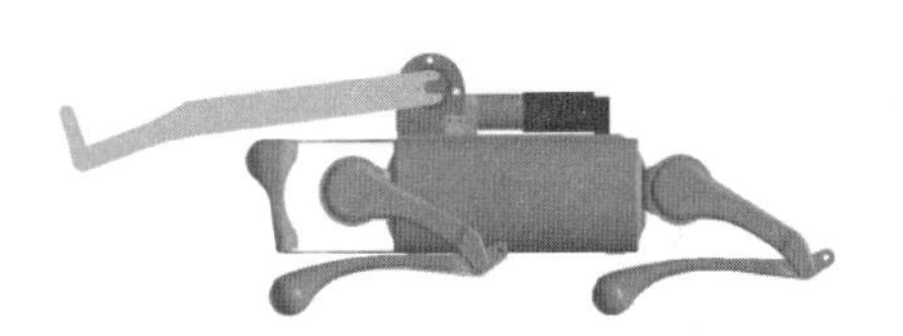
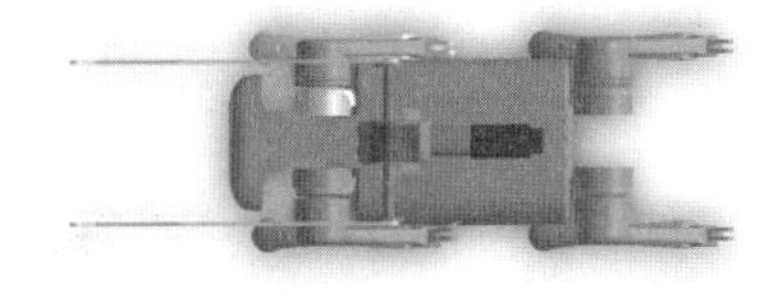

图 4-45　蹲姿侧俯视图

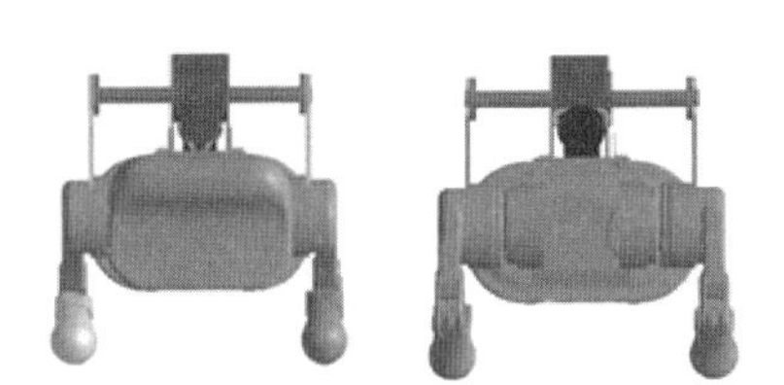

图 4-46　蹲姿正背面图

图 4-47　蹲姿全览图

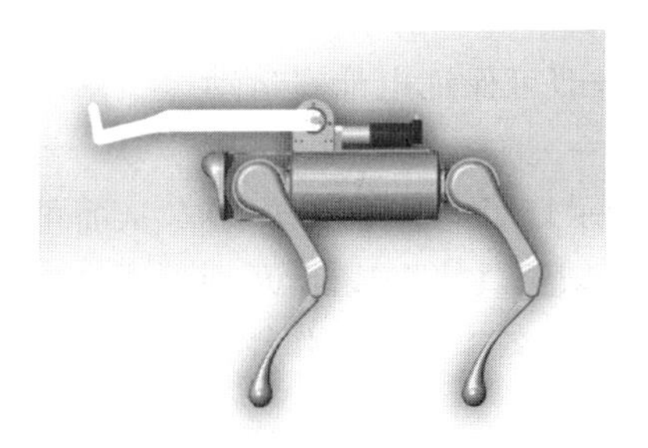

图 4-48　站姿侧视图

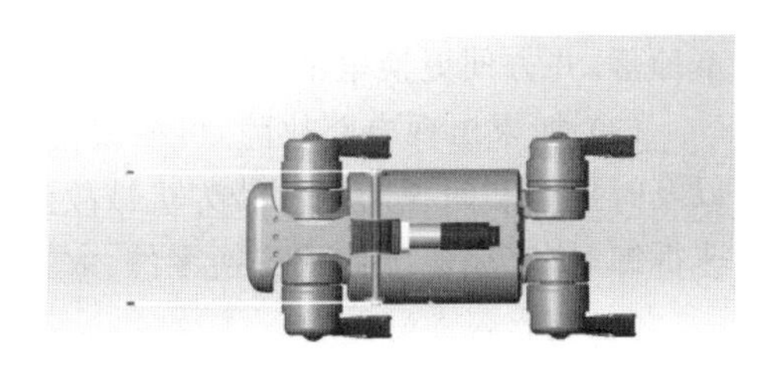

图 4-49　站姿俯视图

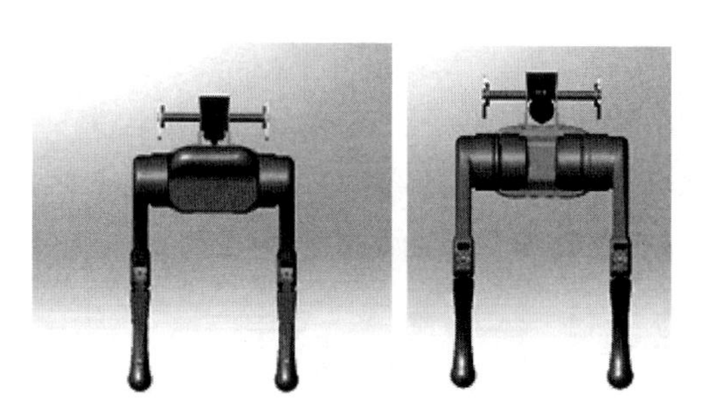

图 4-50 站姿正背面图

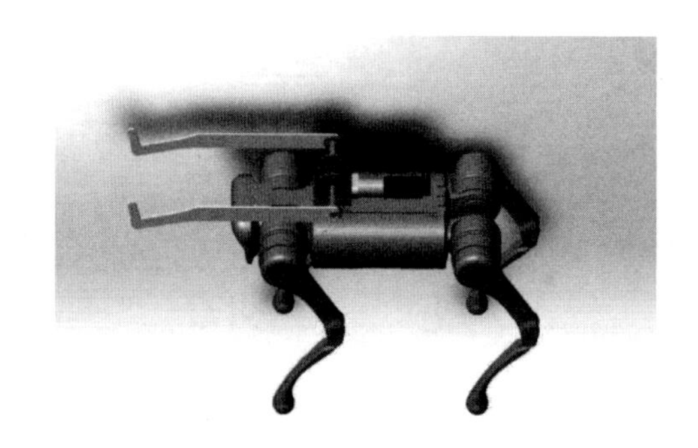

图 4-51 站姿全览图

2. 人机工程

基于产品的人性化考虑，我们有如下设计。

（1）在搬运机械马的时候，可使其处于折叠状态，这样有效减小了机械马的尺寸，为搬运提供更多的可操作性和便捷性。

（2）关于电池的位置，我们在机械马上方开设了一个槽位，专门用来安放电池。在运动时只需将电池放入卡槽并扣好磁扣，即可保证电池在运动途中固定不掉落，并方便更换电池操作。

（3）如果出现电路故障，可根据自身故障指示灯了解具体错误事项，从而可以及时排查和纠正问题。若为机械故障，只需要知道具体事故部位，即可通过快速拆卸，快速完成维修或更换零件，大大提高了工作效率和可操作性。

第5章

自动机器人

5.1 全向轮自动机器人

5.2 麦克纳姆轮自动机器人

5.1 全向轮自动机器人*

5.1.1 设计需求

自动机器人作为高地的守卫者，它的设计需求如下：全向移动能力、视觉识别能力、布障能力、防御能力、高强度的车体、良好的硬件布局。具体设计需求如表 5-1 所示。

表 5-1 自动机器人设计需求表

需求	长度	高度	宽度	最大加速度	最大移动速度	推杆行程	总重	图像识别速率
参数值	385mm	256mm	356mm	$1m/s^2$	1.5m/s	110mm	6.8kg	30 帧/s

5.1.2 机械结构

1. 功能需求

以自动机器人设计为例，分析规则并结合战队实际情况，自动机器人应完成推杆布障、巡逻防御的任务。自动机器人由全向移动底盘、布障机构、防御机构、车体等组成。

1）全向移动功能

全向移动底盘结构稳定可靠，运动性能优异（图 5-1）。

---

* 本案例由河北轨道运输职业技术学院提供。

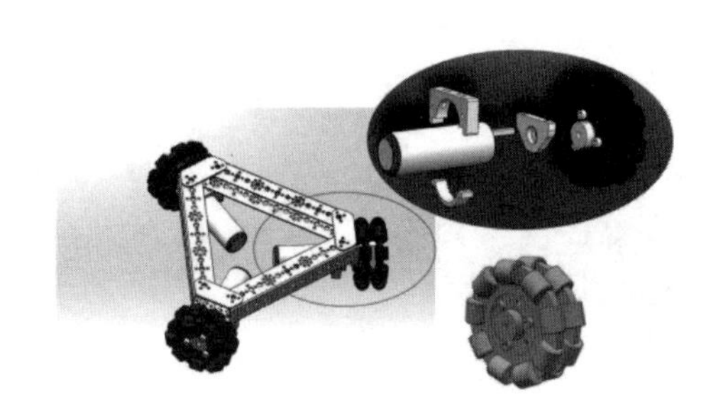

图 5-1　全向移动底盘

设计方案：机械结构采用的是三个互相间隔 120°的欧米轮，全向移动的机器人不仅可以沿着轮面切线方向移动，还可以沿着轮子轴线的方向移动，这大大解决了现有的移动底盘大多数存在转弯半径大、自由度少的缺点。

底盘的三根型材布置成三角形结构，轮组分别安置在三个角的位置。轴承既保证了车轮的回转精度，又降低了运动阻力。

2）布障功能

布障机构能够高效完成推落障碍桩上的横杆的任务。

设计方案：底盘先向前移动，安装在车身上部的推杆就会撞击障碍桩上的横杆，横杆恰好掉落到下方的拉杆处。然后底盘向后移动，拉杆会将横杆向内拖动，完成布障。

3）防御功能

防御机构能够有效阻止对方机器人将横杆抬起。

设计方案：两根悬梁巧妙地布置在车体上方，高度略高于障碍桩，恰好阻挡横杆被抬起。

2. 设计图

自动机器人总装图如图 5-2 所示。

轴承座保护电机轴(图 5-3)。

U 槽铝底盘构架(图 5-4)。

联轴器连接车轮与电机轴，传递转矩(图 5-5)。

电池仓放置电池(图 5-6)。

3. 材料和加工

关键零件分析如表 5-2 所示。

对于关键的零件，我们在采购加工之前会预先用 3D 打印技术打印出零件模型进行预装，要求不高的零件可以直接使用 3D 打印件，测试结果良好或优化后再使用正式材料加工，避免因为设计失误而出现的加工浪费，从而降低成本消耗。

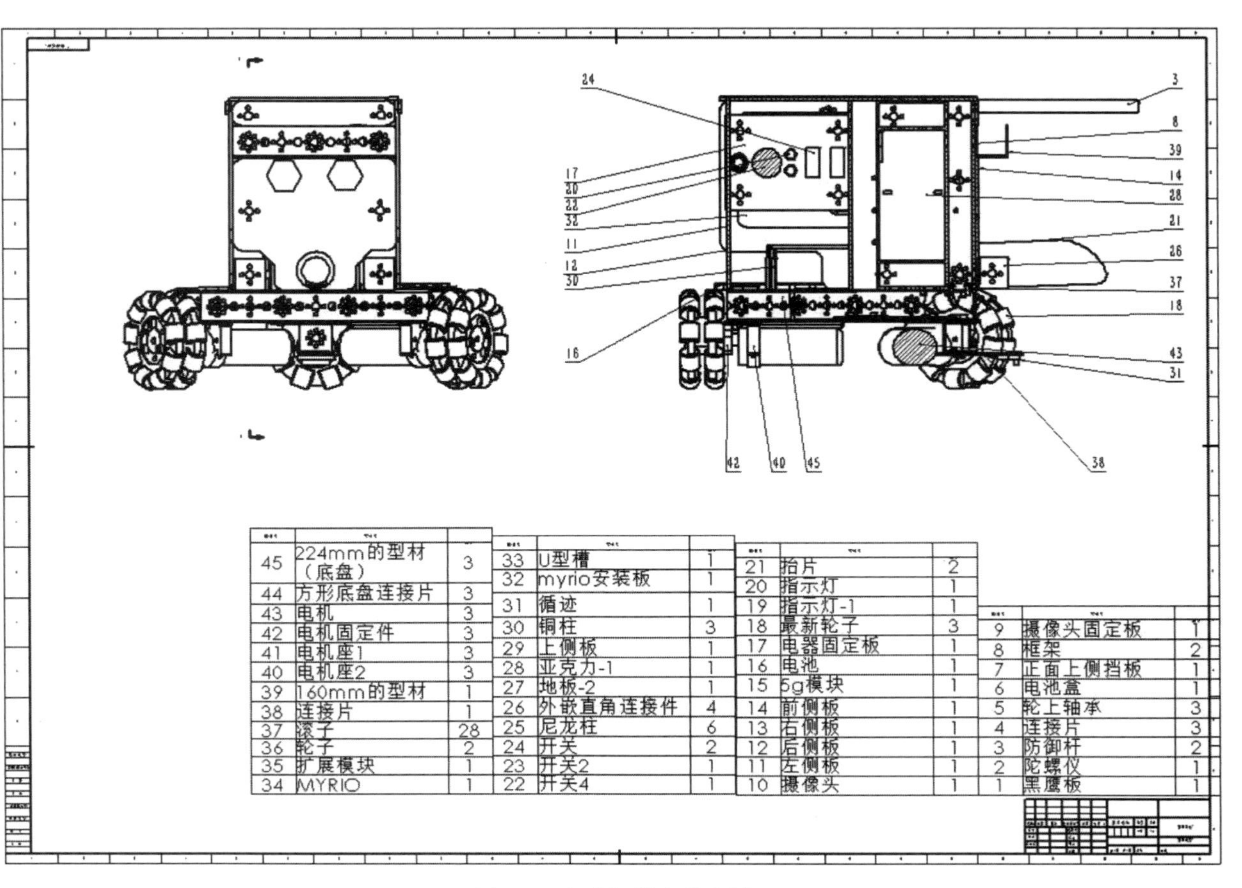

图 5-2　自动机器人总装图

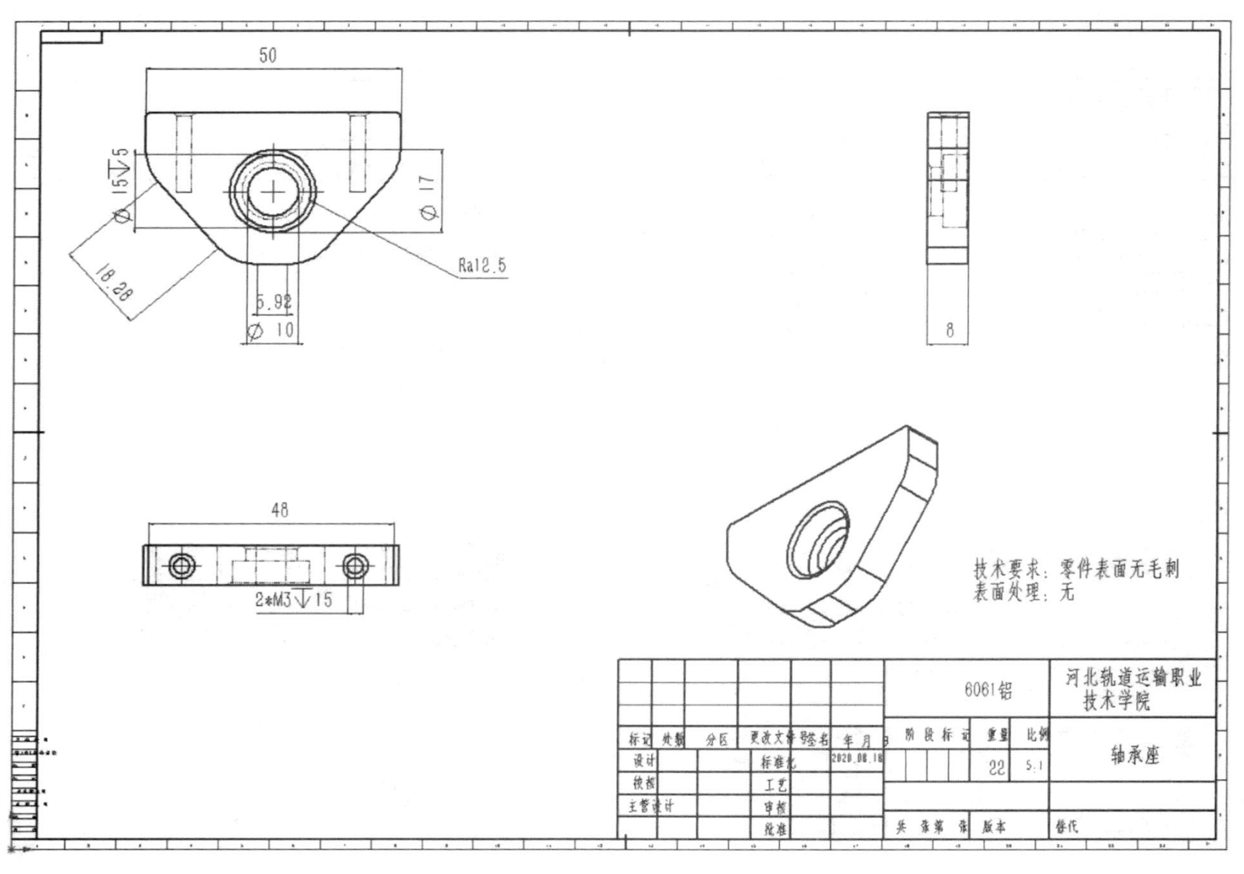
50
Ø 15↧5
Ø 17
18.28
Ra12.5
5.92
Ø 10
8
48
2*M3↧15
技术要求：零件表面无毛刺
表面处理：无
6061铝
河北轨道运输职业技术学院
标记 处数 分区 更改文件号 签名 年月日
设计 标准化 2020.08.18
校核 工艺
主管设计 审核
批准
阶段标记 重量 比例
22 5:1
轴承座
共 张 第 张 版本
替代

图 5-3 轴承座零件图

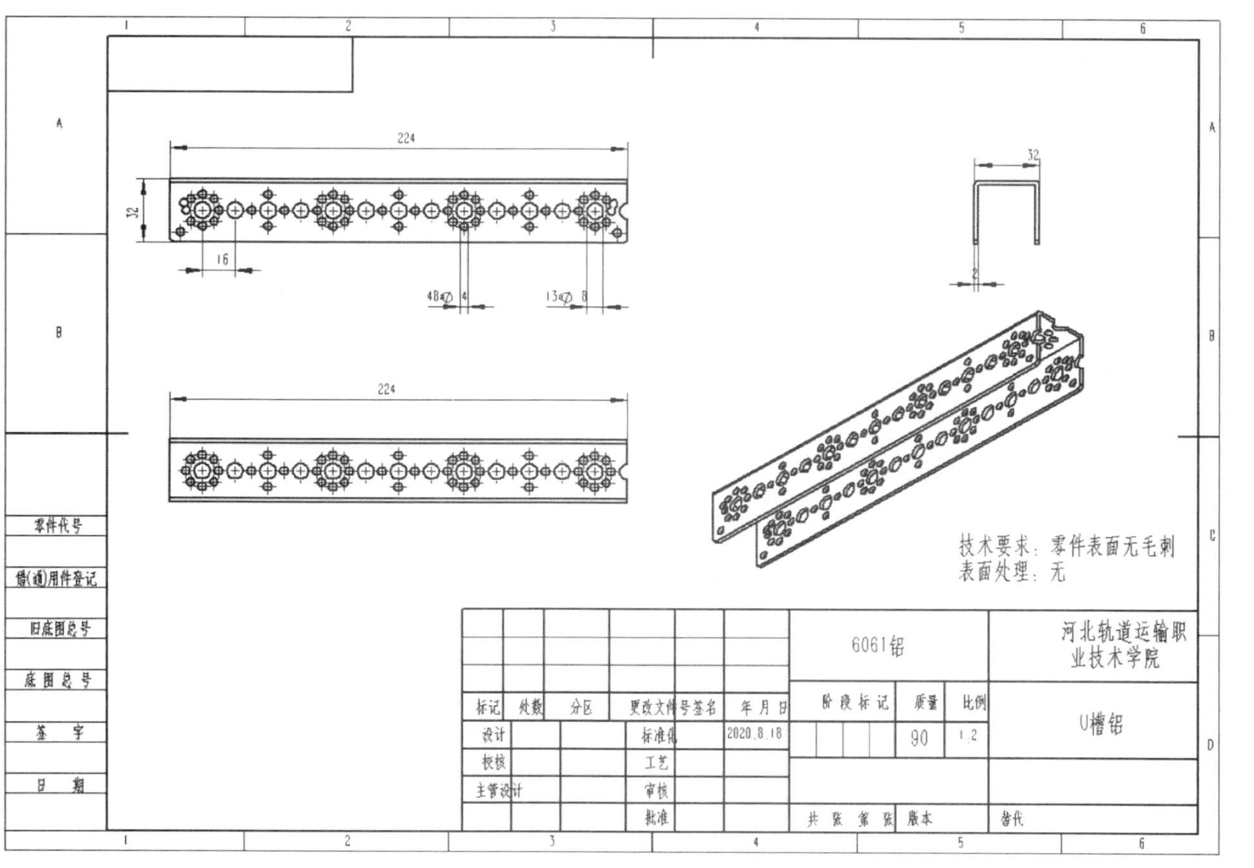
224
32
16
48⌀ 4
13⌀ 8
224
32
2
技术要求：零件表面无毛刺
表面处理：无
零件代号
借(通)用件登记
旧底图总号
底图总号
签字
日期
标记
处数
分区
更改文件号签名
年月日
设计
标准化
2020.8.18
校核
工艺
主管设计
审核
批准
6061铝
阶段标记
质量
比例
90
1:2
共　张　第　张
版本
替代
河北轨道运输职业技术学院
U槽铝

图 5-4　U 槽铝零件图

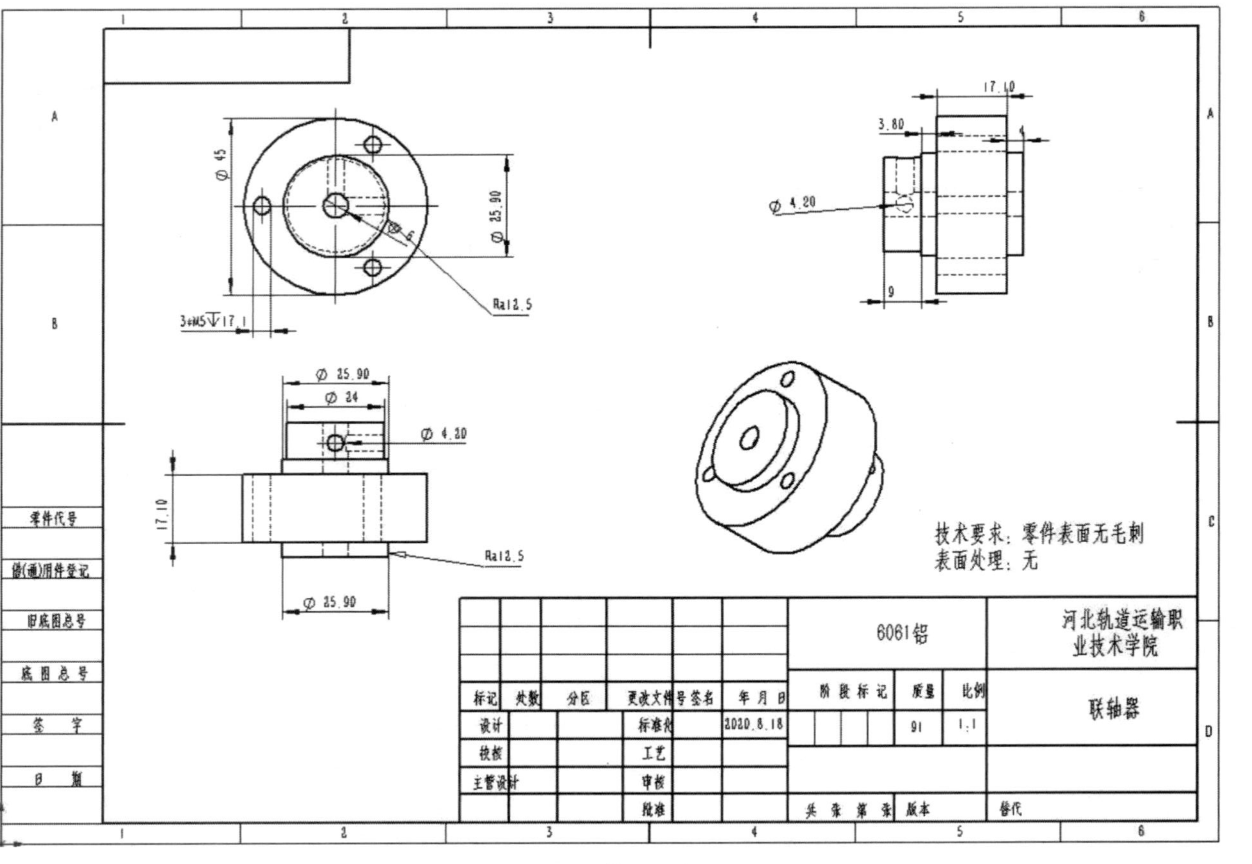
技术要求：零件表面无毛刺
表面处理：无
6061铝
河北轨道运输职业技术学院
联轴器
2020.8.18
Ra12.5
1:1

图 5-5 联轴器零件图

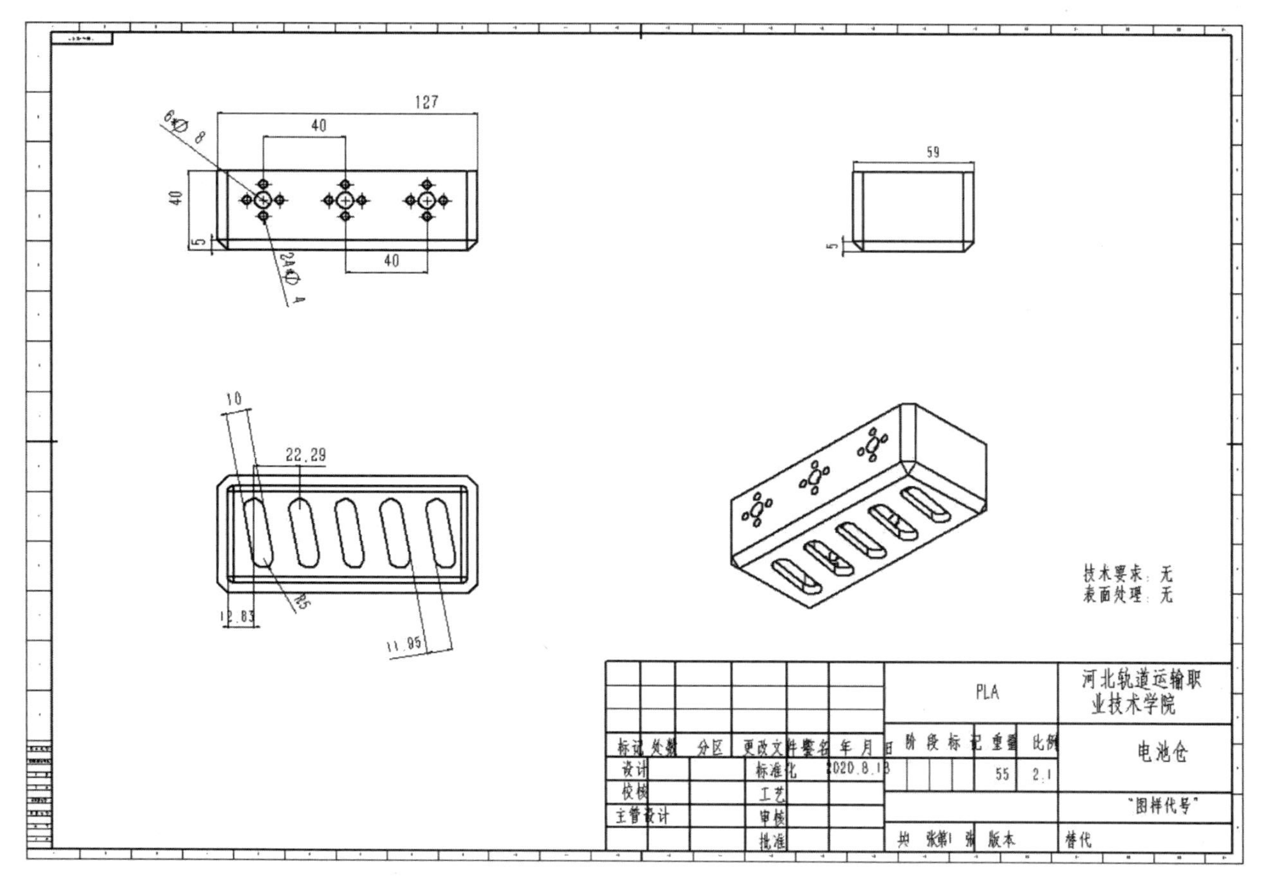
127
40
40
40
5
6×Ø8
2A×Ø4
59
5
10
22.29
R5
12.83
11.95
技术要求：无
表面处理：无
PLA
河北轨道运输职业技术学院
电池仓
"图样代号"
标记 处数 分区 更改文件 签名 年月日
阶段标记 重量 比例
设计 标准化 2020.8.13
55 2:1
校核 工艺
主管设计 审核
批准
共 张第1 张 版本 替代

图 5-6　电池仓零件图

表 5-2 关键零件分析表

零件名称	材料	性能	加工/采购	成本(单价)/元
轴承座	PLA＋铝合金	优	3D 打印＋CNC	20＋120
U 槽铝	铝合金	优	采购	200
联轴器	铝合金	优	采购	172
电池仓	PLA	良	3D 打印	50

5.1.3 控制系统

1. 控制系统框图

控制系统框图如图 5-7 所示。

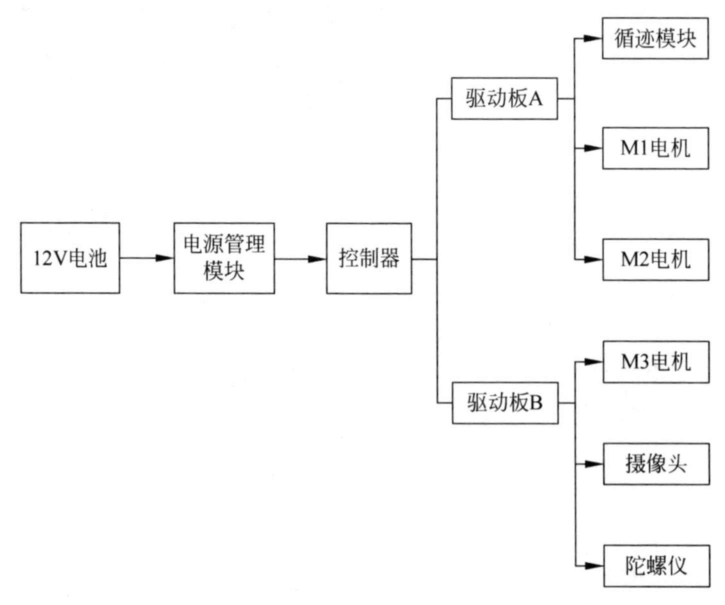

图 5-7 自动机器人控制系统

为了具体阐述硬件资源的应用，以自动机器人硬件资源为例阐述相关硬件资源。

1）控制

整台战车采用了 myRIO 开发板作为控制核心，拥有 3 路 USATR 总线、4 路 12V 电压输出、3 路 PWM 输出、18 路 GPIO 口等，使用 BMI160 陀螺仪进行角度的精确控制，使用摄像头进行精准识别，使用循迹模块进行快速巡线。

2）底盘

底盘采用三台直流减速电机驱动全向轮，配合正交光电编码器，可获得转速、转子位置等信息，方便对车辆行进状态精准速度闭环控制。

3）能源

整车主供电采用12V锂聚合物电池，通过电源管理模块向驱动板分电，驱动电机。

2. 控制逻辑示意图

以底盘移动为例，分析程序控制逻辑。

在底盘PID控制系统中，以位置为被控量(图5-8)。其中，测量电路的主要功能是测量对象的速度并进行归一化等处理；PID控制器是整个控制系统的核心，它根据设定值和测量值的偏差信号来进行调节，从而控制底盘的位置到达期望的设定值。

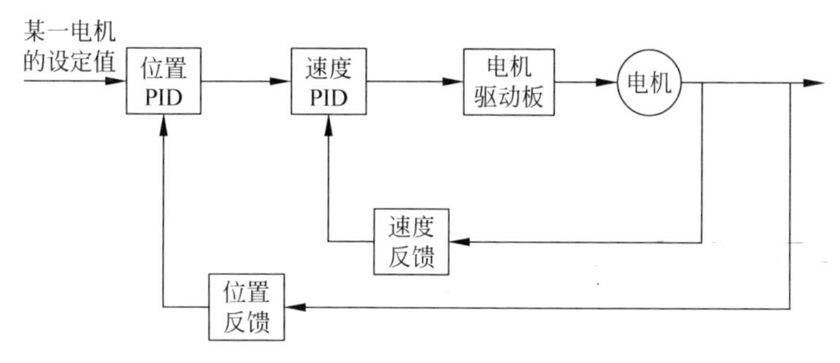

图5-8 自动机器人底盘PID控制系统

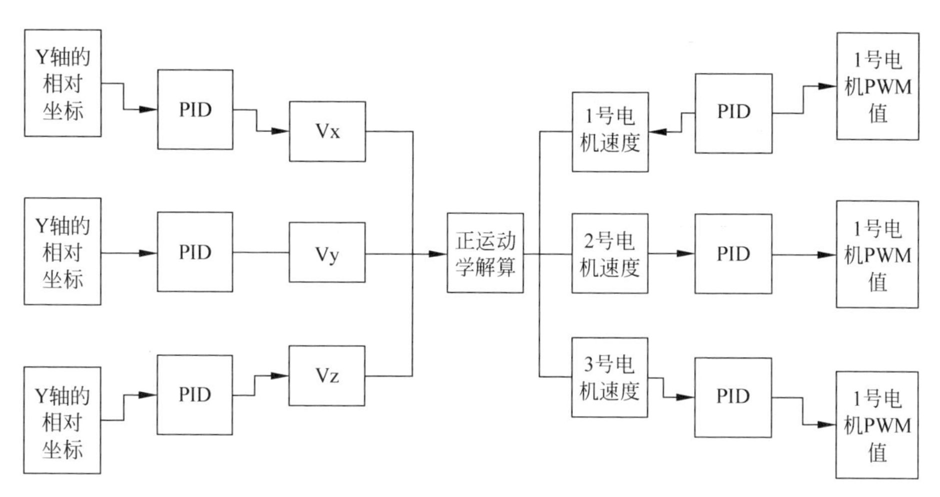

图5-9 自动机器人底盘PID控制系统

3. 软件架构

以自动程序为例分析程序逻辑，我们使用了 LabVIEW，减少了程序在运行中的不必要硬件占用，以提高程序的流畅度，使程序更加稳定。主要包括 App 层、Bsp 层以及算法层。App 层主要任务是函数的实现，包括推杆任务、巡逻任务、阻挡任务等。Bsp 层提供对底层硬件功能的封装以及 BMI088、IST8310 和 OLED 的驱动实现，算法层主要实现姿态解算算法、PID 算法、FIFO 数据结构以及常见的数学处理函数(图 5-10)。

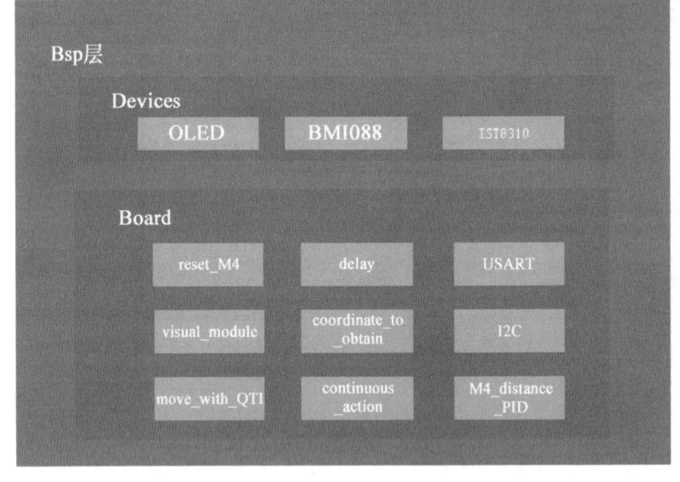

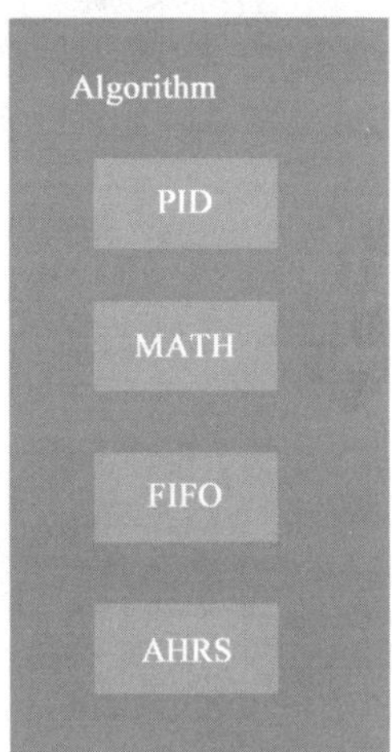

图 5-10 自动机器人控制逻辑示意

(1) 推杆任务(putter_task)：完成对场地的布障；

(2) 巡逻任务(patrol_task)：完成对场地障碍状态的识别；

(3) 阻挡任务(resist_task)：完成对场地障碍的防御；

(4) 视觉模块(visual_module)：读取处理摄像头传递来的数据并识别横杆位置；

(5) QTI 模块(move_with_QTI)：读取并处理巡线测距传感器采集的数据；

(6) 连续动作(continuous_action)：按照相对坐标完成连续移动。

4. 程序流程图

1）推杆任务

推杆任务是指使用基于坐标的路径规划，推动横杆，从而完成对场地的布障（图 5-11）。

2）巡逻任务

巡逻任务是指通过坐标移动与摄像头识别，完成对场地障碍状态的判断（图 5-12）。

3）阻挡任务

阻挡任务是指通过摄像头识别横杆位置，完成自动阻碍敌方机器人抬起横杆登上高地的防御（图 5-13）。

4）坐标任务

坐标任务是指在初始化的时候将传感器和电机编码器初始化，达到对底盘的精确控制（图 5-14）。我们将目标的坐标导入解码函数进行数据的处理，得出 X、Y、Z 三个方向的速度并发送到底盘任务。

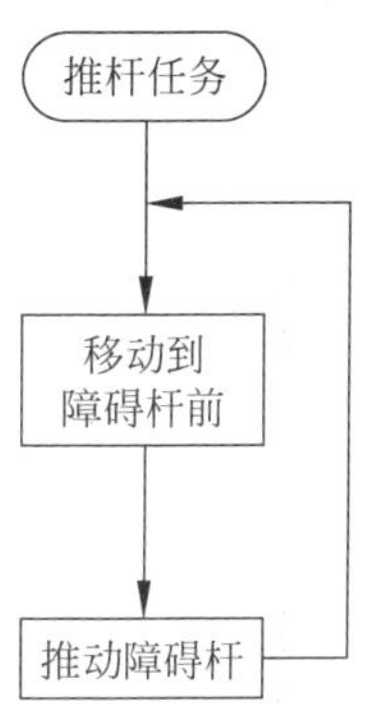

图 5-11 自动机器人推杆任务流程图

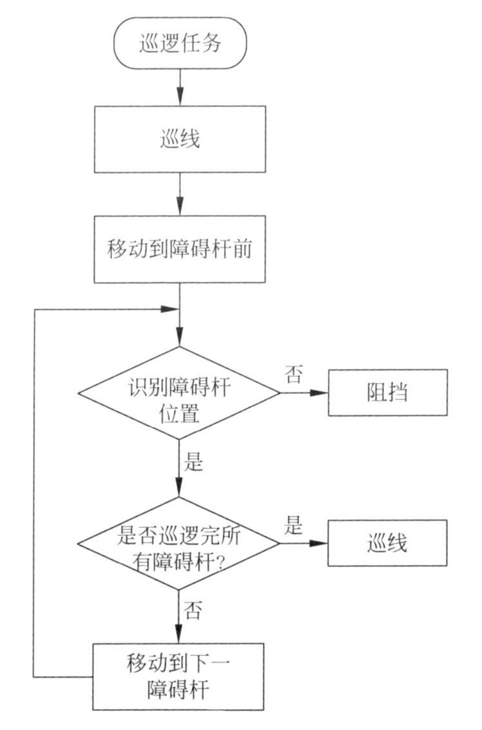

图 5-12 自动机器人巡逻任务流程图

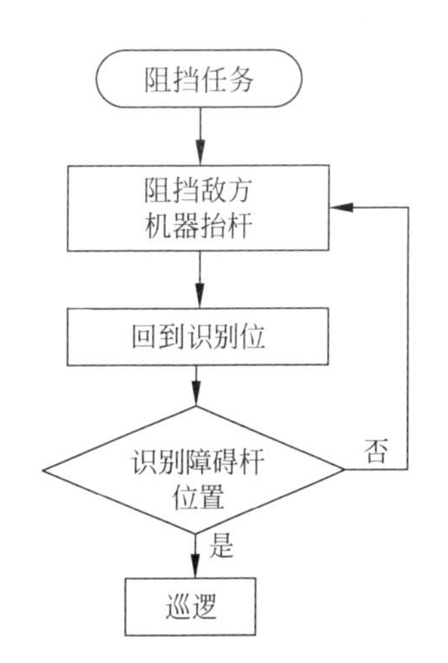

图 5-13 自动机器人阻挡任务流程图

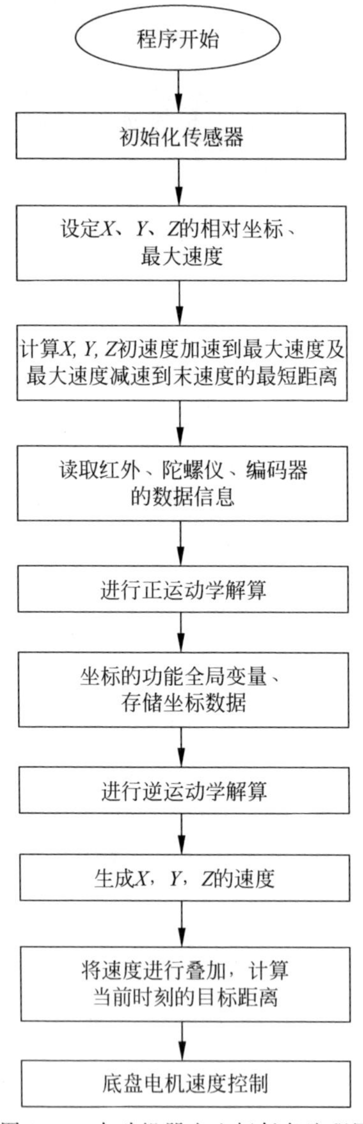

图 5-14　自动机器人坐标任务流程图

5.1.4　关键器件选型

1. 电机选型

1）电机选型

我们选用 44260 电机（图 5-15），因为它使用的光电编码器体积小，精密，分辨度可以很高，无接触、无磨损。既可检测角度位移，又可在机械转换装置帮助下检测直线位移;多圈光电绝对编码器可以检测相当长量程的直线位移,寿命长,安装随意,接口形式丰富,价格合理,技术成熟。

2）控制板选型

选用这款开发板(图 5-16)的原因主要在于这款开发板拥有行业标准的可重配置 I/O(RIO)封闭版本的 myRIO(myRIO-1900),可放置三个 I/O 连接器,无线功能,双核心 ARM 实时处理器和可定制的 Xilinx FPGA,使用图形化编程 LabVIEW,易于编程,相较于 C 语言更加容易入门和后期的调整。

2. 其他关键器件选型

1）电机驱动板

对于实现电机驱动的硬件,我们使用 MD2 电机板(图 5-17),相较于其他驱动器,MD2 电机板拥有欠压、过压、反向电压保护,热关断保护,限流保护等功能,集成了许多其他 I/O 选项,使它与多个不同传感器的接口连接极为容易,方便传感器数据的读取。

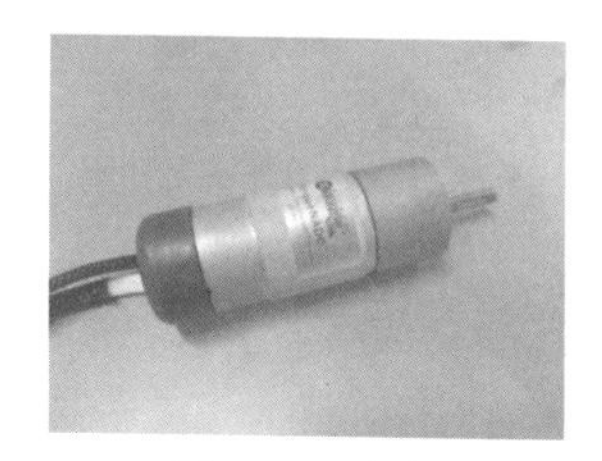

图 5-15 电机

图 5-16 控制板

2）巡线传感器

对于实现巡线功能的硬件,我们使用自制的巡线传感器(图 5-18),相较于市面上的其他测距模块,该巡线传感器的优点为能提供一致且可靠的读数,对环境光线变化不敏感,传感器输出与颜色相对应的模拟电压,并且可以使用模数转换器(ADC)芯片轻松读取。

图 5-17 电机驱动板

图 5-18 巡线传感器

5.1.5 创新点

战场上自动机器人的任务是守卫高地、巡逻防御，比赛开始 35s 即可推完全部横杆，完成防御布置进入巡逻模式。但是简单的巡线绕圈并不能防止对方机器人抬起横杆进攻堡垒。拥有自主防御能力的自动机器人将成为手动机器人坚实的后盾。为此，我们为自动机器人增加了视觉识别功能，机器人在定点巡逻的过程中会对障碍桩上的横杆进行识别，一旦识别到横杆状态异常即刻执行防御动作，阻止对方机器人抬起横杠。此功能现已实现，机器人在执行防御动作时可以有效阻止对方抬杆(图 5-19)。

图 5-19 防御动作效果图

1. 核心算法

我们基于 LabVIEW Vision Assistant 开发了横杆识别模块，该模块的前面板与程序框图如图 5-20、图 5-21 所示。

1) 获取图像(Get the Image)(图 5-22)

2) 色彩平面提取(Color Plane Extraction)(图 5-23)

3) 查找直边(Find Straight Edge)(图 5-24)

(1) 查找直边参数设置(图 5-25)

搜索线的方向：从下到上；

边缘极性：仅白到黑；

查找哪个点：最佳点；

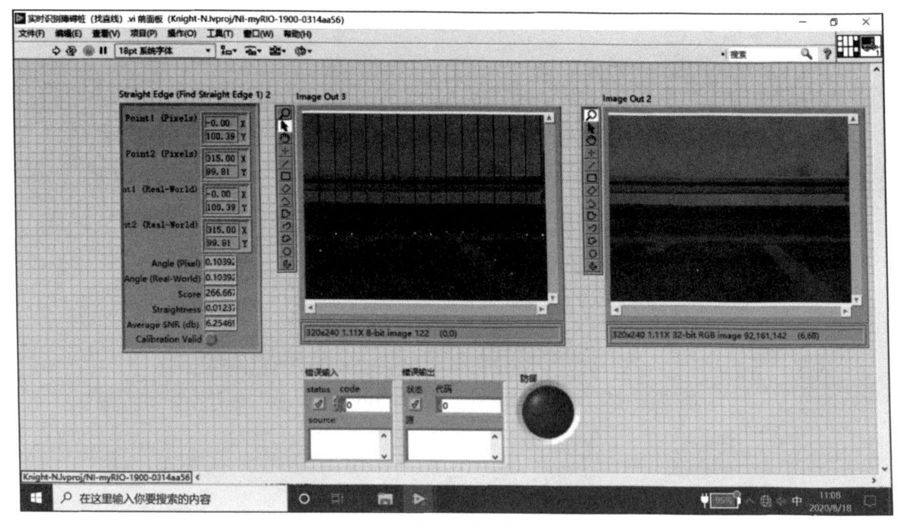

图 5-20　横杆识别程序子 vi 前面板

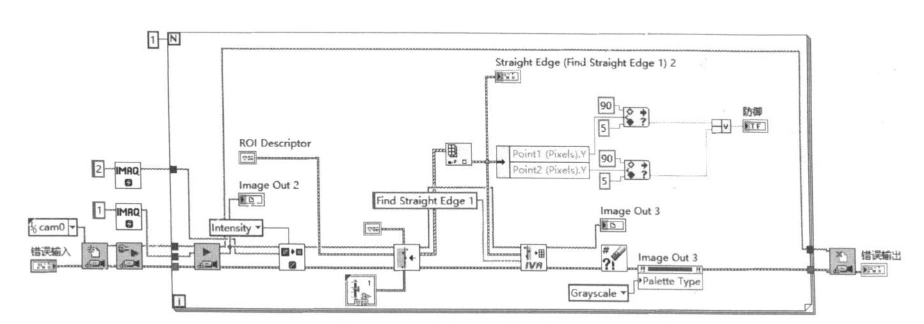

图 5-21　横杆识别程序框图

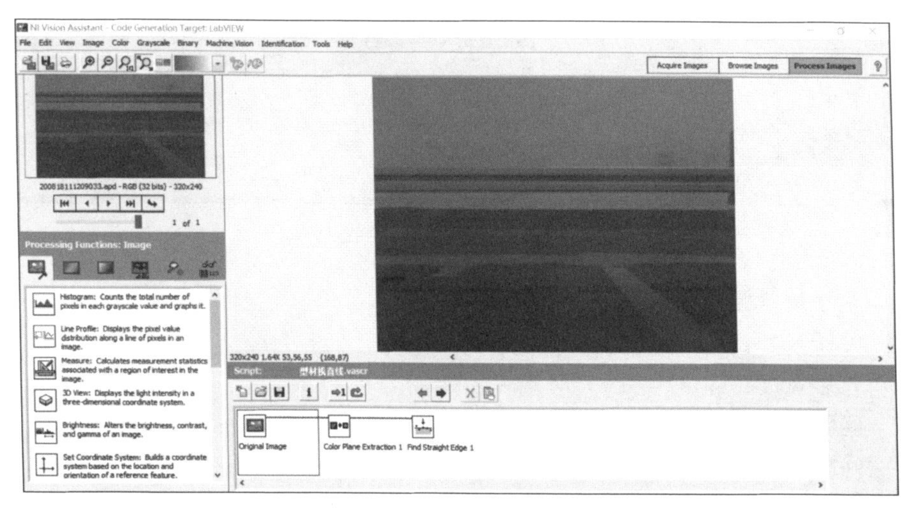

图 5-22　以机器人视角获取的图片识别为例

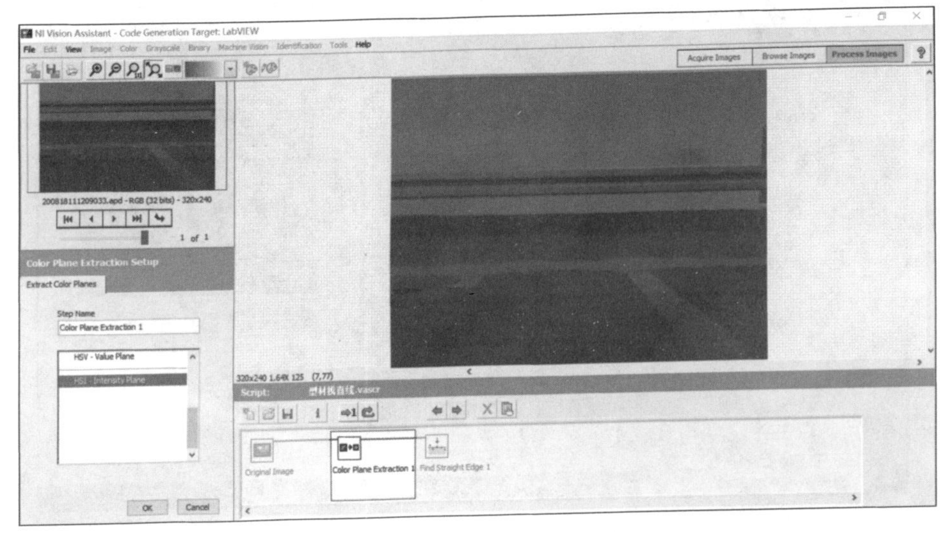

图 5-23　提取 Intensity 平面

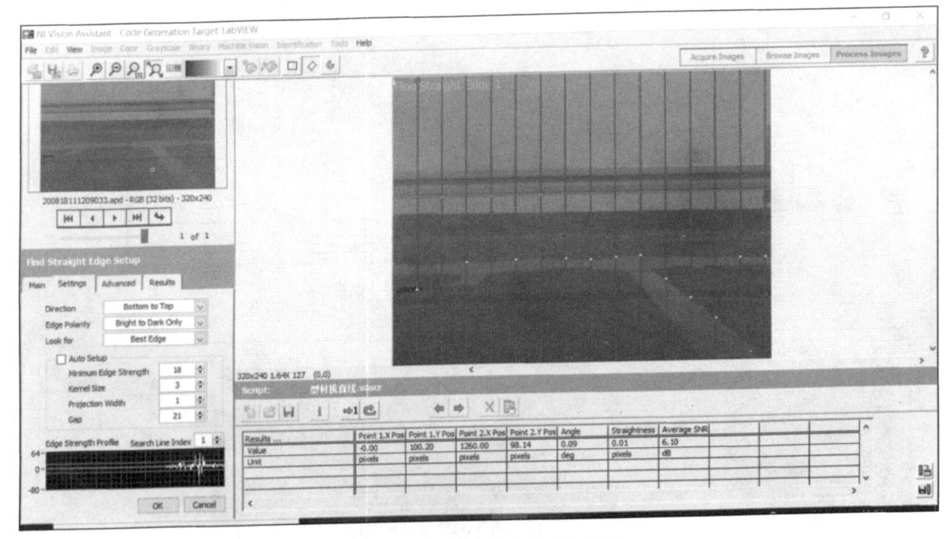

图 5-24　检测图像中的直线

最小边缘强度：18；

算子尺寸：3；

投影宽度：1；

间隔：21。

间隔即搜索线之间的距离。寻找直线函数是在 ROI 中设置 N 条直线，沿着直线方向寻找边缘点。然后再以这些点拟合成直线。理论上 Gap 值越小，这些点越多，间距越小，拟合出来的线越接近实际的线。

(2) 搜索线参数(图 5-26)

在编程测试过程中可以直观地看到各搜索线检测到的边缘点数据，为合理设置参数提供依据。

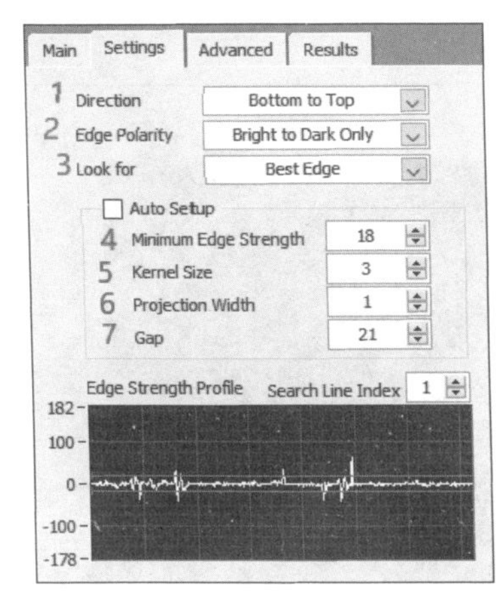

图 5-25 查找直边参数设置

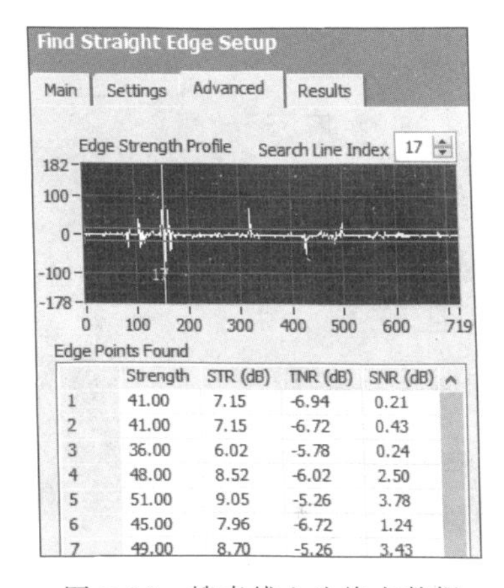

图 5-26 搜索线上边缘点数据

(3) 结果面板(图 5-27)

识别结束后输出拟合直线的起始点和结束点的坐标、角度、直线度、平均信噪比。

当识别到横杆两端点高度异常(即高于设置值)时，执行防御动作阻止抬杆。

2. 算法优势

LabVIEW 视觉编程调参迅速、可视。例如在查找直边函数中，可以实时观察到识别效果，根据反馈随时修改参数以适应环境，效果拔群(图 5-28)。

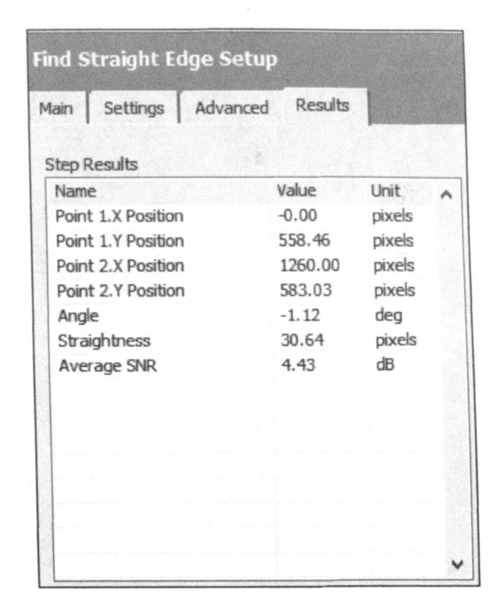

图 5-27 结果面板

5.1.6 工业设计

1. 外观设计

外观设计如图 5-29 所示。

自动机器人采用模块化设计，由底盘、车体、布障机构、防御机构四部分组成。底盘的三个欧米轮呈三角形布置，实现了全向移动功能；车体采用铝方管型材搭建，强度高、重量轻；车体上的布障和防御机构由推杆和拉杆组成，配合底盘移动能够高效完成布障任务和防御任务。

车体外壳由板材拼接而成，梅花孔元素散布于车身。车体内部嵌入控制板、电源板、驱动板等部件。车身前部拟人化设计，摄像头巧妙地布置在机器人"口"中。

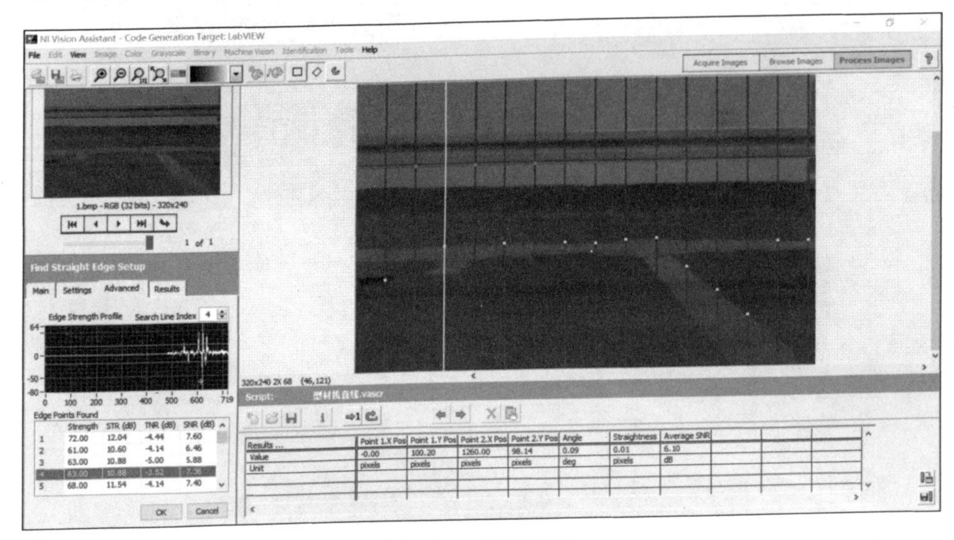

图 5-28　调参界面

图 5-29　自动机器人外观渲染图

2. 人机工程

1）电池仓

机器人的电池仓使用3D打印件，外置在底盘一侧，方便拆卸更换(图5-30)。

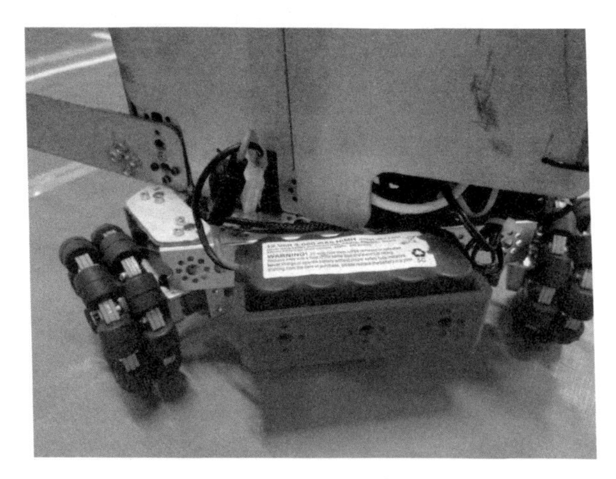

图 5-30 电池仓

2）搬运提手

机器人的布障防御机构亦可以作为搬运提手(图 5-31)，它受力合理、牢靠，可单手提起，搬运方便。

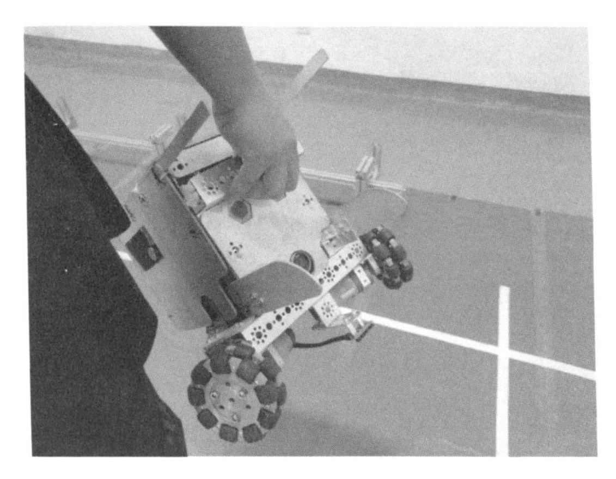

图 5-31 搬运提手

3）开关面板

开关面板上有四个按钮、两个状态指示灯(图 5-32)。

电源开关一：底盘供电；

电源开关二：控制板供电；

急停按钮：按下断开底盘供电，再次测试无需重启机器人，提高测试效率；

启动按钮：按下启动自动程序；

指示灯：绿灯代表起动，红灯代表急停。

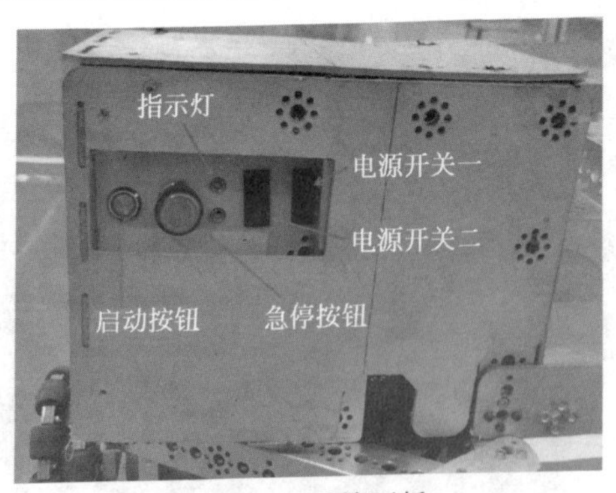

图 5-32 开关面板

5.2 麦克纳姆轮自动机器人*

5.2.1 设计需求

根据ROBOTAC自动机器人布障赛的基本任务，机器人的设计应该满足以下内容(表5-3)：

(1) 完成机器人的搜寻白线任务。即：机器人从出发区开始进行自动寻找白线，完成在高地上的沿白线运行，并利用推杆位置中心线、整体白线区来完成推杆位置定位和自动防守时越界、不掉台任务和不攻击老巢的行为。

(2) 完成机器人的推杆任务。即：机器人利用高台的白线为界，进行位置的判断并利用自身机器人的推杆机构来进行对应推杆动作。

(3) 完成自动防守巡逻任务。即：机器人以整体白线区为界，进行自动防守敌方机器人攻击老巢的行为，通过车体的红外测距传感器来感应敌方机器人的情况并进行对应的动作。通过车体的光电传感器来感应是否掉台。

表 5-3 自动布障机器人设计需求表

序号	设计需求	关键技术指标	所需完成任务
1	搜寻白线任务	识别高度应该在10～25mm，有效识别白色、绿色； 采用光敏，或者光电传感器完成对白、绿的IO反馈或者传送数据； 传感器并行排列不少于6个； 供电为5V	完成高台的直线、横线巡线任务； 可以识别白色与绿色的颜色区别； 有效识别老巢位置情况

* 本案例由吉林铁道职业技术学院提供。

续表

序号	设计需求	关键技术指标	所需完成任务
2	自动机器人的推杆任务	满足推杆高度大于 245mm 的高度可以推杆； 车体可以自由前进、后退定位完成推杆任务； 可以通过推杆、舵机、定位运动定位控制 5～10cm 准确距离行驶等内容完成； 供电为 12V/5V	利用框架机构完成高台的定位高度推杆动作； 定位运动完成 6 个推杆的任务动作
3	自动防守巡逻任务	识别高度应该在 10～25mm，有效识别白色、绿色； 采用光敏，或者光电传感器完成对白、绿的 IO 反馈或者传送数据； 供电为 5V	利用四个角落的光电距离传感器完成自动识别台上台下任务； 通过不同角度的光电触发情况来完成车体的退后动作； 靠白线外侧防守，不进入老巢范围
4	总体设计	尺寸满足：小于 600mm×600mm×300mm； 总重量不大于 10kg； 采用麦克轮，4 驱设计；推杆机构高度大于 245mm； 电机驱动 24V 电压、保证小车动力，速度不低于 5m/s	高度大于 245mm 满足推杆要求； 完成垂直、水平定位移动； 完成 45°方向移动，加快推杆速度

5.2.2 机械结构

1. 功能需求

为方便制作和安装其他构件，车架为长方体底板和侧板，使用自制直角连接保证整体结构的刚度，车架用于安装、承载其他结构件，完成对应固定安装结构件的设计。

车上需要装载 2 套巡线传感器(前后各一套)和 6 个红外距离传感器(前后各 2 个，两个侧面各 1 个)。在车架侧板中央位置打孔并安装红外距离传感器；在车架前后安装支撑板和铲子，支撑板上打孔用于安装巡线传感器；铲子上方各留有安装光电传感器的方形孔。铲子和支撑板呈三角形，有利于车体的稳固。

在车架底板上方需要安装用于推杆任务的框架，框架由 6 根长方体金属杆制成，用自制小直角件安装和固定。

车架底部要安装 4 台电机用于驱动麦克纳姆轮。根据电机的参数在侧板上打有轴孔和用于固定电机的孔。

2. 设计图

自动机器人装配图如图 5-33 所示，自动布障机器人设计零件表如表 5-4 所示。

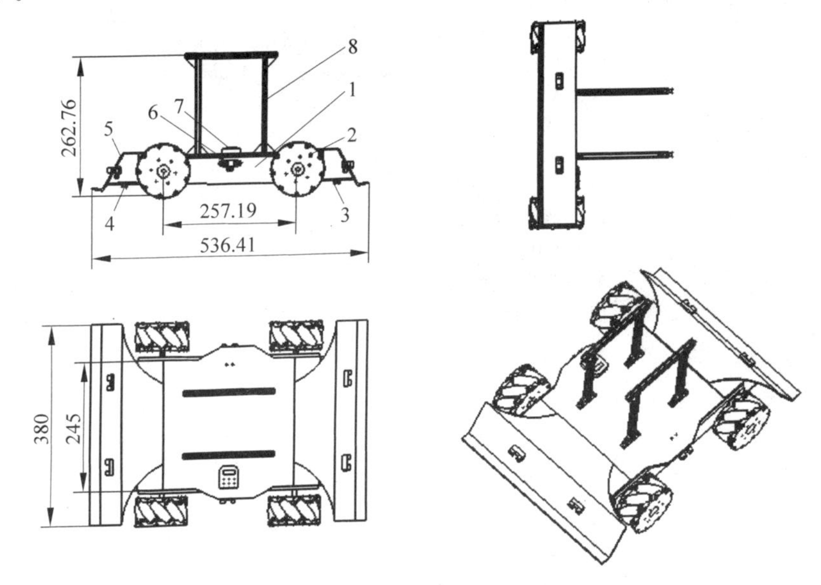

图 5-33 自动机器人装配图

表 5-4 自动布障机器人设计零件表

项目号	零件名	数量
1	车架	1
2	麦克纳姆轮	4
3	支撑板	2
4	灰度传感器	2
5	铲子	2
6	红外传感器	6
7	控制器	1
8	杆	6

安装完成整体车的机械结构设计所需要的元件，机器人可以完成巡线、推杆、自动防守等任务。

车架零件图是整个车体的重要部分(图 5-34)，用于 4 个轮子的安装固定、电子元件驱动板等元件的安装，应按照设计要求完成各个孔位的位置设计，以方便固定和安装各种传感器和支架结构。

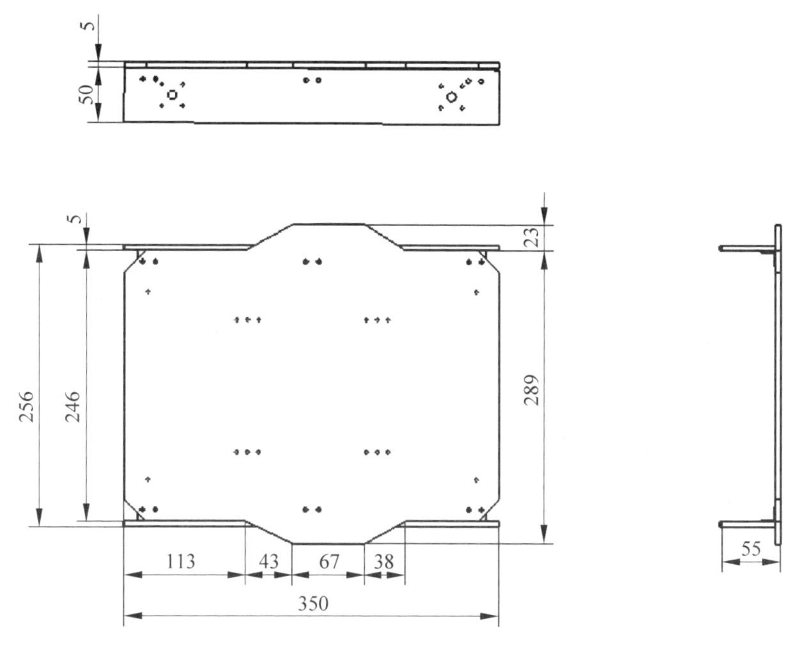

图 5-34 车架零件图

麦克纳姆轮零件图是整个车体行走的重要部分(图 5-35)。机器人可以依靠4个轮子在不同方向的转动，完成横移、45°斜线、前后左右等方向的移动，相比传统车轮，麦克纳姆轮增加了方向的随意性，在完成特定路线时具有很大优势。

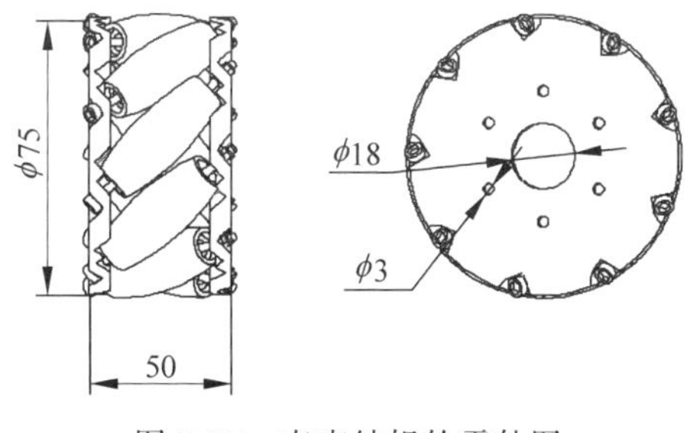

图 5-35 麦克纳姆轮零件图

3. 材料和加工

1）车架零件要求

车架材料可以选用铝、钢、铜等金属材料，也可选用塑料等非金属材料。

表 5-5 为各种材料的特点及使用场景。

表 5-5　自动布障机器人加工材料表

材料大类	材料小类	材料特点	使用场景
铝	6061	密度低、易加工、成本低、自然氧化不生锈	有一定强度要求，用于硬度、耐磨性要求不高的绝大多数零件
	7075	密度较 6061 高一些，硬度较 6061 硬，变形小一些，自然氧化不生锈	对于一些较薄的零件，加工过程中需要尽量控制变形量，可以采用 7075 材料
钢	45#	硬度较铝料更好、耐磨，加工较难，成本较高	长期需要磨损、刚度和耐磨性要求高，受力大的零件
	不锈钢 303	硬度好，不生锈，加工更难，成本更高	长期需要磨损，刚度和耐磨性要求高，受力大的零件，自然情况下不生锈
铜	黄铜	耐磨，容易加工，材料成本很高	用于润滑和耐磨功能件上
塑料	POM 赛钢	高硬度、高耐磨，加工容易变形	一般用于绝缘的零件上
	亚克力板	半透明、易碎	一般用于做半透明的外观

经过以上对比，并结合现有条件，本车的车架材料以及支撑板和铲子采用 6061 铝材，该材料易采购、方便加工、成本低。

2）麦克纳姆轮要求

本设计方案中的车轮选用灵活性强、可全方位移动的麦克纳姆轮。麦克纳姆轮参数见表 5-6。

表 5-6　麦克纳姆轮选择参数表

轮子直径/mm	60	75	100	127	152
重量（一组 4 个含联轴器）/kg	0.35	0.41	1.52	2	2.4
负载能力/kg	10	15	40	60	60
厚度（不含联轴器）/mm	32	32	50	51	45.4
支撑轮轴直径/mm	2	2	3	3	3
支撑轮个数/个	8	10	9	12	15
联轴器内径/mm	3、4、5、6、8 可选		5、6、8、10、12、14、15、16、18 可选		
表面材质	铝合金（表面氧化喷砂）				

不同尺寸麦克纳姆轮的市场价格为每 4 个 200～800 元不等，在本设计方案中选用直径为 75mm 的麦克纳姆轮即可满足要求，75mm 直径铝合金材质的麦

克纳姆轮每 4 个 250 元左右,价格相对便宜。

5.2.3　控制系统

1. 控制系统框图

控制系统框图如图 5-36 所示。

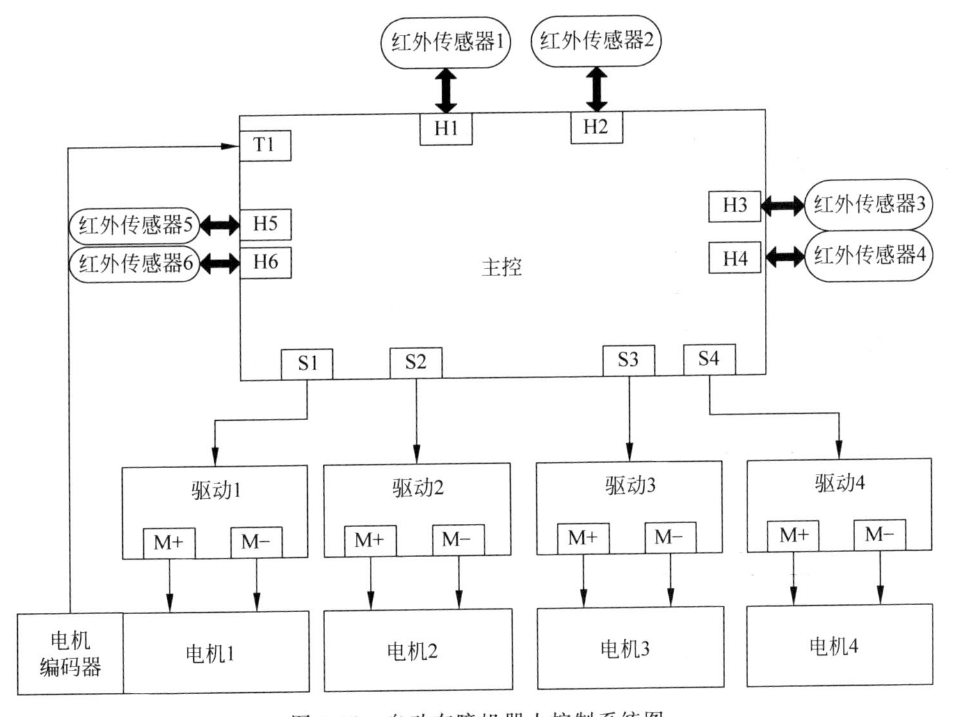

图 5-36　自动布障机器人控制系统图

控制系统框图中,控制器芯片为 STM32F103 系列芯片,其中 4 路输出控制电机速度的方向,每路输出需要 1 个 PWM 接口控制电机速度、2 个 IO 口控制电机方向,接至驱动电路,由驱动电路控制电机。其中一个电机的编码器反馈信号接至控制芯片定时器接口,并设置为计数模式,用反馈脉冲测量小车行走路程。

6 路红外传感器分别用来循迹和防止机器人在台子边缘掉路,并通过底盘的灰度传感器完成对于白线的巡线功能。

2. 控制逻辑示意图

控制逻辑示意图如图 5-37 所示。

控制逻辑如下:按照自动布障机器人任务功能依次完成小车的基本运动动作:调试—巡线寻迹功能—推杆任务—自动防守功能,每个逻辑功能相互独立,可

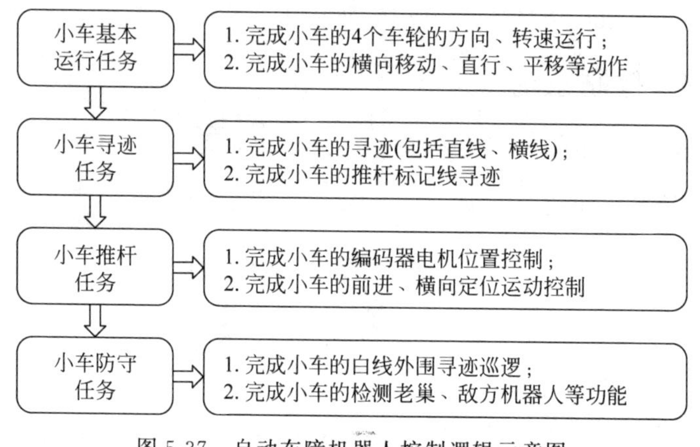

图 5-37　自动布障机器人控制逻辑示意图

以先按照推杆任务，完成功能任务后按照程序自动切换到防守功能上，再程序逻辑上通过 2 个 while 大循环来限制功能顺序。但自动布障机器人的巡线、运动基本功能都会一直使用在程序中，需要重点调试以保证运行的精度和正确的驱动状态。

3. 程序流程图

程序流程图如图 5-38 所示。

控制程序如下：开机后小车向右寻找白色轨迹，右边两个红外传感器都为高电平说明小车沿轨迹向右，如果只有一个为高电平，说明车身不正，需要旋转调正车身，之后继续向右，同时左边两个红外传感器任一为高电平即说明小车沿轨迹运动，当右边红外传感器都为低电平且左边传感器有高电平后，小车沿轨迹走完，向前运行寻找障碍，向前运行的同时，左边传感器都为低电平说明小车脱离原轨迹进行障碍寻找，当前方两红外传感器都为高电平说明障碍在右，如果只有一个为高电平，说明车身不正，需要旋转调正车身，调正后向右平移，当 3、4 红外传感器任一为高电平，说明在台子边缘，已经推杆完毕完成布障，小车立即向左平移同等路程(通过编码器脉冲计算)，走完同等路程后继续向前运行寻找下一处障碍，依次循环完成推杆任务。

5.2.4　关键器件选型

1. 电机选型

电机选型是根据自动机器人的巡线和推杆任务进行选择，其中关键的任务就是对于机器人的移动位置的精确控制和速度的选择。对于机器人的动力电机选择有以下几种方案。

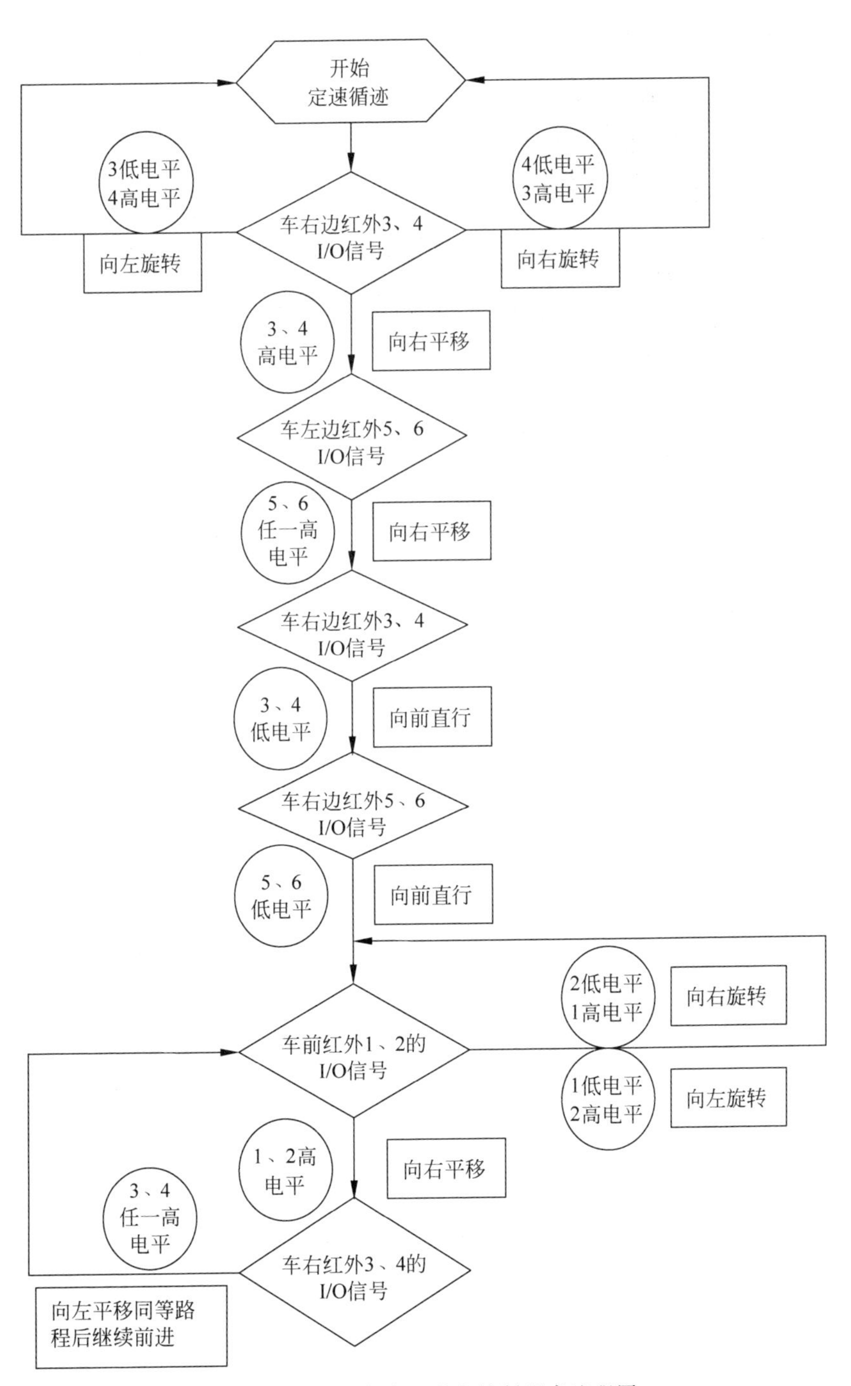

图 5-38 自动布障机器人控制程序流程图

1）采用42步进电机＋步进驱动方案（图5-39）

步距角	1.8°
步距角精度	1.8±0.09°
耐电压	500VAC 1min
绝缘电阻	100MOhm(500VDC)
绝缘等级	B
温升(Max)	80K
径向跳动	MAX.0.02mm(负载450g)
轴向跳动	Max.0.08mm(负载900g)
电流相位	1.0A
电压	4.0V
直流电阻/相位±10%	4.0Ω
电感相位±20%	7.9mH
静力扭矩	0.45N·M
转子惯量	0.054kg.cm
重量	0.28kg

图5-39　步进电机、驱动实物图

步进电机只要在“STEP”引脚输入一个脉冲信号和一个驱动信号就可以完成运动控制和定位控制，但不可用或过载的应用，过载能力弱。在步进模式，输出驱动的能力为35V和±2A。

方案特点：

（1）控制简单，只需要控制STEP与DIR两个端口，输出脉冲运动定位准确；

（2）精度调整，五种不同的步进模式：全、半、1/4、1/8、1/16；

（3）可调电位器可以调节输出电流，从而获得更高的步进率；

（4）兼容3.3V和5V逻辑输入。

2）采用编码器直流电机＋直流电机驱动方案（图5-40）

图5-40　直流编码器电机、直流电机驱动实物图

利用直流电机编码器盘的光电栅栏脉冲计算形成直流电机闭环控制来进行电机移动距离的定位，单片机控制只要在引脚输入一个脉冲PWM信号和一个驱动信号就可以完成运动控制和定位控制，直流电机有过载能力强、转速调节方便的优势。

方案特点：

(1) 直流电机控制方便，控制PWM波形与DIR两个端口可控制电机转动速度；方便机器人运动调试；

(2) 直流电机采用500线精度调整，输出运动定位准确；

(3) 控制PWM波形可以调节输出电流，从而获得更高的电机转速；

(4) 直流电机驱动板兼容3.3V和5V逻辑输入；

(5) 直流电机为24V电压，功率90W。

当采用直流电机驱动时，按照功率计算两轮底盘载重可达20kg，四轮底盘载重可达40kg，具有高效率、高可靠性、低噪声的特点。

通过对步进电机方案与直流电机方案的对比可以发现，步进电机方案采用开环脉冲控制就可以精确控制距离位置，但整体速度控制方面效率低，机器人移动速度慢；采用直流编码器电机的控制方式，需要采用闭环控制方式，虽然控制方式较步进电机复杂，但在控制精度、移动运行速度、对抗时的过载能力上都远远优于步进电机控制，故选择直流编码器电机方案。

2. 其他关键器件选型

1) 自动机器人的距离传感器选型

自动机器人在判断位置和感知对方机器人时，可以利用距离传感器来对外界环境进行探测，一般有光电传感器、超声波传感器、红外测距传感器、激光传感器等供选型(图5-41)。

图5-41 光电、超声波、红外测距传感器实物图

光电传感器：对检测物体的限制少，以检测物体引起的遮光和反射为检测原理，所以不像接近传感器等需将检测物体限定在金属，它可对玻璃、塑料、木材、液体等几乎所有物体进行检测，响应时间短，但存在光干扰或者黑色表面的识别误差，反应不灵敏。测量距离一般为2～80mm，探测距离短。单片机资源使用IO口控制高低电平来反应外界信号，调试距离靠机械调节，受外界影响较大。

超声波传感器：超声波具有频率高、波长短、绕射现象小，特别是方向性好、能够成为射线而定向传播等特点，但响应时间长，反应不灵敏。一般适合 3cm～3m 以内的测距，探测距离适中。当使用多个方向测量时，单片机运算负担较重，需要占多个定时器等较多资源。

红外线传感器：测量射程相同，但探测面积略有增加，可用来对物体的距离进行测量。具有体积小、功耗低、价格便宜等优点，而且测量效果好，适合在小范围内高精度测量物体的实时距离。一般适合 10cm～3m 以内的测距，探测距离适中。当使用多个方向测量时，利用单片机 AD 端口 DMA 进行采集，运算负担较小。综上所述，选用红外线传感器作为自动机器人的距离传感器比较合适。

2）自动机器人的主控板选型

自动机器人按照当前在高地上完成自动布置障碍的任务以及自动防守任务时，需要光电输入信号、多路 AD 信号、多路串口通信等资源，所以在主控板的选择上要满足机器人运行的最基本配置和后续扩展功能的使用。

（1）STM32 系列芯片主控板

STM32 单片机是 ST（意法半导体）公司基于 ARM 最新 Cortex-M 架构内核的 32 位处理器产品，内置 128KB 的 Flash、20KB 的 RAM、12 位 A/D 转换、4 个 16 位定时器和 3 路 USART 通信口等多种功能资源，时钟频率最高可达到 72MHz（图 5-42）。采用 STM32F103RBT6 芯片作为主控板芯片，共有 64 个扩展 I/O 口，方便外接工作模块，STM32 单片机内置 3 个 12 位模拟/数字转换模块（ADC），转换时间最快为 1μs。ADC 模块具有 18 个通道（16 个外部信号源和 2 个内部信号源），也具有自校验功能。

在自动机器人的设计中主要运用的是 STM32 单片机的电源电路、复位电路、USB 下载电路、A/D 转换等功能，还可以完成基于 STM32 单片机芯片的很多功能，比如测温功能、键盘功能、数码管显示功能等。

（2）STC15 系列芯片主控板

STC15 系列单片机是 STC 生产的单时钟/机器周期（IT）的单片机（图 5-43），指令代码完全兼容传统 8051，但速度快 8～12 倍。ISP 编程时可设置 5～35MHz 宽范围，省掉外部昂贵的晶振和外部复位电路。3 路 CCP/PWMPCA，8 路高速 10 位 A/D 转换（30 万次/秒），内置 2KB 大容量 SRAM，2 组超高速异步串行通信端口（UARTI/UART2，可在 5 组管脚之间进行切换，分时复用可作 5 组串口使用），1 组高速同步串行通信端口 SPI，针对多串行口通信/电机控制/强干扰场合。

图 5-42 STM32 系列单片机实物图

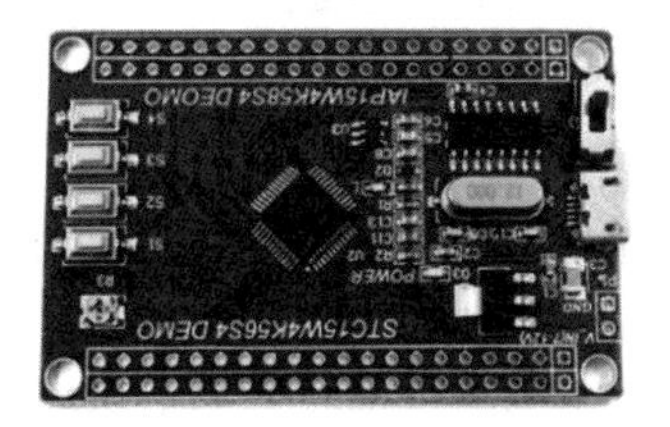

图 5-43 STC15 单片机实物图

在自动机器人的设计中主要运用的是 SCT15 系列单片机的电源电路、复位电路、USB 下载电路、IO 口控制功能、A/D 转换、串口通信等功能，可以完成自动机器人基本的控制任务和要求，代码工作量较 STM 系列简洁方便，但芯片资源相对较少。

综上所述，在自动机器人完成推杆、寻迹、防守等任务中，利用多路 AD 端口处理红外测距传感器数据，选用 STM32 芯片系列单片机可以满足自动机器人的多个功能要求，同时该芯片资源丰富，方便功能扩展和移植。

5.2.5 创新点

1. 自动机器人布障赛的关键点、难点

关键点：根据任务要求自动机器人布障碍赛的关键点是机器人的定位移动准确和完成时间。这里需要在移动准确和快速完成中进行取舍，越快越准地完成任务才是比赛的关键。

1）定位多点寻迹

根据地面的白线进行多点定位，可以按照寻迹线来区别直线位置、曲线位置、横向的推杆位置，这里需要利用不同的逻辑条件来判断对应的情况。

2）推杆的定位

根据高台的白线进行推杆中线定位，可以按照寻迹线来控制机器人的移动位置或者通过机构完成推杆，并要依次完成 6 个位置的推杆，难点在于多次推杆下机器人的位置偏差和小车的自适应调整能力，这些要考虑多种因素的影响，因此连续多次推杆定位是最大的难点。

3）完成任务时间

根据机器人的整体性能，将机器人移动、推杆稳定性综合考虑调试缩短任务时间。

2. 自动机器人布障赛的创新点

1）自动机器人巡线移动动作创新点

根据地面的白线寻迹并进行推杆任务，从出发区到每个定位点推杆的移动，机器人要经过6个90°旋转的动作，机器人如果是4轮驱动的，机器人要进行原点旋转90°，要控制4个轮胎的两两反方向移动，如果靠延时进行转动会出现误差，并且每次旋转90°时，再次回到原来位置后还要进行一次90°旋转，这样大大增加完成任务的时间(图5-44)。

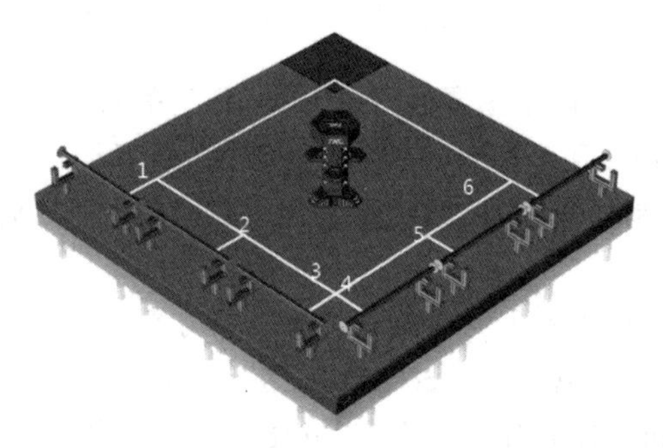

图5-44　高地小车90°旋转位置图

创新点：机器人采用的麦克纳姆轮使机器人具有横线平移功能，机器人在出发区出发时就使用机器人平移功能前进，这样机器人到推杆区就减少一次90°旋转的时间(大概3s的时间)。每到一次推杆任务区都采用机器人平移功能，从而减少机器人90°旋转时间，单凭机器人90°转身动作就可以减少的时间大概是：1次出发区转身+6个推杆×2的转身时间=13×3s=39s，即可以节约完成任务时间约40s，大大缩短任务完成时间。

2）自动机器人推杆动作创新点

根据推杆任务的情况，推杆位置在高于地面245mm的位置上，杆长800mm，架在650mm的宽度上，机器人应该完成对障碍杆的推动动作。可以通过架设电力推杆、舵机驱动机械手等进行推杆。在推杆动作中，电力推杆要利用单片机的IO口完成信号的输出来推杆，而利用舵机进行驱动需要完成PWM信号的输出，涉及程序里面的定时器编程，程序代码量增加。

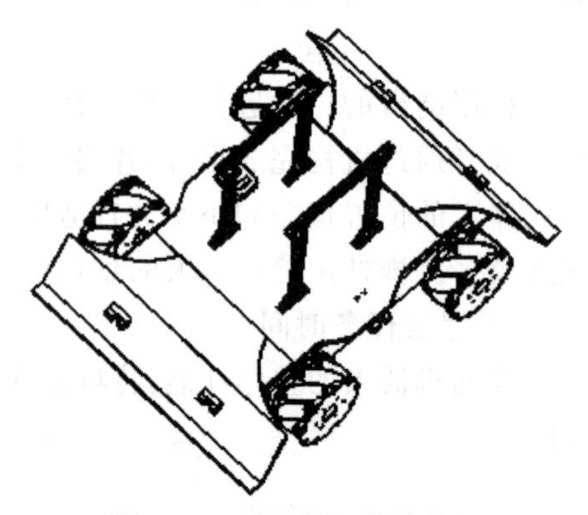

图5-45　推杆任务设计支架

创新点：为了完成推杆任务，在机

器人上装配任何电力驱动的设备都会涉及硬件的电路搭接和芯片代码的编程，会增加整个机器人的调试工作量，如果在机器人车体上搭接轻型框架结构、高度大于 245mm 的推杆高度，则只需要控制机器人的移动位置就可以完成推杆任务，简单有效，程序代码负担小。

5.2.6 工业设计

1. 外观设计

按照比赛任务设计的自动布障机器人 3D 设计图见图 5-46，该机器人可以完成巡线、布障、推杆等任务。

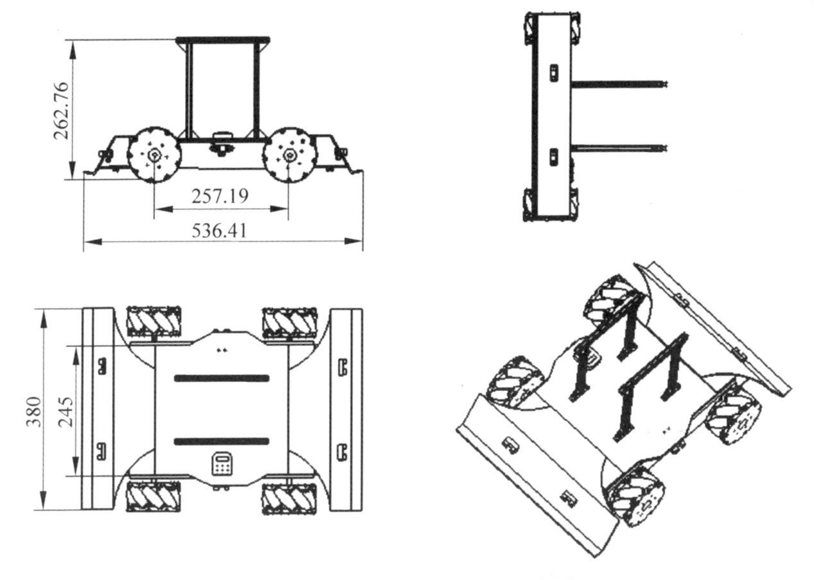

图 5-46 推杆任务机器人设计图

按照比赛任务设计自动布障实验验证机器人，先进行巡线、布障、推杆等任务的模拟，改进后再放大到实际设计的机器人中，这样可以节约成本，加快整体设计进度。

2. 人机工程

1）机器人起动安全操作设计

自动机器人设计尺寸为 600mm×600mm×300mm，重量约 10kg，整体为合金设计（图 5-47），在机器人启动时存在一定的危险性，所有机器人的起动安全性设计应该设计成让人员无接触起动，可以设计成在起动电源开关时仅仅是接通整体电源，要依靠人手同时触发两侧的距离小于 80mm 时才开始起动，这样

图 5-47 推杆任务机器人实物图

就避免了机器人启动时的误动作或者未按裁判要求提前启动。

2）机器人上层机构框架结构设计

上层机构框架结构设计采用金属铝材，重量轻，牢固耐用，既可用于上场时机器人的提手，方便搬运，又可用作推杆的机构完成推杆任务，方便、简洁、实用。

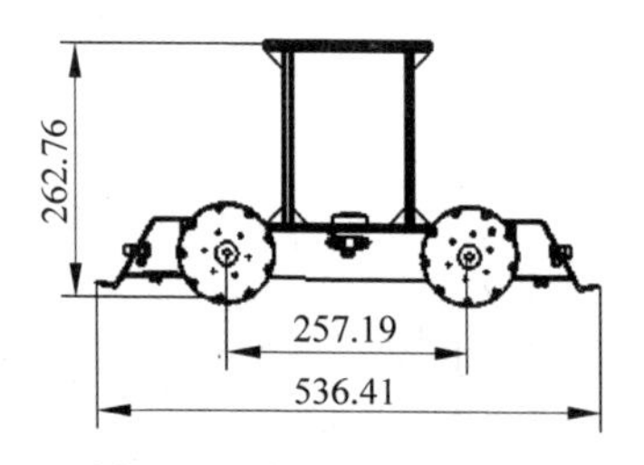

图 5-48 推杆提手设计图

3）电池的更换和牢固设计

电池是机器人元件中重量最大的一个，它影响机器人的重心偏移和移动的方向，而且当机器人电池电量不足时进行再次充电的时间应该都是多于 1h，在高频率的比赛中只能更换电池，这样电池的快速更换就是重要问题。

在电池的快速拆下结构中，将电池与机器人机体上层设计成分体方式，可以将整体电池在机器人的中部采用魔术贴的方式固定在机器人的上层位置，并在电池的两端固定橡皮筋来加强固定，防止电池串动。当需要更换时放开橡皮筋和魔术贴就可以快速更换电池。

附录A

第十九届全国大学生机器人大赛ROBOTAC比赛规则（5G时代）

1. 规则要点
2. 比赛场地
3. 比赛道具
4. 机器人
5. 参赛队
6. 比赛
7. 安全
8. 其他
9. 附图

1. 规则要点

5G通信具有高速率、低时延、高连接密度以及可靠度高的特点，是新一代信息技术的发展方向和数字经济的重要基础。本届ROBOTAC赛事以“5G时代”为主题，赛事裁判系统数据通信将采用5G技术，并将道具模拟为5G基站，参赛队需要操作机器人完成5G基站的安装。

5G时代的到来将为世界创造出无限5G+的机会可能性，让我们一起拥抱5G时代，赋能未来！

(1) ROBOTAC机器人竞赛是红、蓝两方机器人在规定场地上的攻防对抗比赛。比赛过程中，双方的多台机器人需要穿越障碍、相互攻击、进攻对方堡垒，得分多的一方获胜。

(2) 双方机器人上安装由组委会统一提供的生命柱，每个生命柱有三档生命值，当机器人受到一次攻击时，生命值降一档，降满三档后，则机器人被“击毁”，自动断电。

(3) 得分方式：参赛机器人可以通过攻击对方堡垒得分。

(4) 速胜条件：当一方机器人成功将己方5G基站放置到对方堡垒的5G基座上，该方立即取得比赛胜利。

(5) 每场比赛时间为3min。

2. 比赛场地

2.1 场地及尺寸

比赛场地尺寸为14000mm×14000mm,样式如图A-1所示,由多个120mm×120mm×1750mm的围栏围成。场地尺寸图见本附录9.中的附图图1,场地三维图见附图图2,围栏尺寸见附图图3。

赛场地面由600mm×600mm×15mm的不同颜色爬行垫铺设。场地主要由高地和防区组成。

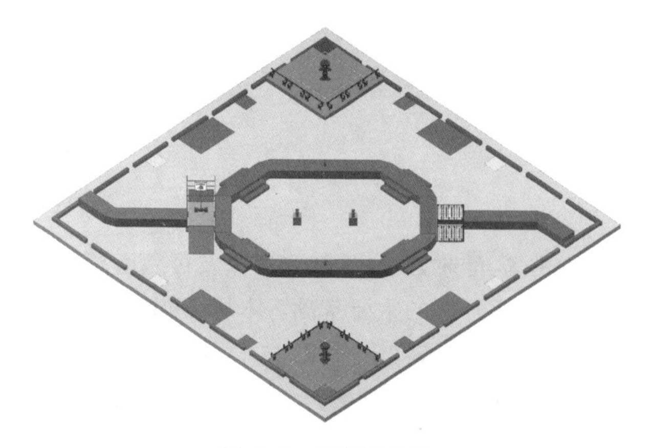

图A-1 比赛场地图

2.2 高地

场地对角各有一个高地,样式如图A-2所示,是3000mm×3000mm方形区域,高135mm,表层用600mm×600mm×15mm的绿色爬行垫铺设。两队的高地中设有1个600mm×600mm的自动机器人启动区。高地上贴有宽度为30mm的白线,位置如附图图4所示。

高地外围设置有两组障碍桩,每组6个。比赛开始时障碍桩上层放置有截面边长30mm,长850mm的铝型材横杆,横杆自由放置,可以被机器人移动,障碍桩布置方式及详细尺寸见附图图4。

高地中央设置有堡垒,堡垒高600mm,离地300mm处设有5G基座,详细尺寸见附图图5。堡垒是对方机器人攻击的目标。堡垒受到有效击打后会发出持续10s的闪光,确认受到一次攻击。在此期间,堡垒为无敌状态,再次击打无效。

比赛堡垒由组委会统一提供,堡垒上装有传感器。传感器敏感性满足:炮

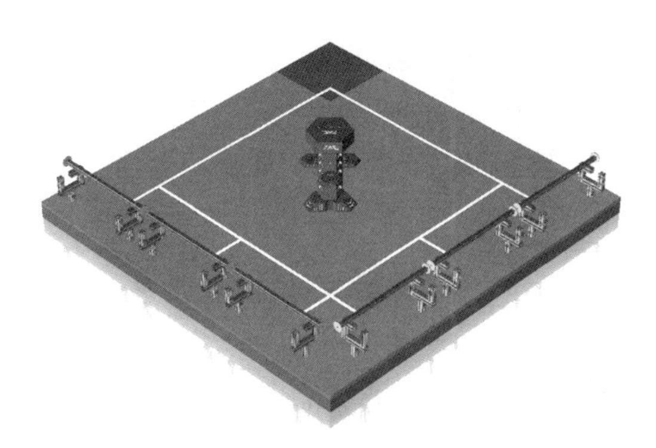

图 A-2 高地

弹在距堡垒 300mm 位置自由落下击中堡垒,可以触发传感器;且在距堡垒 150mm 位置自由落下击中堡垒时,不能触发。

2.3 防区

比赛场地无高地的两角之间的连线把场地分为两部分,分别为红、蓝两队的防区。

1）功能区

双方防区中各有 2 个 1200mm×1800mm 的手动机器人启动区,2 个 600mm×600mm 的炮弹装填区,2 个 600mm×600mm 的自动机器人启动区。

隔离栏将双方防区隔离开,放置位置如附图图 1 所示,隔离栏尺寸为 1320mm×600mm×300mm,尺寸如附图图 6 所示。

2）通道区

两队的防区由三种通道相连,是双方机器人进入对方防区的通路,所有通道道具均通过强力魔术贴固定在场地表面。通道区包含以下三种：

（1）峡谷区：峡谷区样式如图 A-3 所示,由环形山和峡谷组成。环形山由 10 个 2000mm×600mm×300mm 的长方体和 8 个边长 600mm,顶角 45°,高度 300mm 的三棱柱组成,环形山围成了峡谷。

环形山内外两侧固定位置安装有 4 组 1200mm（长）×200mm（宽）×100mm(高)的二级阶梯。比赛开始时双方各有 3 个 5G 基站在峡谷区,安置在 300mm 高的平台上,具体位置如附图图 1 所示。环形山、二级阶梯、平台的尺寸如附图图 7 所示。

（2）流利条障碍区：流利条障碍区如图 A-4 所示,长 2000mm,宽 1000mm,由 4040 铝型材框架、8550 轮距 100mm 流利条、80120 铝型材障碍条组成。障碍条两侧各布置一组长度为 750mm 流利条,每组流利条 9 根,均匀布置在铝型

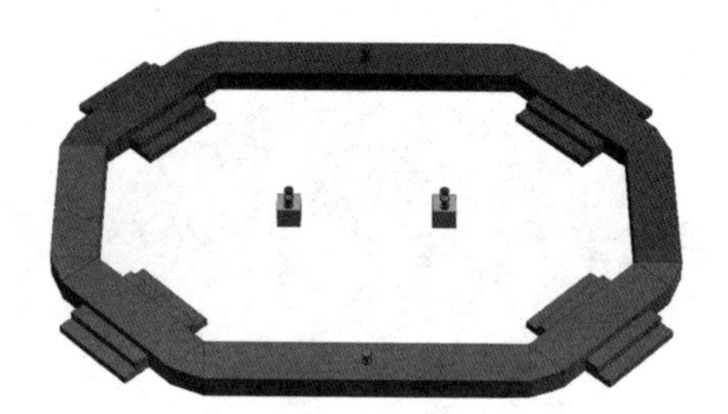

图 A-3 峡谷区

材框架内。流利条障碍区详细尺寸如附图图 8 所示。

图 A-4 流利条障碍区

(3) 摆锤区：摆锤区样式如图 A-5 所示，长 3450mm，宽 900mm，由斜坡、平坡和摆锤组成，两端红蓝斜坡长 1120mm，宽 900mm，高 300mm，与地面成 15°，两斜坡中间为绿色平坡，宽 900mm，长 1300mm，由海绵＋PU 皮革制成；平坡上方装有摆锤，摆锤静止时，最低点距桥面高度 100mm，摆锤以 1.5～3s 每次的频率做周期性摆动，摆锤摆动角度大于±45°。摆锤区详细尺寸如附图图 9 所示。

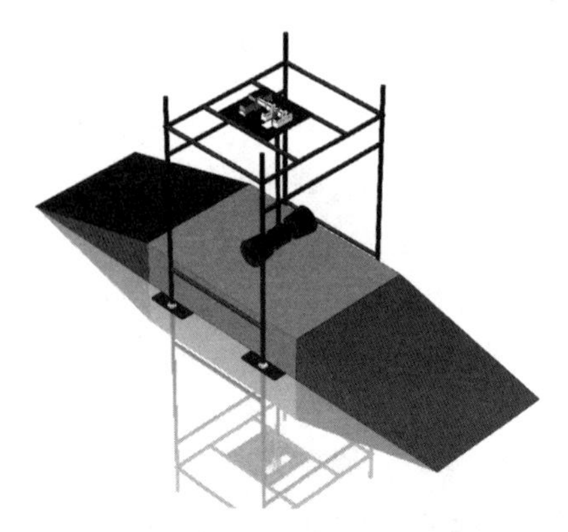

图 A-5 摆锤区

3. 比赛道具

3.1 生命柱

生命柱由组委会统一提供，外形尺寸 134mm×230mm，厚 15mm，每场比赛组委会提供 2 类生命柱：底座与水平面成 45°角安装的生命柱 4 个；底座与水平面成 180°角安装的生命柱 1 个（只可用于足式机器人）。生命柱安装样式如图 A-6 所示。生命柱每受到一次有效攻击时，会降一档生命值（传感器采用加速度传感器，敏感度统一标定），此后 5s 内对它再次攻击无反应。三档生命值全部丧失，表示机器人“死亡”，机器人的电源被自动切断。

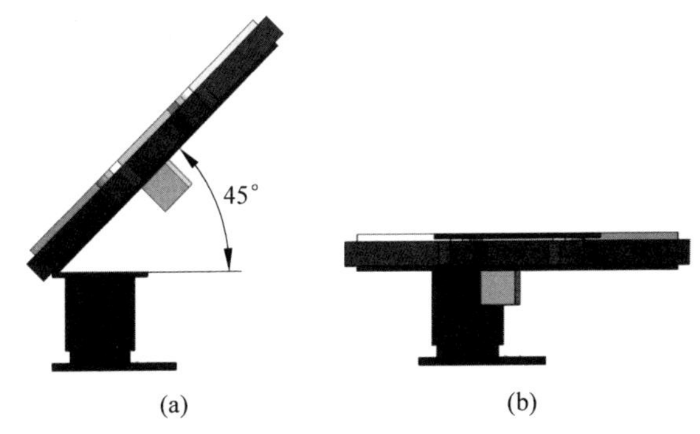

图 A-6 生命柱安装样式

(a) 45°角安装生命柱；(b) 180°角安装生命柱

参赛队在赛前应按组委会的规定将生命柱安装在手动机器人的指定位置，务必保证电池通过生命柱后再给系统供电。严禁更改生命柱的结构和设置，安装及连接方式在比赛期间接受组委会的检查。

3.2 显示柱

显示柱由组委会统一提供，外形尺寸和安装连接方式和附图 1-6(a)一致，显示柱只作为显示标识，没有击打感应功能。组委会在每场比赛为每队提供两个显示柱，分别安装在自动机器人和四足机器马身上。

3.3 炮弹

炮弹由组委会统一提供，是直径约 54mm，重约 44g(±3g)的橡胶球。双方各 35 发，可提前预装在手动机器人上，剩余的放在炮弹填装区。炮弹不是各队专属的，比赛期间机器人可以捡起散落在场地内的炮弹使用，不允许操作手手动填装。为了保证调试和比赛时的人身安全，发射炮弹的初速必须限制，要求最大射程不得超过 10m。比赛前，炮弹发射机构须通过组委会的安全检查方可上场比赛。

3.4 5G 基站

比赛过程中使用直径 110mm，长 150mm 的亚克力圆柱体模拟 5G 基站，由组委会统一提供。比赛开始时放置在峡谷区内部的平台和环形山上。放置位置如附图图 1 所示。

3.5 加减血模块

加减血模块由组委会统一提供，外形尺寸 80mm×50mm×30mm，安装在四足机器马身上(无遮挡)。

当加减血模块与己方手动机器人生命柱距离小于 500mm 内时，每保持 3s 加 1 格血，加满为止；“阵亡”机器人亦可被“复活”，被“复活”的机器人 2s 内处于无敌状态。

当加减血模块与对方手动机器人生命柱距离小于 1000mm 时，每保持 1s 减 1 格血，直至对方机器人“阵亡”。

以上比赛道具功能及使用说明请见《2020 全国大学生机器人大赛 ROBOTAC 裁判系统说明手册》。

4. 机器人

每支参赛队可以有多台机器人，各队可根据比赛策略，设计、制作具有不同功能的机器人。组委会将在比赛前检查每台参赛机器人是否符合规则限制，不合格的机器人不允许参加比赛。

不允许使用空中飞行机器人。

4.1 自动机器人

每支参赛队可以有 1 台自动机器人，自动机器人不限制重量。比赛开始时放在任一自动起动区，尺寸不得超过 600mm×600mm×300mm(高)，比赛开始后也不能超出上述尺寸限制。自动机器人不带有生命柱，也不能装备发射炮弹的装置，但必须携带有“0 号”显示柱，在比赛中用于表示本队的颜色。自动机器人不得以“搂抱”方式对堡垒进行遮挡。

自动机器人起动后可以将障碍桩上层的横杆推到下层，形成障碍，阻碍对方机器人登上高地。

自动机器人和手动机器人之间不得通信，但自动机器人自主识别手动机器人动作或状态的信息行为不被禁止。赛前自动机器人应单独接受检查，在没有手动机器人和遥控器的情况下，自动机器人必须按照预先编制的程序展示全部动作，比赛中任何新增的动作将被视为存在手动机器人与自动机器人之间的通信。

4.2 手动机器人

手动机器人可以是轮式或履带式车型机器人，也可以是双足或多足机器人。手动机器人的遥控方式自行选择，参赛队需对比赛中出现被干扰的情况负责。

手动机器人上可以安装炮弹发射或其他攻击机构，用来攻击对方机器人和堡垒。这些攻击机构是机器人的一部分，应满足机器人尺寸限制要求，在比赛过程中不得与机器人分离。

比赛开始时每台手动机器人的尺寸限制在600mm×600mm×600mm，比赛开始后尺寸限制在600mm×600mm×1200mm，手动机器人总重量不得超过45kg。

每队手动机器人数量最多可以有5台，其中，车型机器人最多可以有3台。手动机器人的移动方式类型不得少于$N-1$种（$N=$该队上场手动机器人数量）。

手动机器人的指定位置上必须安装组委会统一提供的生命柱。生命柱接口为XT60插头。具体要求如下：

（1）生命柱安装：组委会统一提供生命柱底座，底座需与机器人本体刚性连接，参赛队不得对底座做任何形式的改动，不允许改变、遮挡生命柱供电方式。

生命柱底座需安装在机器人车体后沿中心，且边沿对齐（不得有悬臂梁形式，生命柱外沿在车体最外侧），保证生命柱底座离地面高度为60～160mm，具体位置及要求示意如图A-7所示。

（2）生命柱遮挡：在比赛的任何时刻，攻击机构、车轮或其他执行机构不得进入己方机器人生命柱上下沿及延长线范围区域（即不得对生命柱进行任何形式的遮挡），如图A-8所示。

图 A-7 生命柱底座安装位置边沿对齐示意图

图 A-8 生命柱上下沿范围内无遮挡示意图

比赛时，参赛队需指定一台手动车型机器人，安装组委会提供的视频传输模块，用于比赛视频拍摄，视频传输模块不计入机器人重量。

组委会提供的视频发射模块（含摄像头，带电池）尺寸不大于 118mm×78mm×50mm（不包括天线），外观如图 A-9 所示。

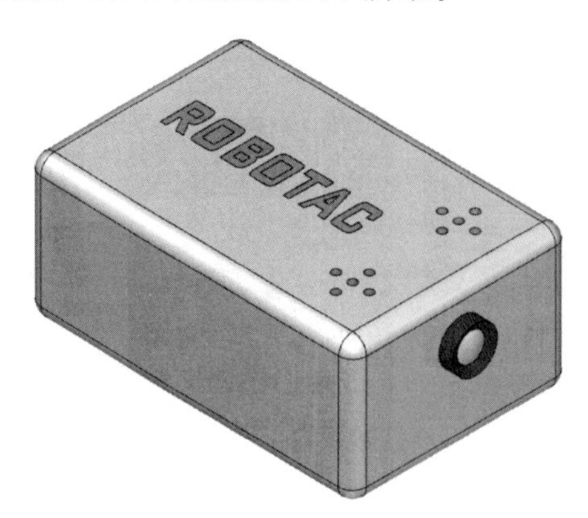

图 A-9 视频传输模块

为辅助操作，允许手动机器人自行安装指定频段的图像传输模块，自行安装的图像传输模块需满足机器人的总重量、尺寸的规则限定要求，并对比赛中出现被干扰的情况负责。

四足机器马：参赛队可制作一台四足机器马，四足机器马的单腿自由度必须≥2，不带有生命柱，但必须携带有“6 号”显示柱。四足机器马身上装有加减血模块，活动范围限制在峡谷区和己方防区。

机器马的长、宽、高均不得小于 400mm。比赛中，机器马尺寸不得超过 1000mm（长）×800mm（宽）×800mm（高）。机器马重量不限，马腿可以有多点/

面接地,但包容一条马腿所有接地点/面的外接圆直径不得大于100mm。

4.3 能源

(1) 自动机器人、足式机器人的电源标称电压必须低于DC24V,车型机器人的电源标称电压必须低于DC12V。

(2) 允许使用压缩空气,但储气瓶压力不得超过0.8MPa,每台机器人上的气瓶总容积不得超过5L,所用气瓶必须套有保护罩。

4.4 重量

(1) 每支参赛队上场的所有手动机器人(不包括四足机器马)的总重不得超过45kg,自动机器人、四足机器马不限重量。

(2) 总重包括能源和机器人所有部件的重量(包括生命柱底座、自行安装的图像传输模块),不包括遥控器、备份电池和备件。

5. 参赛队

(1) 参赛队员须为在校学生,对学生所属专业不做限制。参赛队应指定1名学生担任队长。

(2) 上场的参赛队只允许有1名教师和6名学生队员。教师不得参与对机器人的操作。

(3) 比赛过程中,操作手、指导教师必须在场地外指定操作区活动,不得离开操作区。

6. 比赛

6.1 比赛过程

(1) 比赛开始前,各队有1min准备时间,将机器人置于各自的起动区,并进行必要的调整与设置,机器人可以加电,手动机器人不得运行出起动区。

(2) 比赛开始以比赛系统哨响为准,两队的自动机器人和手动机器人从各自的起动区起动,机器人需要在比赛开始后10s内完成起动,之后不得再接触机器人。如在哨声前起动机器人则判为抢跑,给予警告,第二次抢跑的机器人将被罚下。

(3) 上场队员可操作本队的任何机器人。如果所操作的机器人“阵亡”,操作手可遥控场上其他机器人继续比赛。

（4）比赛过程中运动到（主动或被动）围栏外的机器人将被罚下，不得重新进入场地进行比赛。比赛过程中，如果出现机器人分离，该机器人被强制罚下，其他机器人可继续比赛。

（5）攻击对方堡垒一次得1分。

（6）速胜条件：当一方机器人成功将己方5G基站放置到对方堡垒的5G基座上，该方立即取得比赛胜利，得分记30分。

（7）比赛在开始后3min结束，以得分的多少判定胜负。淘汰赛中，若出现平局，则加时2min，双方各选一台机器人（不得进行更换电池、加气等操作），先对对方堡垒实现一次有效攻击的一方获胜。如2min后两队均未实现有效攻击，则此时机器人距离对方堡垒最近的一方获胜。如果仍为平局，则按出场机器人重量判决，重量轻的一方获胜。

6.2 重试及断电

比赛开始后，任何机器人不得申请重试，如机器人在场上出现故障或失控，则自动退出比赛，为了机器人的安全和保护场地，裁判有权根据现场情况要求该机器人断电并拿出场地。

6.3 犯规及取消比赛资格

（1）参赛队的下列行为将会被认定为犯规，记犯规一次，扣1分，判罚可累计：

① 比赛开始后10s未完成起动，仍接触机器人；

② 机器人起动后，操作手接触机器人；

③ 比赛开始后，操作手离开操作区。

（2）参赛队的下列行为将会被罚下机器人，被罚下的机器人如未按裁判要求停止运动，1次扣10分，判罚可累计：

① 第二次抢跑；

② 运动到（主动或被动）比赛场地外的机器人（机器人部件接触到场地围栏外地面）；

③ 故意损坏比赛场地、道具；

④ 机器人发射炮弹，在比赛现场射程超过10m。

（3）参赛队的下列行为会被整队罚下，如有得分则记为零分，该场比赛判对方取得速胜：

① 电池未通过生命柱直接给手动机器人供电或存在其他改动生命柱供电

方式的行为；

② 机器人做出危险动作，危及场上操作手、裁判或观众安全；

③ 不听从裁判指挥、不服从裁判判决；

④ 做出任何有悖公平竞争精神的行为。

7. 安全

安全是ROBOTAC机器人比赛持续发展的最重要问题。因此，每位参赛者应特别重视并有义务按照本部分的规定在充分采取安全措施的前提下研制机器人。指导教师应该负起安全指导和监督的责任。

(1) 参赛机器人不应给队员、裁判、工作人员、观众、设备和比赛场地造成伤害。如果现场裁判认为机器人的行为对人员或设备有潜在危险，可以禁止该机器人参赛或随时终止比赛。

(2) 不允许使用液压动力、燃油驱动的发动机、爆炸物、高压气体（超过0.8MPa）、含能化学材料等组委会认为危险和不适当的能源。

(3) 操作员的误操作、控制系统失控、部件损坏，均可能导致机器人骤停、突然加速或转向，发生操作员与机器人之间的碰撞、接触，造成伤害。发射或攻击机构一旦被突然触发，也可能误伤周围的人员。凡此种种意外情况，都应采取必要的安全措施（例如，严禁单独训练以便有人对事故做出应急响应，必须佩戴护目镜，考虑戴头盔，调试时在机器人系统中进行适当的锁定，等等）。

8. 其他

(1) 裁判有权对规则中未规定的任何行为做出裁决。在有争议的情况下，裁判长的裁决是最终裁决。

(2) 比赛场地及道具尺寸的允许误差为±5%。但是，规则给出的机器人尺寸和重量是最大值，没有允许误差。为增加赛事观赏性，组委会搭建的正式比赛场地可能会增加装饰、改变材料，各参赛队的比赛机器人需要具有一定的适应性。

(3) 规则如有修改更新，组委会将在赛事官方网站上发布，以比赛开始前最新发布版本为准。

(4) 规则的最终解释权归ROBOTAC组委会所有。

9. 附图

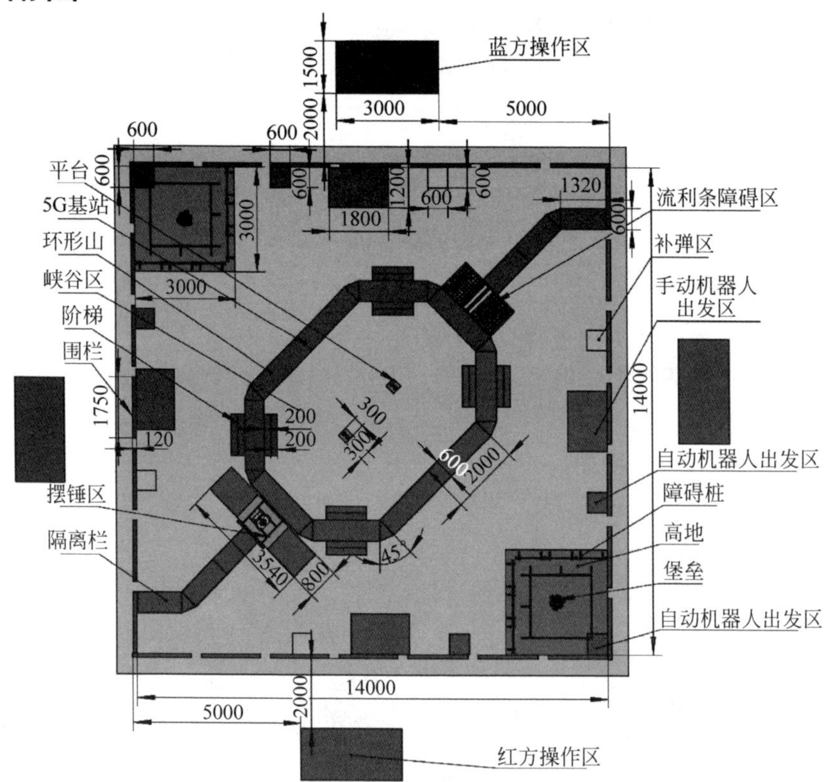

附图图 1　场地图

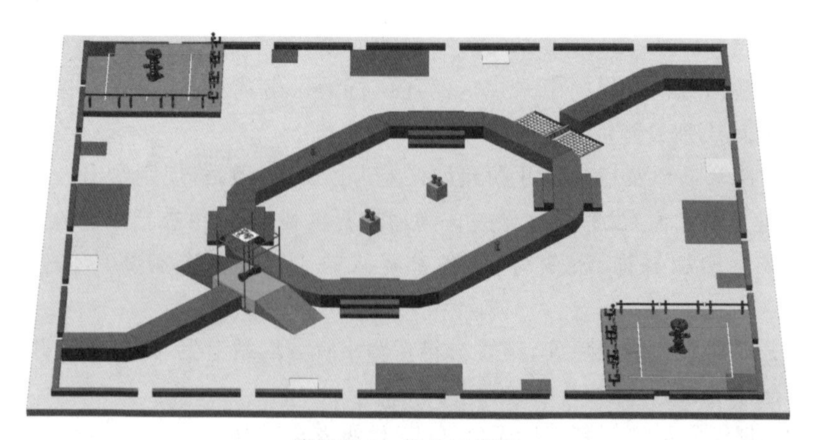

附图图 2　场地三维图

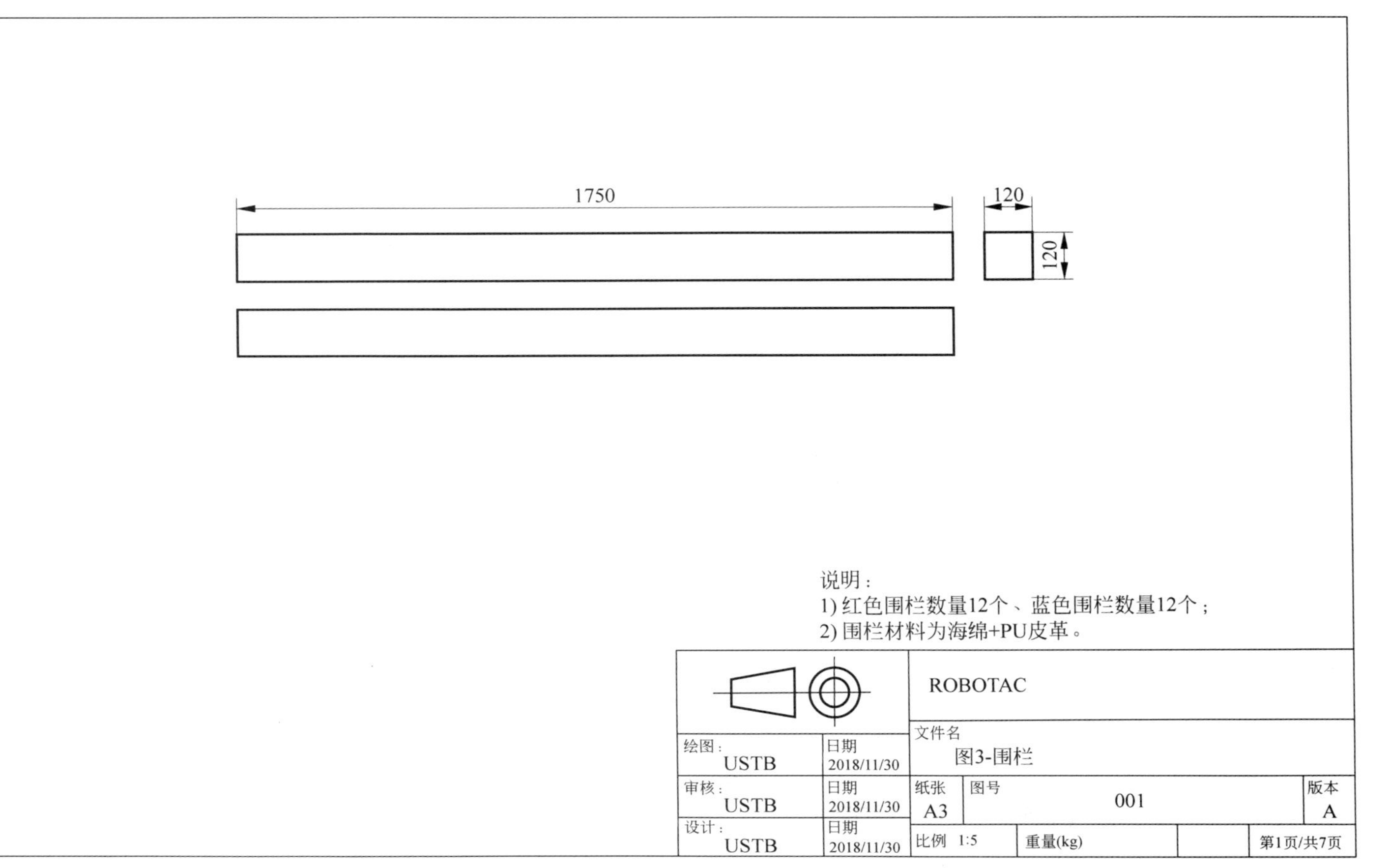
1750
120
120
说明：
1) 红色围栏数量12个、蓝色围栏数量12个；
2) 围栏材料为海绵+PU皮革。
ROBOTAC
绘图：USTB
日期 2018/11/30
审核：USTB
日期 2018/11/30
设计：USTB
日期 2018/11/30
文件名
图3-围栏
纸张 A3
图号 001
版本 A
比例 1:5
重量(kg)
第1页/共7页

附图图3 围栏

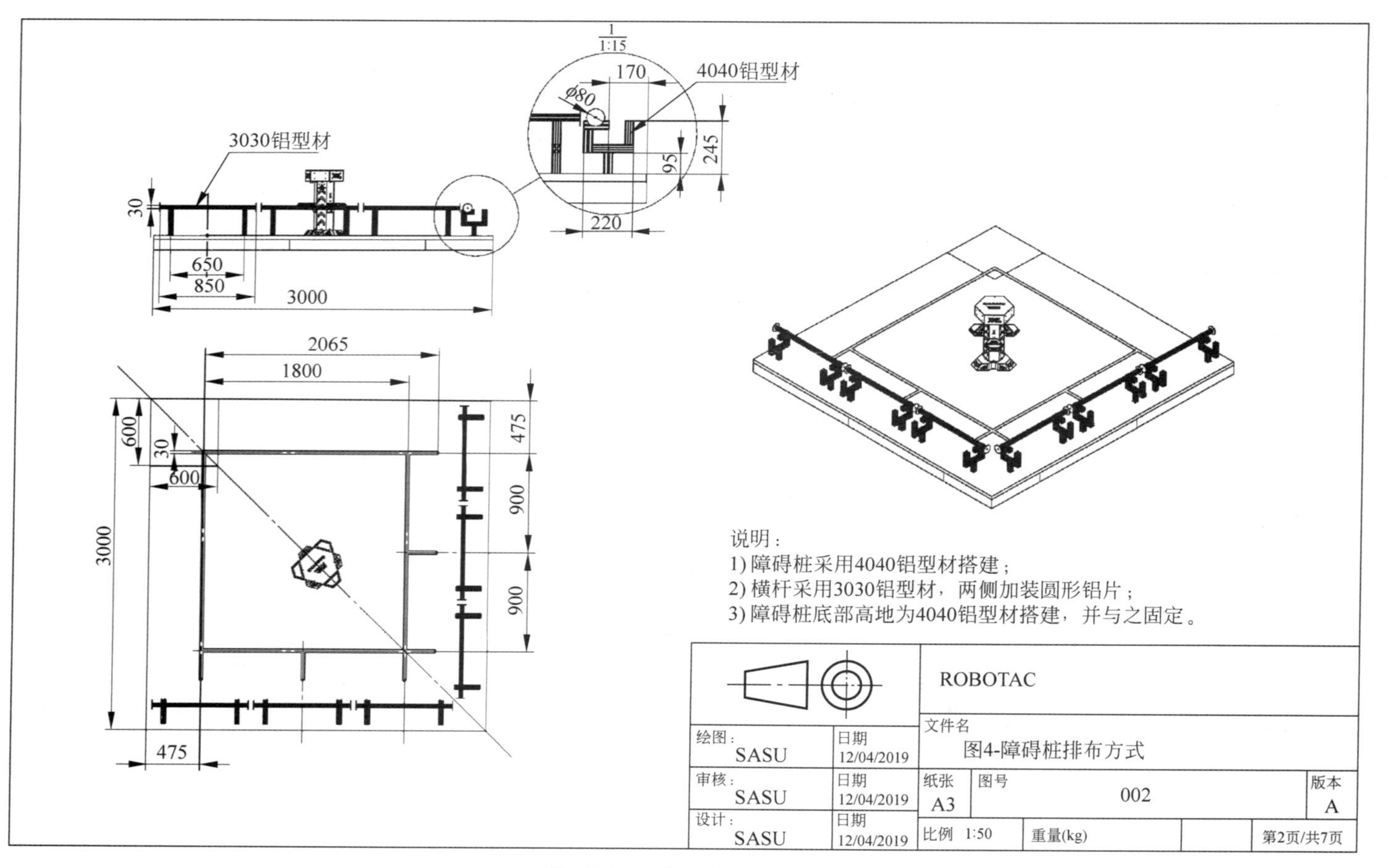

附图图 4　障碍桩排布方式

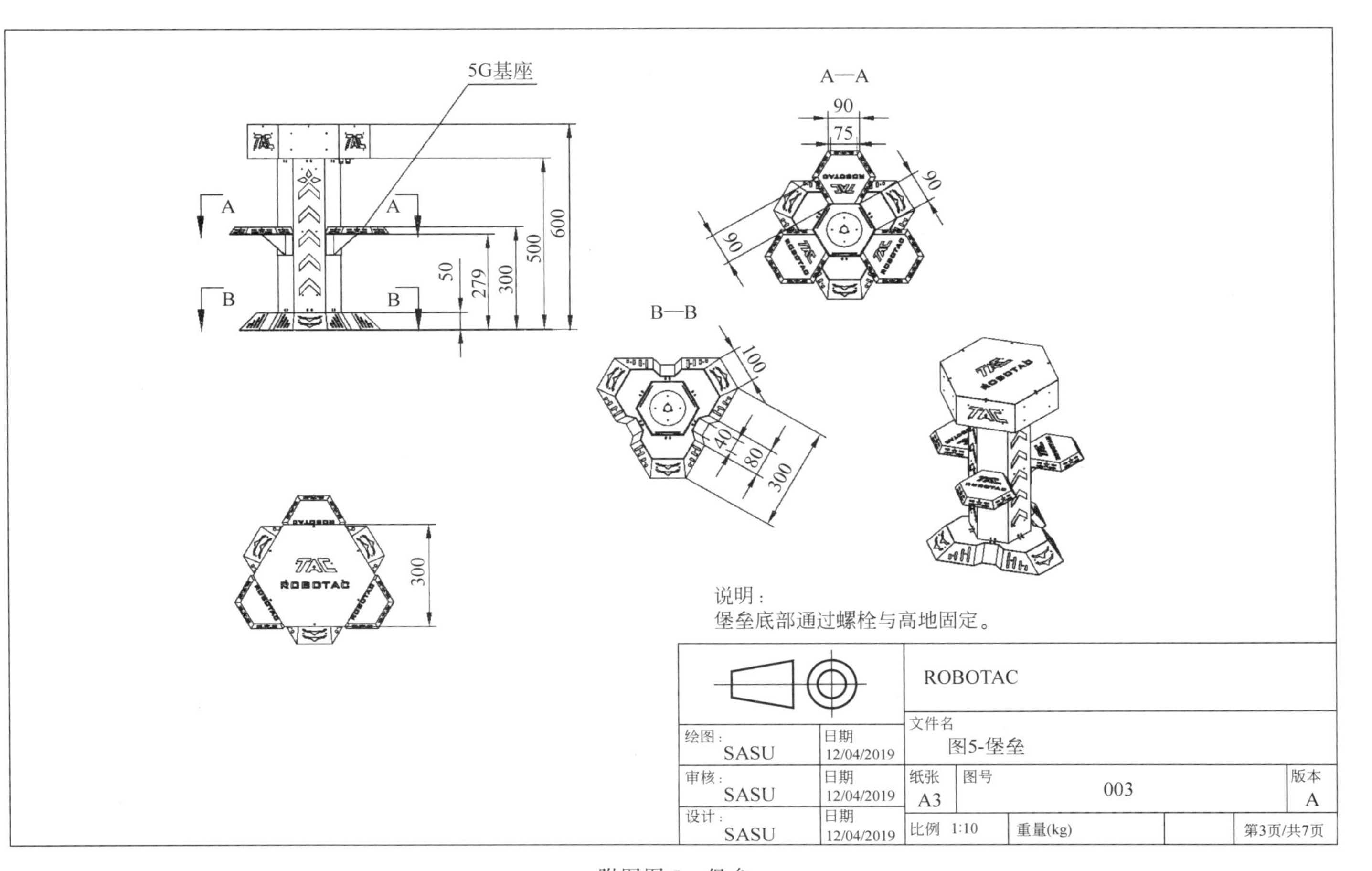
5G基座
A—A
B—B
600
500
300
279
50
90
75
100
80
40
说明：
堡垒底部通过螺栓与高地固定。
ROBOTAC
绘图：SASU
日期 12/04/2019
审核：SASU
日期 12/04/2019
设计：SASU
日期 12/04/2019
文件名
图5-堡垒
纸张
A3
图号
003
版本
A
比例 1:10
重量(kg)
第3页/共7页

附图图5 堡垒

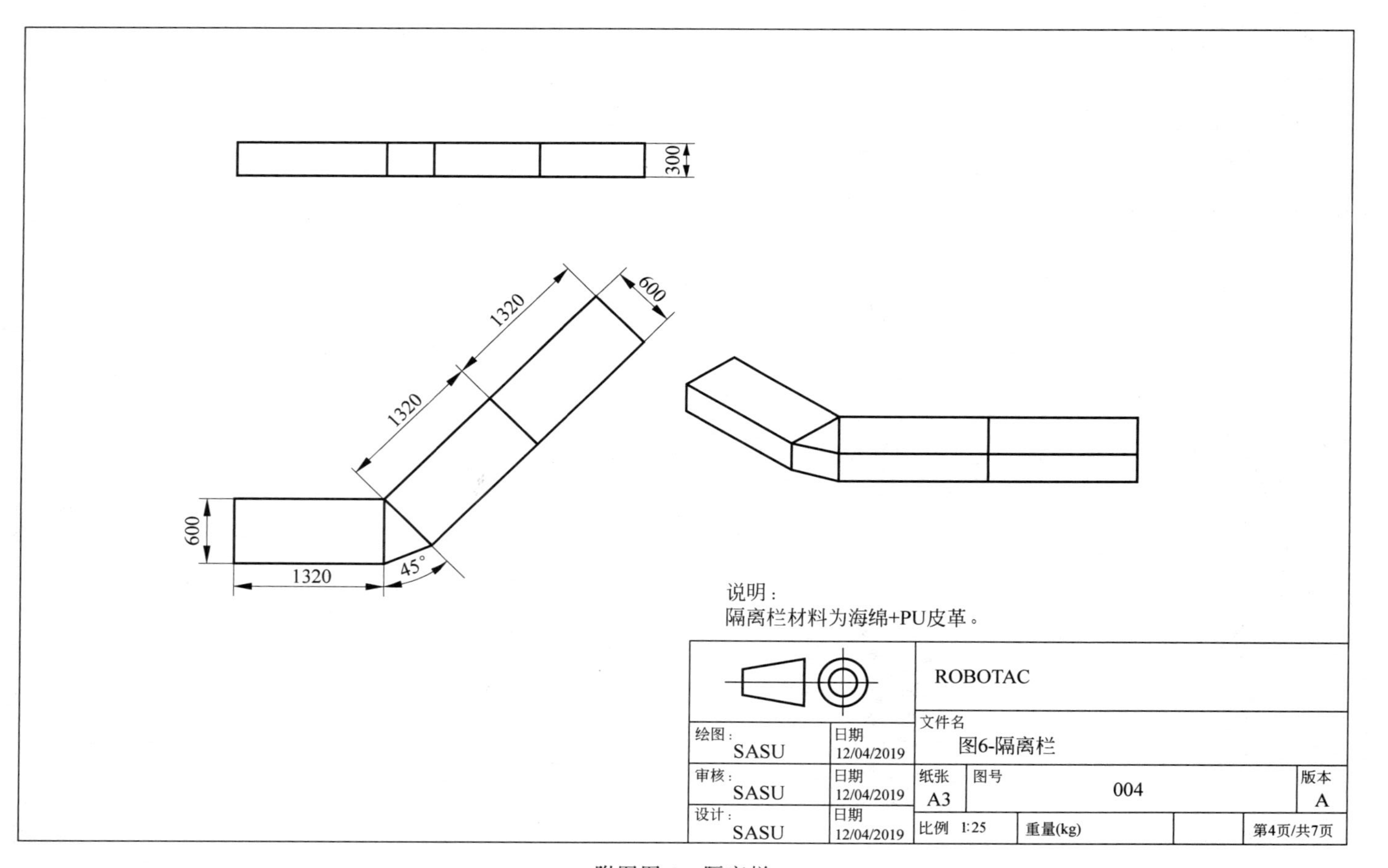
300
1320
1320
600
600
1320
45°
说明：
隔离栏材料为海绵+PU皮革。
ROBOTAC
文件名
图6-隔离栏
绘图：SASU
日期 12/04/2019
审核：SASU
日期 12/04/2019
设计：SASU
日期 12/04/2019
纸张 A3
图号 004
版本 A
比例 1:25
重量(kg)
第4页/共7页

附图图 6 隔离栏

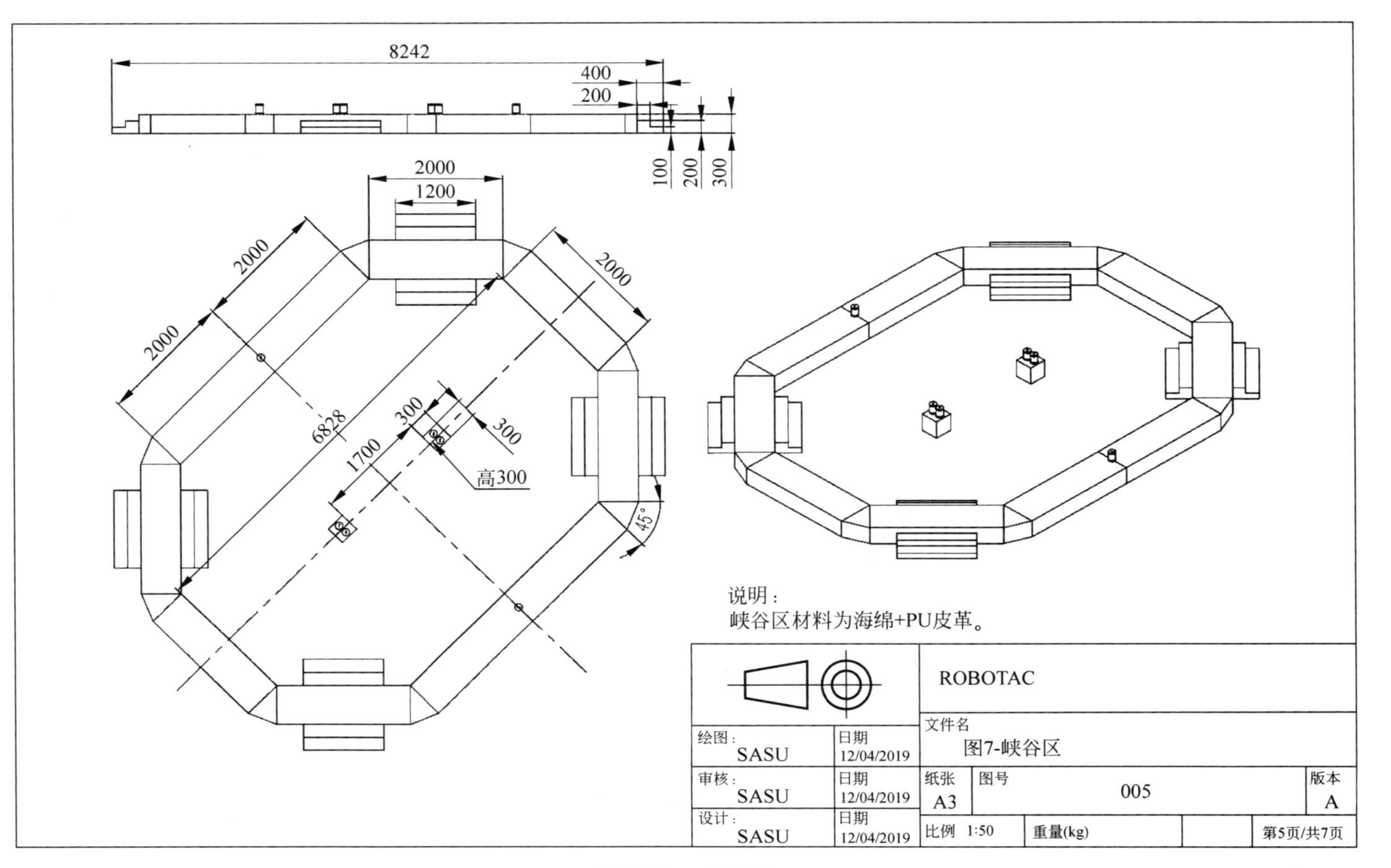

8242
400
200
100
200
300
2000
1200
2000
2000
2000
6828
1700
300
300
高300
45°
说明：
峡谷区材料为海绵+PU皮革。
ROBOTAC
绘图：SASU
日期 12/04/2019
审核：SASU
日期 12/04/2019
设计：SASU
日期 12/04/2019
文件名
图7-峡谷区
纸张 A3
图号 005
版本 A
比例 1:50
重量(kg)
第5页/共7页

附图图 7 峡谷区

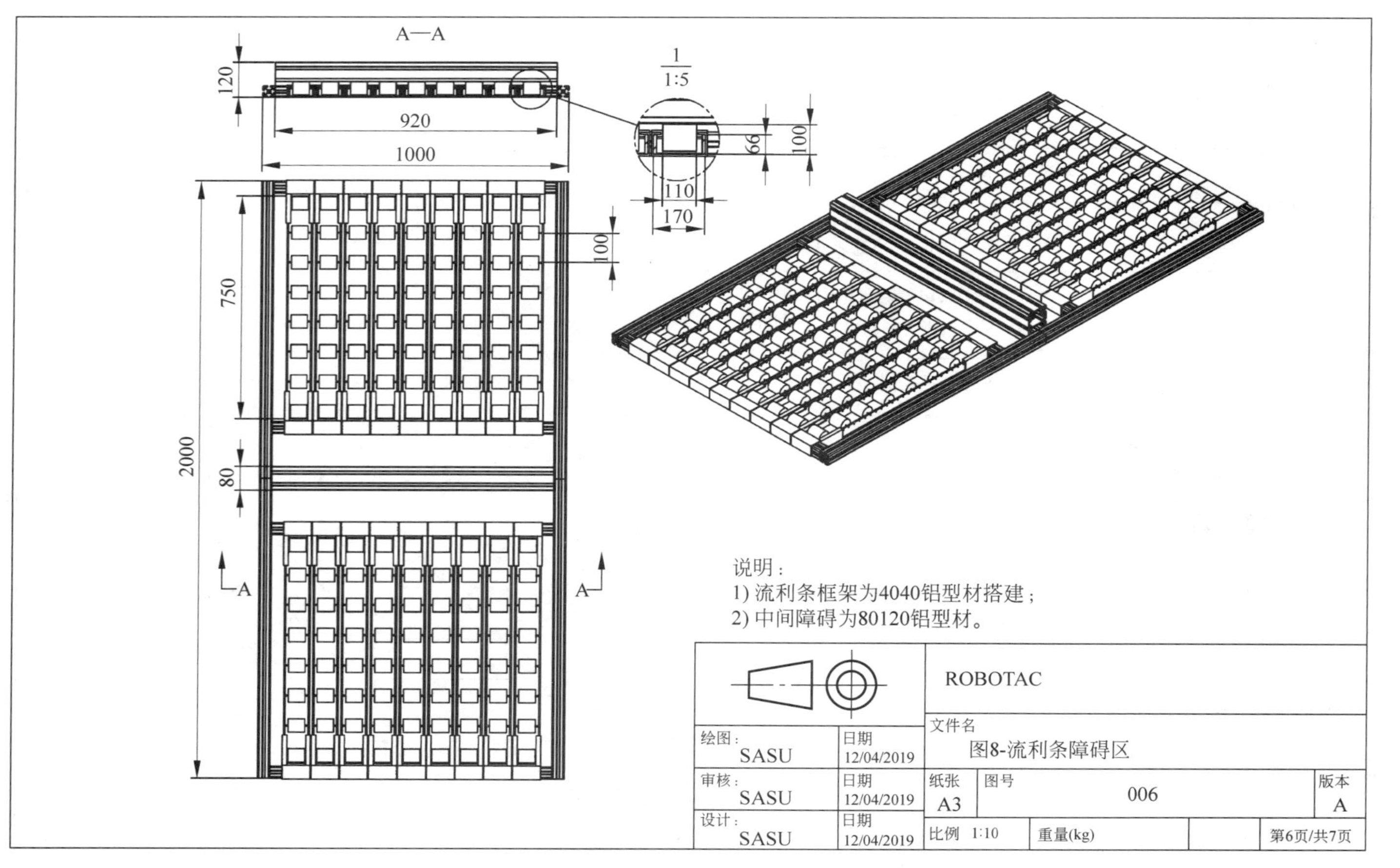
A—A
120
920
1000
1
1:5
99
100
110
170
100
750
2000
80
A
A
说明：
1) 流利条框架为4040铝型材搭建；
2) 中间障碍为80120铝型材。
ROBOTAC
文件名
图8-流利条障碍区
绘图：SASU
日期 12/04/2019
审核：SASU
日期 12/04/2019
设计：SASU
日期 12/04/2019
纸张 A3
图号 006
版本 A
比例 1:10
重量(kg)
第6页/共7页

附图图 8　流利条障碍区

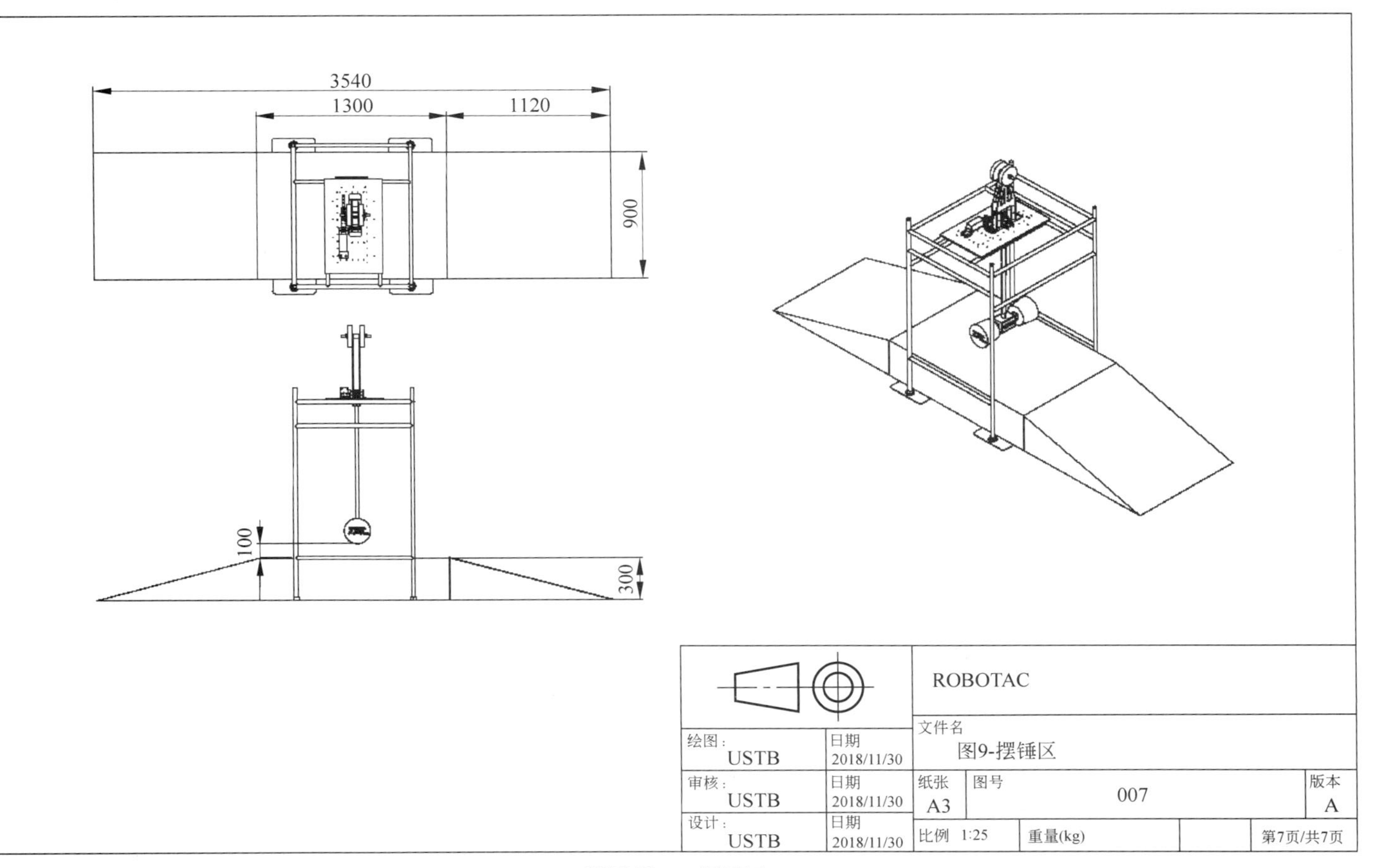
3540
1300
1120
900
100
300
ROBOTAC
绘图：USTB
日期 2018/11/30
审核：USTB
日期 2018/11/30
设计：USTB
日期 2018/11/30
文件名
图9-摆锤区
纸张 A3
图号 007
版本 A
比例 1:25
重量(kg)
第7页/共7页

附图图9 摆锤区

附 录 B

全国大学生机器人大赛 ROBOTAC裁判系统说明手册

1. ROBOTAC 裁判系统概述

2. 机器人道具终端设备

3. 场地道具终端设备

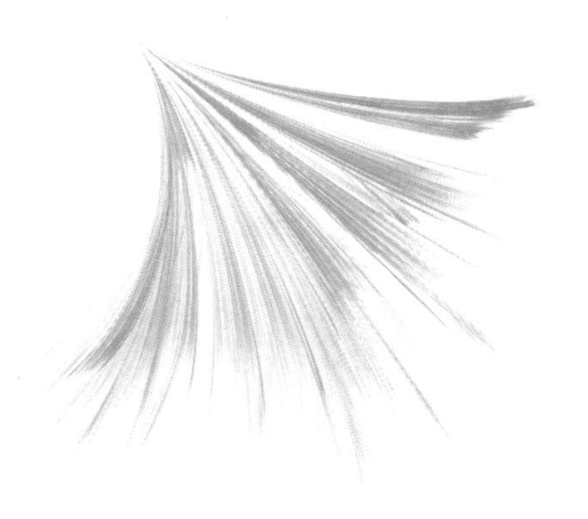

1. ROBOTAC 裁判系统概述

ROBOTAC 裁判系统用于 ROBOTAC 竞技赛过程中的自动计分与判罚，具有击打感知、自动统计、加减血、距离及状态监测等功能。

ROBOTAC 裁判系统道具物品清单见表 B-1。

表 B-1 ROBOTAC 裁判系统道具物品清单

序号	名　称	数　量
1	生命柱(红)	5
2	生命柱(蓝)	5
3	显示柱(红)	2
4	显示柱(蓝)	2
5	堡垒(红)	1
6	堡垒(蓝)	1
7	加减血模块(红)	1
8	加减血模块(蓝)	1
9	5G 基站(红)	3
10	5G 基站(蓝)	3
11	加减血中控	1
12	Wi-Fi 无线中控	1

2. 机器人道具终端设备

2.1　生命柱

1. 尺寸

134mm×230mm,厚 15mm。尺寸如图 B-1 所示。

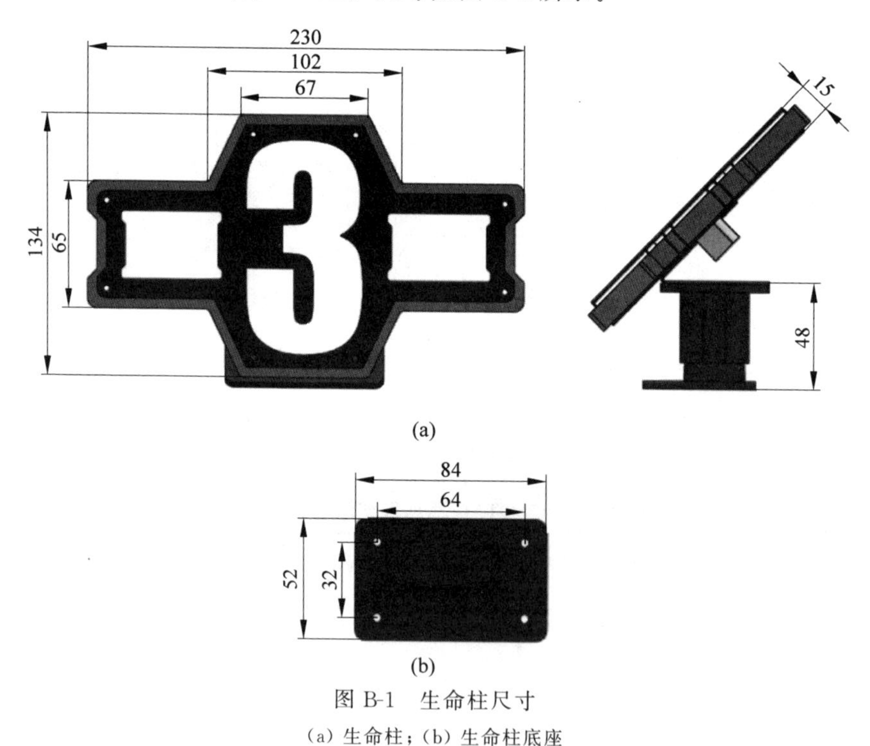

图 B-1　生命柱尺寸

(a) 生命柱；(b) 生命柱底座

2. 结构

正面为数字镂空金属板覆盖白色匀光板,侧面为红色/蓝色亚克力夹边。样式如图 B-2 所示。

3. 功能

击打感知：生命柱每受到一次有效攻击时,会降一档生命值(传感器采用加速度传感器,敏感度统一标定),此后 5s 内对再次

图 B-2　生命柱

攻击无反应。三档生命值全部丧失，表示机器人“死亡”，机器人的电源被自动切断。

测距通信：生命柱带有测距单元，可以与加减血模块进行相互测距和通信。“阵亡”机器人的生命柱可以被己方的加减血模块复活。

电流限制：电源电压为12V时限流30A，电源电压为24V时限流15A。

4. 安装使用

生命柱带有电源输入输出接口，采用的XT60电源端子输入为母头，输出为公头，电源输入接口接入12～24V电池（注意不要超过24V），输出接口连接机器人电源总输入接口，如图B-3所示。

图B-3　生命柱电源接口示意图

生命柱背后有数据重置按钮，每场比赛开始前需要对数据进行重置。

每场比赛组委会提供2类生命柱：底座与水平面成45°角安装的生命柱4个；底座与水平面成180°角安装的生命柱1个（只可用于足式机器人）。生命柱的编号为“1～5”，安装样式如图B-4所示。

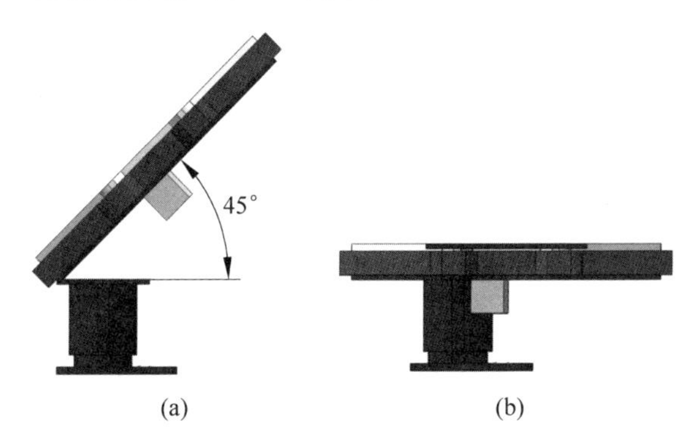

图B-4　生命柱安装样式

（a）45°角安装生命柱；（b）180°角安装生命柱

2.2　显示柱

显示柱的尺寸、结构、安装和生命柱一致。显示柱只作为显示标识，没有击打感应功能。组委会在每场比赛提供两个显示柱，分别安装在自动机器人和四足机器马身上。显示柱的编号为“0”和“6”。

2.3 加减血模块

1. 尺寸结构

外形尺寸80mm×50mm×30mm。加减血模块正面为白色匀光板，主体为红色或蓝色塑料，内部带有电池和无线测距单元，用来实现与生命柱的测距和通信，如图B-5所示。

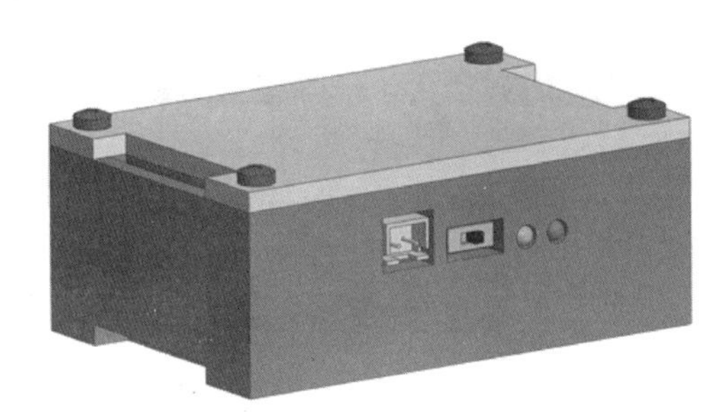

图B-5 加减血模块

2. 功能

加减血模块安装在四足机器马身上，带有数据重置按钮，比赛开始前重置。

当加减血模块与己方手动机器人距离小于500mm内时，每保持3s加1格血，加满为止；“阵亡”机器人亦可被“复活”，被“复活”的机器人2s内处于无敌状态。

当加减血模块与对方手动机器人生命柱距离小于1000mm时，每保持1s减1格血，直至对方机器人“阵亡”。

3. 安装使用

如图B-6所示，加减血模块带有开关和充电口。电池电量正常时指示灯绿灯亮，电量不足时红灯亮。

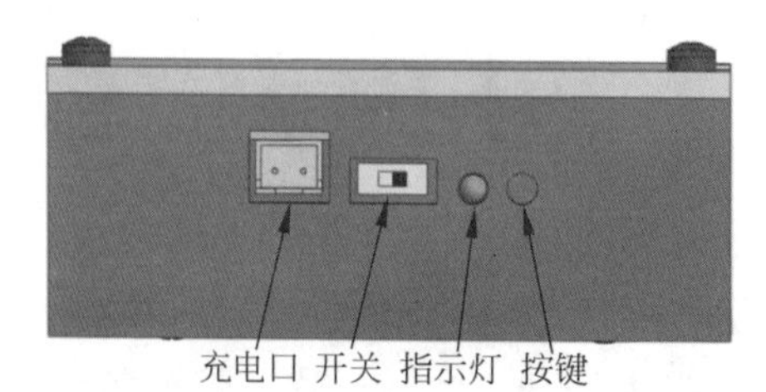

图B-6 加减血模块开关充电口位置示意图

3. 场地道具终端设备

3.1 堡垒

1. 尺寸结构

堡垒高 600mm,离地 300mm 处设有 5G 基座,样式如图 B-7 所示。

2. 功能

击打感知:堡垒头部带有检测传感器可以感应堡垒自身受到的击打,堡垒受到有效击打后会发出持续 10s 的闪光和蜂鸣器的鸣叫,确认受到一次攻击。在此期间,堡垒为无敌状态,再次击打无效。

速胜感知:堡垒上的三个 5G 基座,可以检测对方 5G 基站是否有效放置,从而判断是否速胜。达到速胜状态时,堡垒具有 LED 灯闪效果和蜂鸣器声音效果。

3. 安装使用

如图 B-8 所示,堡垒头部下方设有开关和充电口。电量不足时利用附带的充电器对它充电。

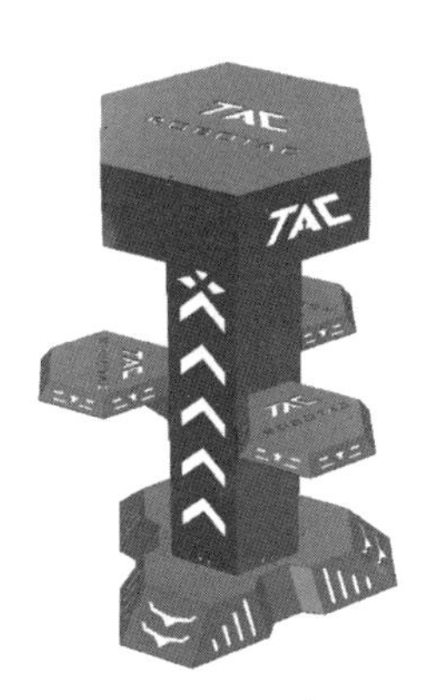

图 B-7 堡垒

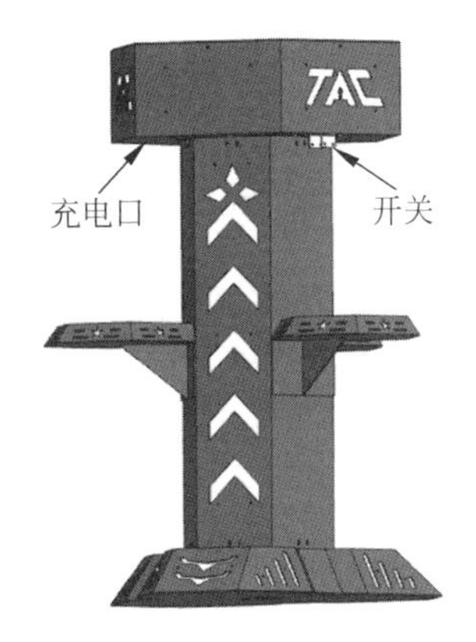

图 B-8 堡垒接口

3.2 5G 基站

1. 尺寸结构

比赛过程中使用直径 110mm,长 150mm 的亚克力圆柱体模拟 5G 基站。

2. 功能

5G 基站的两端带有识别标签，可以被堡垒的 5G 基座检测识别，只有把己方的基站放到对方的基座上才能触发速胜。

5G 基站内部有电池和电路，在比赛过程中会有灯光效果。

3. 安装使用

如图 B-9 所示，5G 基站带有开关和充电口。电量不足时利用附带的充电器对它充电。

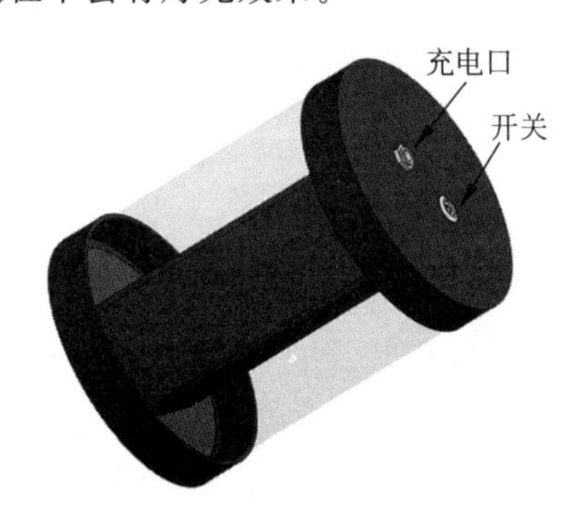

图 B-9 5G 基站开关充电口位置示意图

3.3 障碍桩

1. 尺寸结构

如图 B-10 所示，障碍桩固定在高地上，由截面边长 40mm 的铝型材组成，具体尺寸见比赛规则附图图 4。

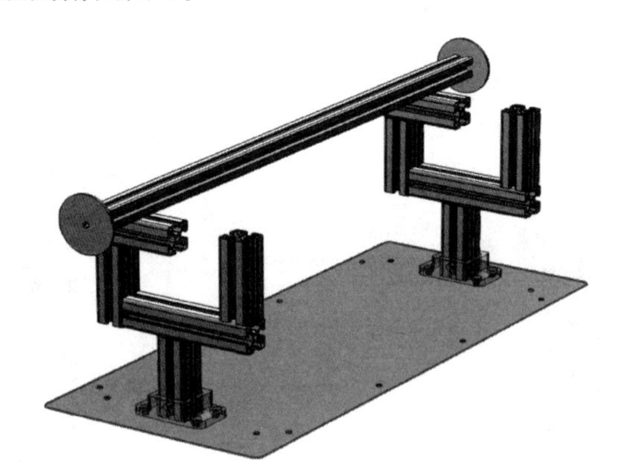

图 B-10 障碍桩

如图 B-11 所示，横杆为截面边长 30mm，长 850mm 的铝型材，两端各固定一厚 3mm、直径 80mm 的铝制圆片。

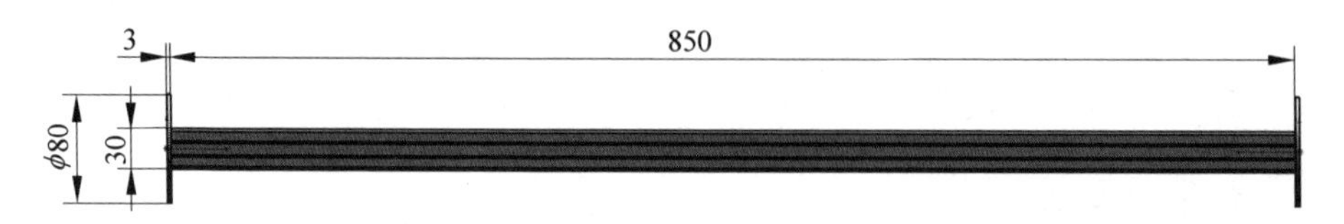

图 B-11 横杆

2. 功能及使用

如图 B-12 所示，初始状态横杆自由放置，机器人可将障碍桩上层的横杆推到下层，形成障碍，如图 B-13 所示，阻碍对方机器人登上高地。

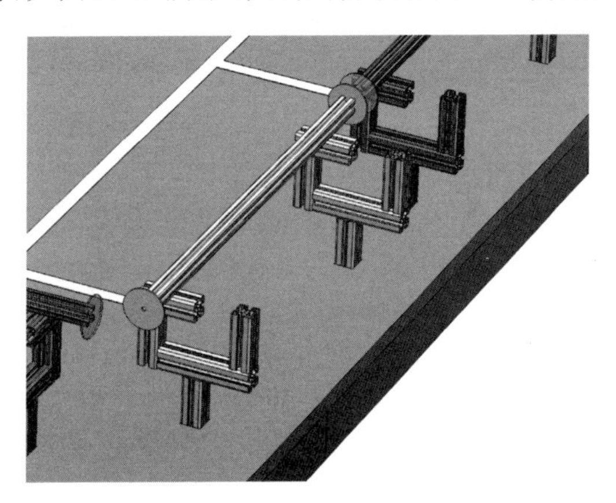

图 B-12 横杆初始状态

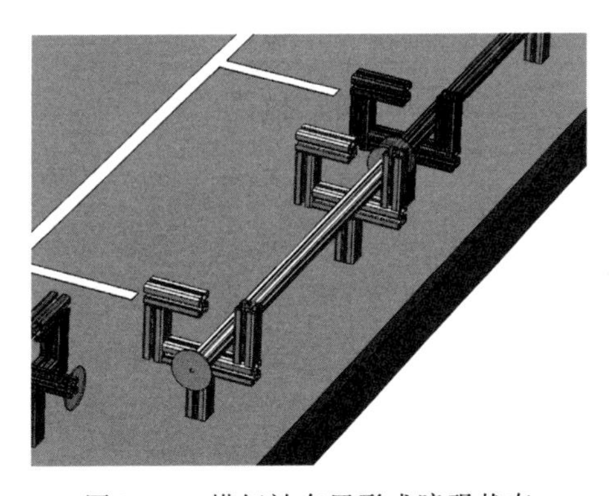

图 B-13 横杆被布置形成障碍状态

3.4 加减血中控

加减血中控控制全场的带有无线测距单元的设备，包括生命柱、加减血模块，相互之间进行精确测距，从而实现道具加减血的功能。

3.5 Wi-Fi 无线中控

Wi-Fi 无线中控为无线路由器，路由器预先和无线通信道具进行连接配置，比赛时获取全场道具的信息并转发给裁判系统上位机控制电脑。

参 考 文 献

[1] 谢存禧，张铁．机器人技术及其应用[M]．北京：机械工业出版社，2005.

[2] 陈曦．长城圣火：第四届亚太大学生机器人大赛纪实评析[M]．北京：机械工业出版社，2006.

[3] 陈恳．机器人技术与应用[M]．北京：清华大学出版社，2006.

[4] 王志良．竞赛机器人制作技术[M]．北京：机械工业出版社，2007.

[5] 蔡自兴．机器人学基础[M]．北京：机械工业出版社，2009.

[6] 贾甘纳坦·坎尼亚，等．实用机器人设计[M]．北京：机械工业出版社，2016.

[7] Graig J J. 机器人学导论[M]. 4 版．北京：机械工业出版社，2019.

[8] Jaulin L. 移动机器人原理与设计[M]．北京：机械工业出版社，2018.

[9] Hirose S, Kato K. Study on quadruped walking robot in Tokyo Institute of Technology-past, present and future [C]//the IEEE International Conference on Robotics & Automation, San Fracisco, 2000: 414-419.

[10] Tee T W, Low K H, Ng H Y, et al. Mechatronics design and gait implementation of a quadruped legged robot[C]// the IEEE International Conference on Control, 2003: 826-832.

[11] Huang Y, Meijer O G, Lin J, et al. The effects of stride length and stride frequency on trunk coordination in human walking[J]. Gait & Posture, 2010, 31(4): 444-449.

[12] Mcghee R B, Frank A A. On the stability properties of quadruped creeping gaits[J]. Mathematical Bioences, 1968, 3(1): 331-351.

[13] Messuri D, Klein C A. Automatic Body Regulation for Maintaining Stability of a Legged Vehicle During Rough-Terrian Locomotion[J]. the IEEE Journal of Robotics & Automation, 1985, 1(3): 132-141.

[14] Hirose S, Tsukagoshi H, Yoneda K. Normalized energy stability margin and its contour of walking vehicles on rough terrain[C]// The IEEE International Conference on Robotics & Automation, Seoul, 2001: 181-186.

[15] 王鹏飞．四足机器人稳定行走规划及控制技术研究[D]．哈尔滨：哈尔滨工业大学，2007.

[16] M.伍科布拉托维奇．步行机器人和动力型假肢[M]．科学出版社，1983.

[17] Lin B S, Song S M. Dynamic modeling, stability and energy efficiency of a quadrupedal walking machine[C]// The IEEE International Conference on Robotics & Automation, Atlanta, 2001: 367-373.

[18] Won M, Kang T H, Chung W K. Gait planning for quadruped robot based on dynamic stability: landing accordance ratio[J]. Intelligent Service Robotics, 2009, 2(2): 105-112.

[19] Hirose S. A Study of Design and Control of a Quadruped Walking Vehicle[J]. The International Journal of Robotics Research, 1984, 3(2): 113-133.

[20] Pack D J, Kang H. An omnidirectional gait control using a graph search method for a quadruped walking robot[C]// The IEEE International Conference on Robotics & Automation, Nogoya,1995: 988-993.

[21] 王新杰，李培根，陈学东，等. 四足步行机器人关节位姿和稳定性研究[J]. 中国机械工程，2005,16(17): 1561-1566.

[22] Hoyt D F, Taylor C R. Gait and the energetics of locomotion in horses[J]. Nature, 1981, 292(5820): 239-240.

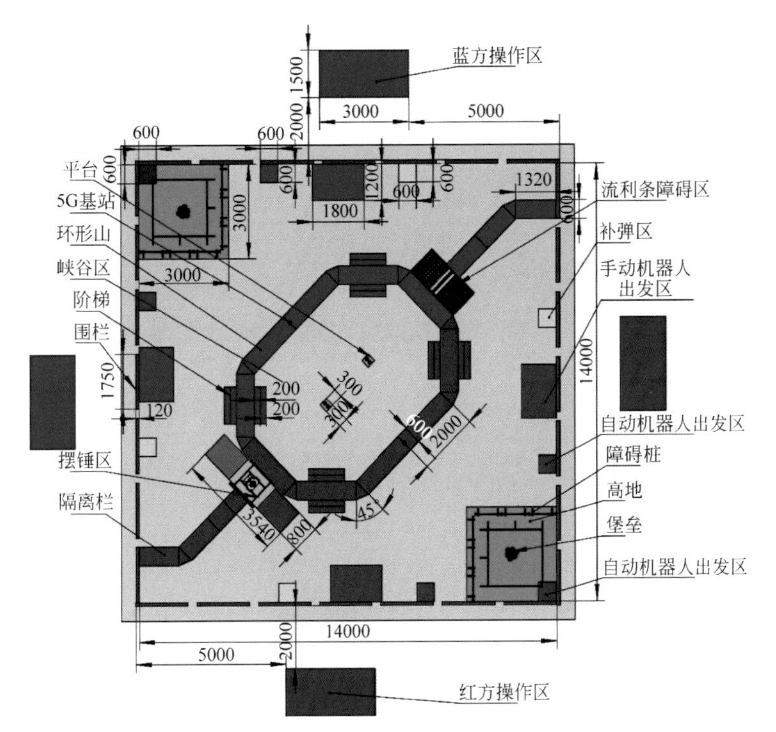

附图图1　场地图

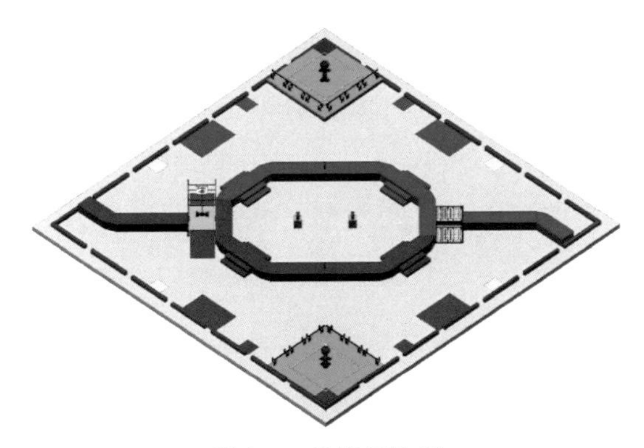

图 A-1　比赛场地图

图 A-2　高地

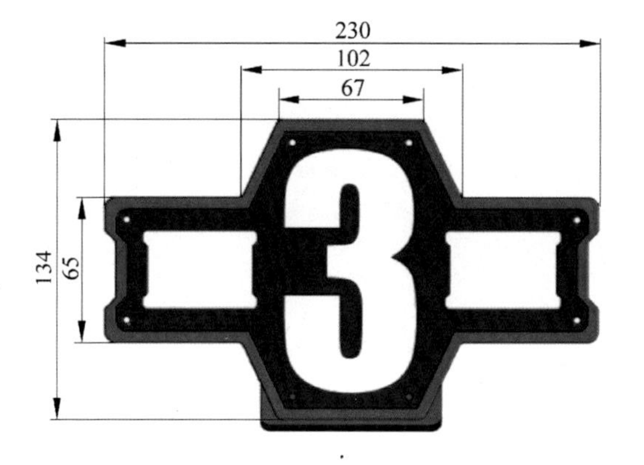

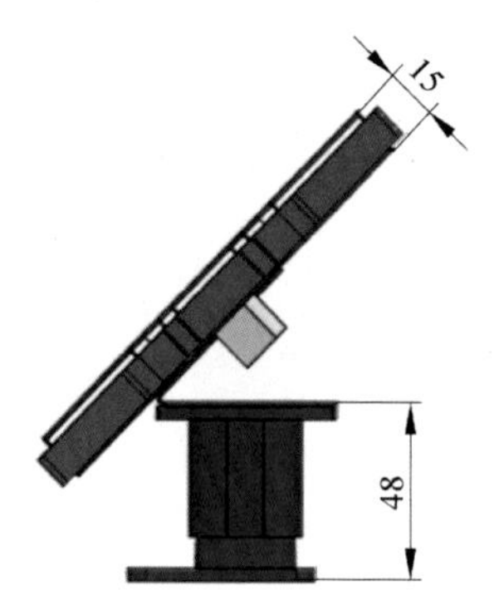

(a)

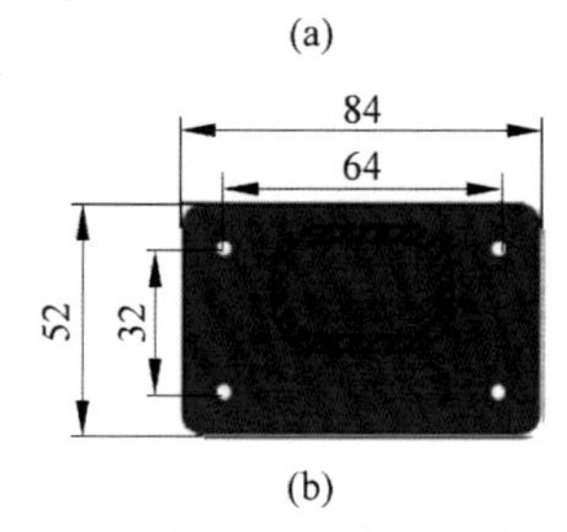

(b)

图 B-1　生命柱尺寸

（a）生命柱；（b）生命柱底座

图 B-2　生命柱

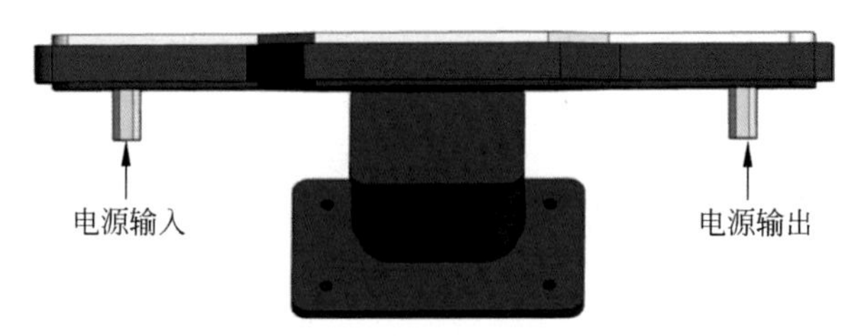

图 B-3　生命柱电源接口示意图

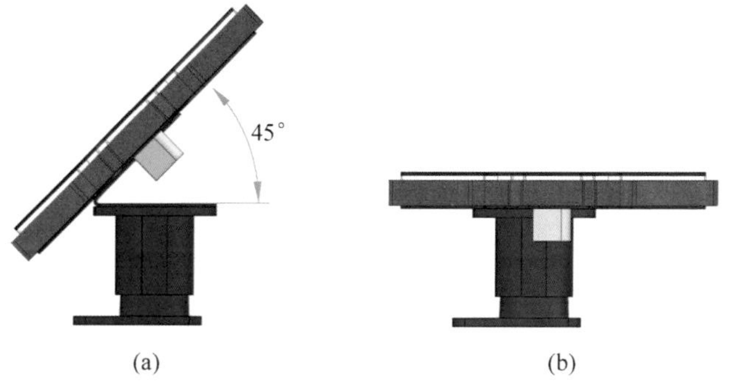

图 B-4　生命柱安装样式

(a) 45°角安装生命柱；(b) 180°角安装生命柱

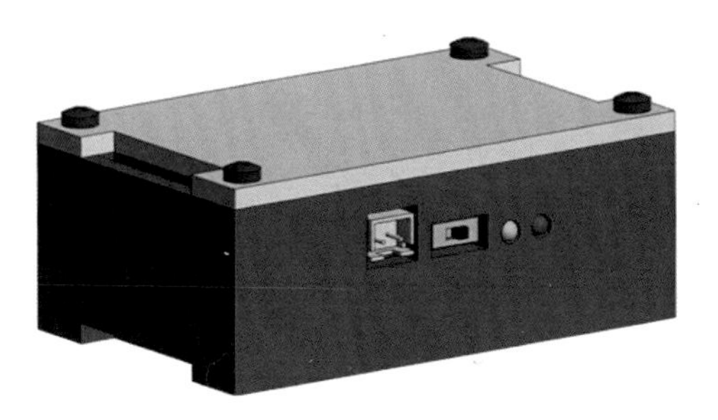

图 B-5　加减血模块

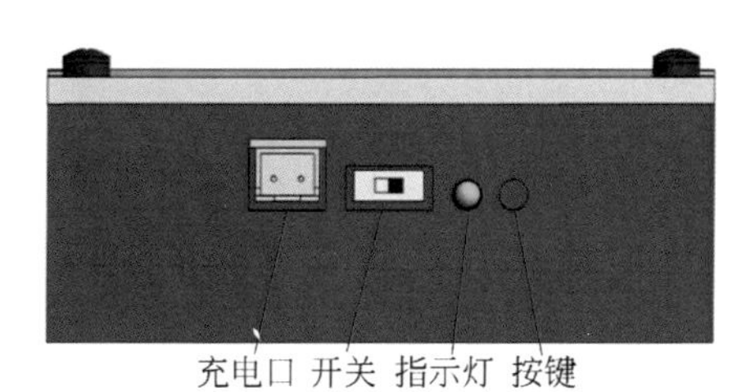

图 B-6　加减血模块开关充电口位置示意图

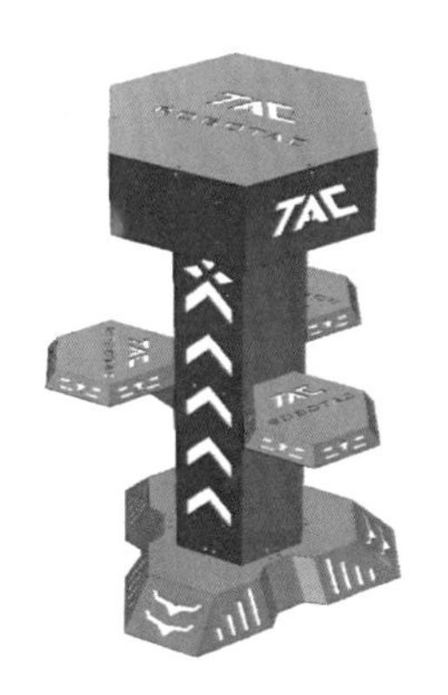

图 B-7　堡垒

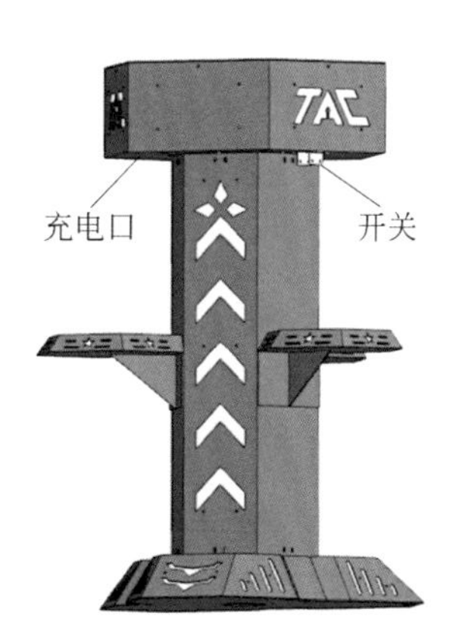

图 B-8　堡垒接口

图 B-9　5G 基站开关充电口位置示意图

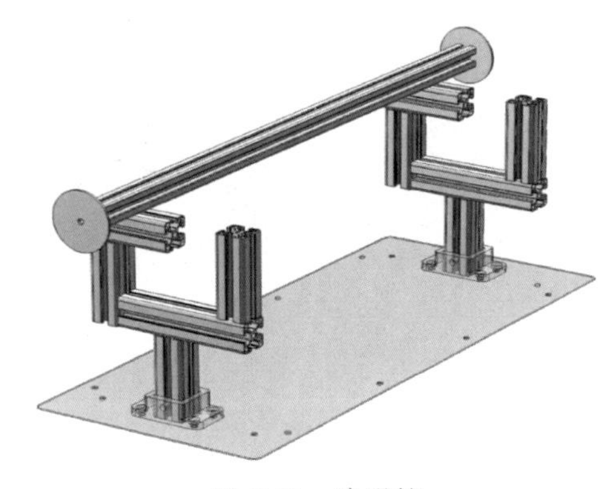

图 B-10　障碍桩

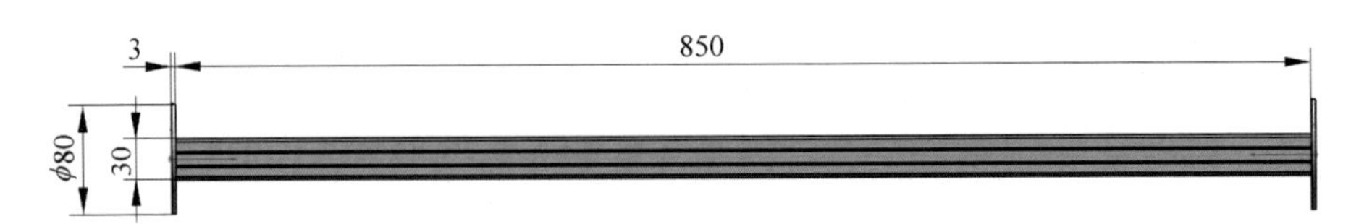

图 B-11　横杆

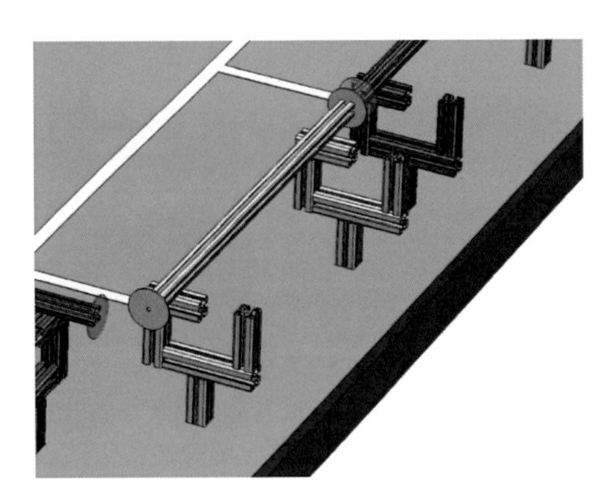

图 B-12　横杆初始状态

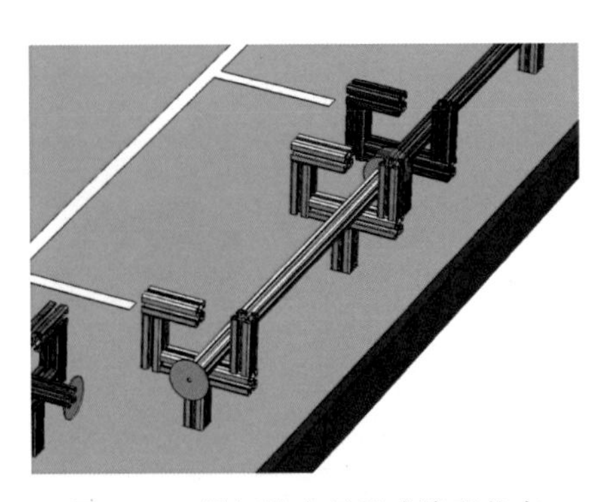

图 B-13　横杆被布置形成障碍状态